U1070468

天正建筑 TArch7.5 实训教程

TIANZHENG JIANZHU
TArch7.5 SHIXUN JIAOCHENG

王华康 主 编
倪文进 副主编

知识产权出版社

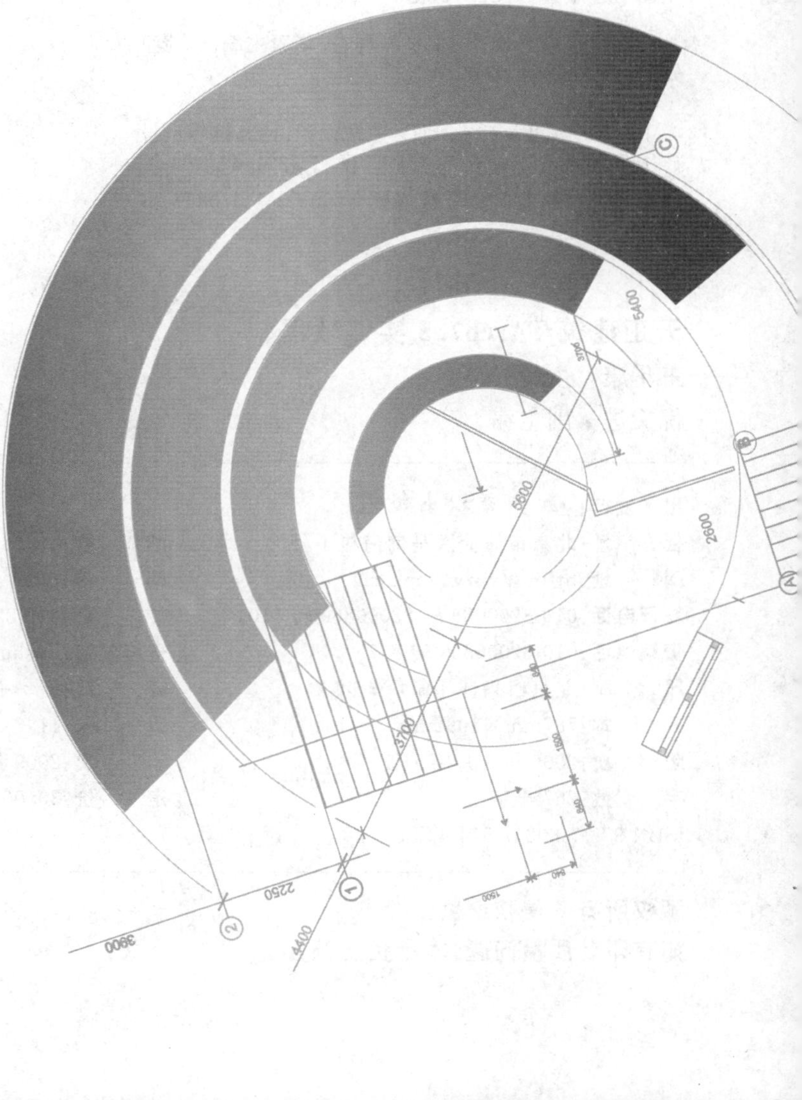

内容提要

天正建筑 TArch7.5 是当前建筑业广泛应用的工程图形绘制软件，本书通过一些工程图形的绘制，由浅入深、循序渐进地介绍了天正建筑 TArch7.5 的使用，并通过附录中的实际工程图形来巩固所学的知识，在内容上力求灵活运用天正建筑软件中的各种命令及方法技巧，拓展读者的思路。该书主要内容包括：天正建筑轻松入门、一套别墅的平面和立(剖)面图形绘制、文件布图、实际工程图形的附录练习。全书的编写建立在编者多年的教学和工程绘图经验之上，通过图形的绘制过程详细介绍了使用天正建筑 TArch7.5 绘制建筑图形的操作技巧。

本书可作为各类大、中专院校建筑类相关专业和培训班的教材，也可供读者自学与参考。

责任编辑：陆彩云　刘　爽　　**责任校对**：韩秀天
封面设计：璇　子　　**责任出版**：卢运霞

图书在版编目(CIP)数据

天正建筑 TArch7.5 实训教程/王华康主编. —北京：知识产权出版社，2009.6
ISBN 978-7-80247-514-4
Ⅰ.天…　Ⅱ.王…　Ⅲ.建筑设计：计算机辅助设计-应用软件，TArch7.5-教材　Ⅳ.TU201.4
中国版本图书馆 CIP 数据核字(2009)第 070857 号

天正建筑 TArch7.5 实训教程

王华康　主编
倪文进　副主编

出版发行：知识产权出版社

社　　址：北京市海淀区马甸南村 1 号	**邮　　编**：100088
网　　址：http://www.ipph.cn	**邮　　箱**：bjb@cnipr.com
发行电话：010-82000893　82000860 转 8101	**传　　真**：010-82000893
责编电话：010-82000860 转 8175	**责编邮箱**：liushuang@cnipr.com
印　　刷：北京市兴怀印刷厂	**经　　销**：新华书店及相关销售网点
开　　本：787mm×1092mm　1/16	**印　　张**：11
版　　次：2009 年 7 月第 1 版	**印　　次**：2009 年 7 月第 1 次印刷
字　　数：267 千字	**定　　价**：30.00 元

ISBN 978-7-80247-514-4/TU·280

版权所有　侵权必究
如有印装质量问题，本社负责调换。

前　　言

目前天正软件在建筑业中使用较为广泛，相关教材却很少，尤其是当前的天正建筑TArch7.5和7.6版本的教材更少，对于新手或刚入门的用户来说，为达到对该软件中各个命令的灵活运用，需对大量的具体图形的绘制进行反复思考、比较。针对当前天正教材中"就命令讲命令"的现象，本书在编写时注意到教学和自学的实际需要，按照绘制建筑图形时的正常工作过程进行章节的编排，并按操作过程编写相应的内容，充分体现了实训特色。另外，在本书后专门附录了一个实际工程图形，以期达到对所学命令和方法的巩固和灵活运用。

本书的编写人员全部是教学一线的教师，同时也是拥有丰富工程图形绘制经验的设计人员。全书共分为12章，并有一个附录。第1、2章由李钢编写，第3、4、5、6、12章由王华康编写，第7、8、9、10、11章由倪文进编写，附录中第一部分由王华康完成绘制，附录中第二、三部分由杨建林完成绘制，全书由王华康统稿。

书中图形的绘制环境采用的是公制，所有图形标注尺寸的数值均为公制单位，如未标注尺寸，请您按大致样式进行绘制。

本书的编写得到了各编写人员的家人的有力支持，在此为他们的默默付出深表谢意！同时本书还得到了朱仁良和刘兆祥两位同志的关注与大力支持，在此特表感谢！

虽然我们力争精益求精，但由于时间和编写者的水平所限，书中的错误之处难免，希望广大读者对我们的教材提出宝贵的意见和建议。您对于本书的宝贵意见或建议，请邮件联系wanghuakang1818@163.com，我们将会给您答复。

本书既可作为高校、高职、中职等建筑专业学生学习天正建筑TArch7.5的入门教材，也可作为天正建筑TArch7.5培训、个人自学的用书和参考教材。

天正建筑简介

天正建筑(TArch)是天正公司在 AutoCAD 平台上二次开发的一个建筑专用图绘制软件,将它与 AutoCAD 配合使用,是目前绘制建筑图最快捷、最高效的绘图方法。目前市面上介绍绘制建筑图或介绍 TArch 相关命令的书,多局限于介绍如何用 AutoCAD 绘制所有建筑图样,然而对平面图、立面图、剖面图等主要建筑图样,用 AutoCAD 绘制非常麻烦,难以提高作图效率。

1. TArch 的优势

自从 ObjectARX 问世,AutoCAD 的扩展能力被提高到一个新的高度。TArch 填补了 AutoCAD 的多项空白,是一个典型的专门用于建筑绘制的参数化设计软件,具有很高的自动化程度,只要输入几个尺寸参数,就能自动生成轴网、墙体、门窗、楼梯、阳台、幕墙等复杂结构,自动延伸或修剪相交处的墙体,批量标注图形尺寸,自动标注各种符号等,用它绘制和标注平面图、立面图、剖面图等主要建筑图样,要比直接用 AutoCAD 等通用软件绘图快几倍甚至几十倍。

2. AutoCAD 的地位

AutoCAD 是学习使用 TArch 的基础。TArch 在 AutoCAD 平台上二次开发,运行在 AutoCAD环境下,命令的调用方法、参数的输入形式与 AutoCAD 相同,要学习 TArch 必须对 AutoCAD 有一个基本的了解。

用 TArch 作图离不开 AutoCAD。TArch 是针对建筑图中的标准结构和相对不变结构二次开发而成,建筑图中的许多多变构件必须用 AutoCAD 绘制。即使 TArch 最擅长的平面图、立面图、剖面图也要与 AutoCAD 的一些命令配合使用,才能取得最佳作图效率,顺利完成所有作图。

安装天正软件(以下简称"天正建筑"或"天正")必须先安装 AutoCAD2000 以上版本的绘图软件,然后才能安装天正软件,天正 7.5 不支持 AutoCAD2009,但天正软件 7.6 支持 AutoCAD2009 环境。

3. 天正对象

天正公司根据我国工程设计的规范和工程人员的工作习惯,定义了一系列适合于工程设计的基本图元,这些基本图元称为天正对象,如墙、门窗、柱子等。

与 AutoCAD 的基本对象,如直线、圆、圆弧、多段线、样条曲线等只有一种显示形态相比,天正对象有些具有两种显示形态,一种显示形态适合于工程图纸的表达,另一种形态适合于真实模型的表达,即三维之下的立体表达形式。这就是多视图的概念,适合于工程图纸的表达称为二维视图,适合于真实模型的表达称为三维视图。

天正对象包括用来建立平面的各种构件对象和用来标注说明这些构件对象的标注对象。天正构件对象用模型空间的尺寸来度量,而天正标注对象则用图纸空间来度量,这样大大方便了图纸的输出,特别是经常调整模型的输出比例时,天正的有标注对象可自动适应新的输出比例。

天正对象可以使用通用的编辑机制,包括 AutoCAD 基本编辑命令、夹点、对象编辑、对象特性、特性匹配(格式刷)等。

天正图形由天正对象和 AutoCAD 基本对象构成。AutoCAD 的 DWG 文件是中国工程设计行业绝大多数电子图形相互流通的格式,天正图形是 DWG 的扩展,扩展后的 DWG 功能大大提高,但产生了图纸交流的问题。

4. 图纸交流

尽管天正图形和 AutoCAD 的图形都是 DWG 文件,但由于天正软件是在 AutoCAD 软件之上的扩展,AutoCAD 本身不能正确识别或解释天正对象,而为了减少图形文件的大小,天正对象又没有提供代理图形,因此没有天正解释器的 AutoCAD 或其他应用程序是无法阅读包含天正对象的图形的。目前天正公司提供了两种解决此问题的办法。

(1) 使用天正插件

安装了天正插件的环境后,AutoCAD 打开天正图形时,自动加载天正解释器。天正插件由天正公司免费向公众发行,可以通过天正网站(http://www. tangent. com. cn)下载相应版本的天正插件。

(2) 将图形导出为天正 3 格式(_t3. dwg)至天正 7 格式(_t7. dwg)

在天正 7.5 版本环境下,运行天正菜单【文件布图】→【图形导出】命令,在出现的对话框中,选择“保存类型”中您想要保存的版本格式,选择保存路径等后,点击“保存”按钮即可。这时保存的图形为当前 AutoCAD 之下的平面图形,该图形只能在当前 AutoCAD 版本之后的 AutoCAD 中打开,如果要在以前的 AutoCAD 版本中打开,还需在 AutoCAD 中另存为其他的前版本方可。

5. 夹点操作

用夹点进行编辑是一种自由的交互式编辑方式。夹点是一些出现在选定对象上的小方框,通过选择和拖动夹点,可以修改对象。AutoCAD 和天正软件中均定义夹点,对不同的对象,它们都定义了不同的夹点特性。

由于受图书纸张大小的限制,本书在选图上多以别墅为例。本书从第三章起以一别墅为例(见图 13.8 至图 13.12 所示),穿插介绍了目前最新的天正建筑 TArch7.5 版本中大多数命令的使用方法,并在适当的地方灵活介绍了 AutoCAD 三维方面的一些知识。

目　　录

第一章　天正建筑 7.5 基本界面

一、天正工具条

第一次使用天正时，会在绘图区中出现如图 1.1 所示的工具条。由于调用天正命令常用菜单形式，调出相应的命令时需要打开一两次菜单，会影响作图的效率，TArch 将一些常用的命令放在“常用快捷功能”工具条上，可以将此工具条拖放到屏幕一侧，单击其中的命令按钮，会调出相应的命令(图 1.1)。

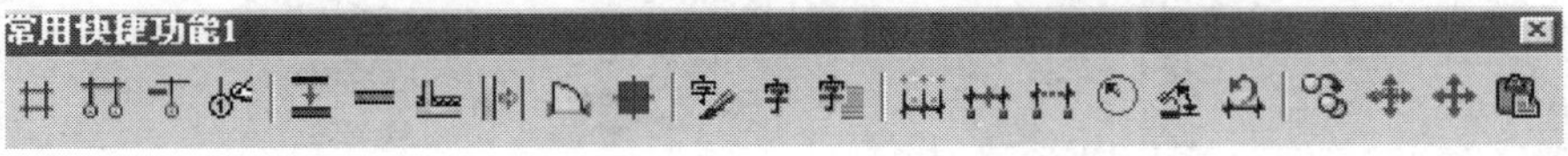

天正CAD常用工具条1

图 1.1　天正 CAD 常用工具条

在此工具条的任一按钮上按鼠标右键，会出现图 1.2 所示的浮动菜单，它是天正工具条的快捷打开方式，明显不同于在 AutoCAD 任一工具条上的任一按钮上按右键所出现的浮动菜单。

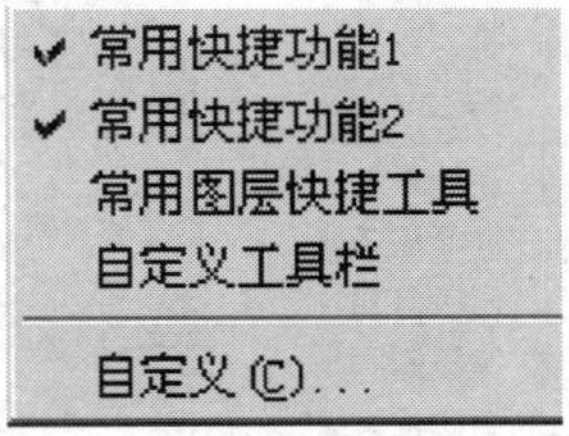

图 1.2　天正 CAD 浮动菜单

二、天正菜单及命令行命令输入

天正 CAD 菜单是折叠式的屏幕菜单，同时保留 AutoCAD 的所有下拉菜单和图标菜单，它的默认位置是出现在绘图区的左边，用户可以用鼠标左键拖动出来；天正 CAD 的菜单可以使用“Ctrl”＋“＋”(即按住 Ctrl 键不放，再按＋键)或“Ctrl”＋“F12”来显示或隐藏。其子菜单的显示方法如图 1.3 所示。

对于天正命令的执行，可以从天正菜单中找到相应的命令后单击鼠标左键执行，也可从命令行中输入相应的天正命令。

当鼠标停留在相应的天正子菜单命令项时，会在最下面的状态栏上出现相应的天正命令功能说明简介及命令字母缩写，如鼠标停留在“绘制轴网”菜单命令项时，会在状态栏上出现“生成直线轴网、斜交轴网或弧线轴网：HZZW”，稍加分析，会发现此天正命令是相应的中文名称中每一个汉字拼音的第一个字母组合而成，当然，并非完全如此。

三、天正的帮助文件打开方式

由于天正是在 AutoCAD 平台上二次开发的产品，如果用平时使用的按 F1 键方法想得到帮助，此时打开的是 AutoCAD 的帮助内容。获取天正帮助的方法主要是两种(如图 1.4 所示)：

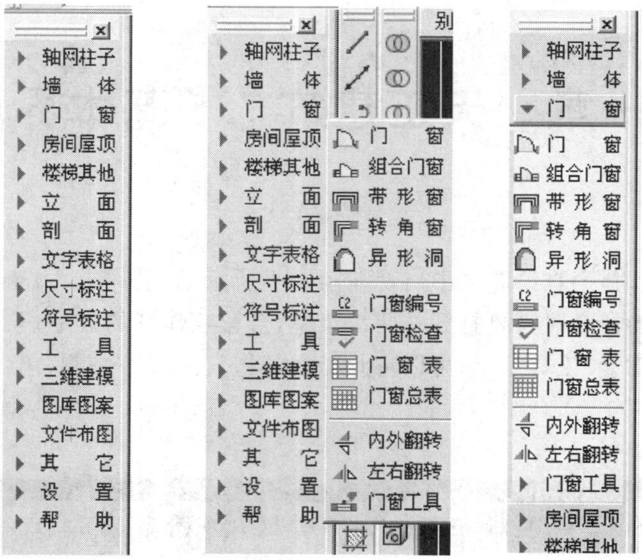

(a) 天正CAD初始菜单　(b) 菜单项上按鼠标右键　(c) 菜单项上按鼠标左键

图 1.3　天正 CAD 菜单打开方式

(1)使用天正 CAD 菜单中的帮助菜单项;

(2)在天正子菜单命令项上按鼠标右键,会显示浮动菜单,其最上的“实时助手”就是关于所指子菜单命令项的帮助内容。

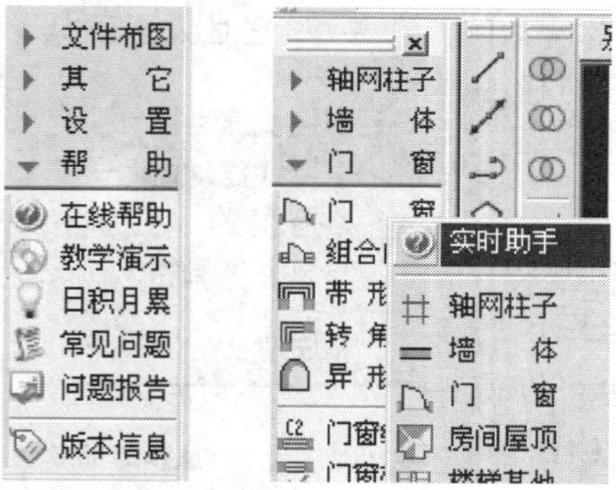

(a) 帮助菜单　(b) 实时助手

图 1.4　天正的帮助系统

四、天正的状态栏

在 AutoCAD 状态栏的基础上增加了比例设置的下拉列表控件以及多个功能切换开关,解决了动态输入、墙基线、填充、加粗和动态标注的快速切换,又避免了与 AutoCAD2006 以上版本的热键冲突问题。天正在状态栏中新添加了两部分内容:

(1)当前图形的绘制比例(默认比例 1∶100);

(2)动态输入、墙基线、填充、加粗和动态标注的快速切换。

了解到天正建筑 7.5 的基本界面后,将通过第二章的轻松入门了解天正绘制平面图形的基本方法,然后再从第三章开始,通过一个别墅的一套图形绘制来体验天正建筑 7.5 给我们带来的绘制图形上的便捷及其使用方法。

第二章　天正建筑 7.5 轻松入门

作为一个入门级的练习，首先选用了一个相对简单的例子，如图 2.1 所示。

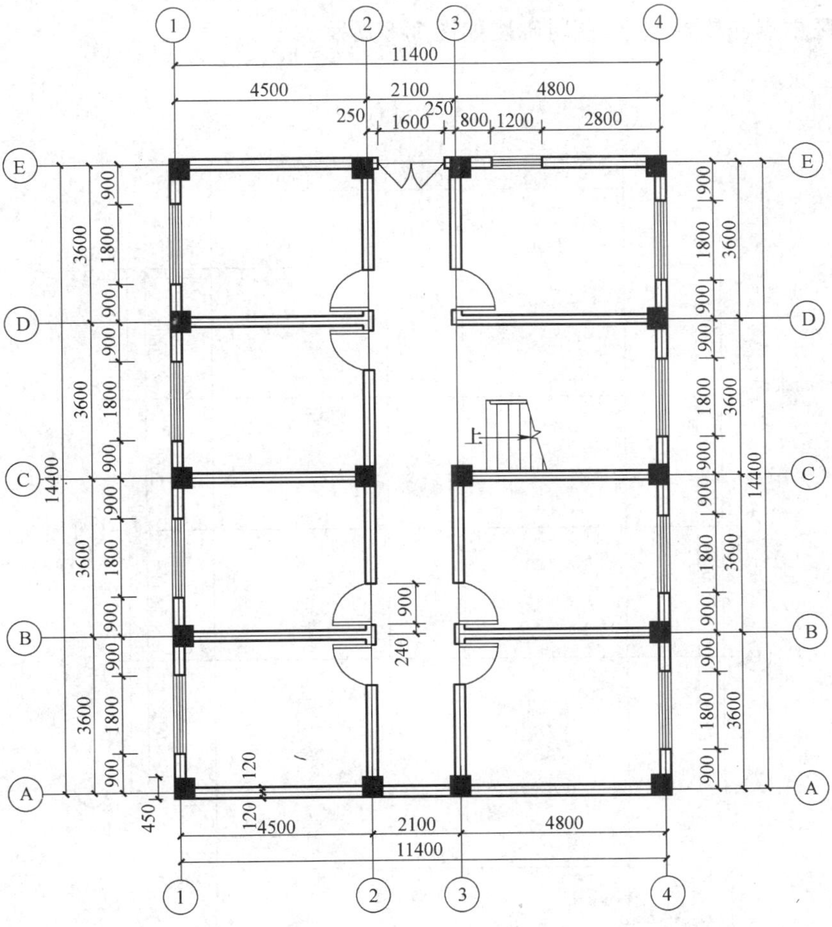

图 2.1　天正 CAD 入门练习目标图

如果按照以前在 AutoCAD 中学习的绘制方法，可以使用轴线定位法、多线法或多段线法，无论何种方法，相对于天正建筑而言，这些方法都费时费力，下面就一起来体验天正建筑 7.5 给我们带来的惊喜。

一、绘制轴网并进行轴线标注

执行天正菜单【轴网柱子】→【绘制轴网】（也可使用天正快捷按钮 ），在出现的对话框中有“上开、下开、左进、右进”的一组单选按钮，这分别对应如图 2.1 所示图形的上下左右四个位置，这四个位置各有一组数据，因图 2.1 中上、下数据对应相同，左右数据也对应相同，因而在输入数据时，可以只输入上开和左进两组数据，其数据输入顺序为由左向右、由下向上（与轴号的顺序相对应，如表 2.1）。

表 2.1 轴网数据表

上开	4500	2100	4800	
左进	3600	3600	3600	3600

在输入左进数据时，可以点击四次“3600”，这时“3600”的右边个数均为“1”；也可点击一次“3600”，然后将其右边的个数“1”修改为“4”。数据输入完毕后，点击对话框中的“确定”按钮，在天正绘图区中点击鼠标左键，此时轴网如图 2.2 所示。

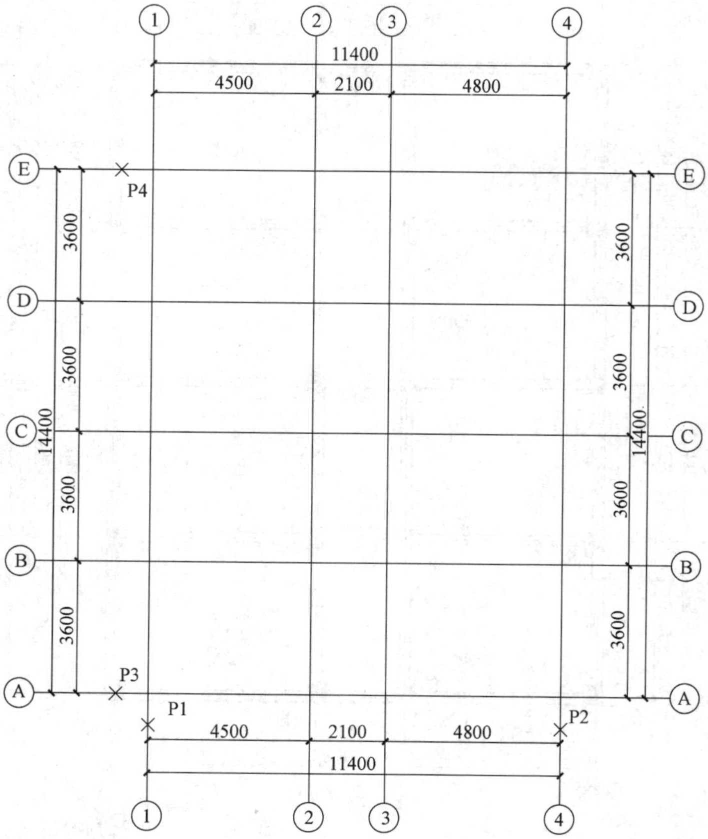

图 2.2 天正 CAD 入门练习之轴网及轴线标注

执行天正菜单【轴网柱子】→【两点轴标】，用鼠标左键分别点击图 2.2 所示的 P1 和 P2 两处(此时对象捕捉自动出现最近点捕捉，P1、P2 分别在水平轴标时的起始线和终止线上)，且在点击 P1、P2 之前会自动出现轴网标注对话框，此时使用的是默认“双侧标注”选项，如图 2.3 所示。同样，可点击 P3、P4 所在的轴线实现垂直方向上的轴标。

二、绘制墙体，删除多余墙体，修剪轴线

执行天正菜单【墙体】→【单线变墙】命令，出现如图 2.4 所示的对话框，将其中的“外墙外侧宽”改成 120，然后用鼠标从 P2 右下角反向到 P4 左上角选择轴线，这时会在选中的轴线两侧产生墙体。

根据目标图，将多余的墙体删除，使用修剪命令剪去多余的轴线，得到图 2.5 所示结果。

图 2.3　天正 CAD“轴网标注”对话框

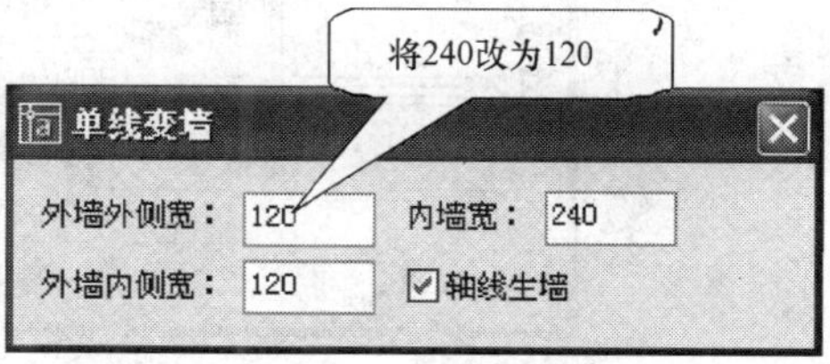

图 2.4　天正 CAD 的“单线变墙”对话框

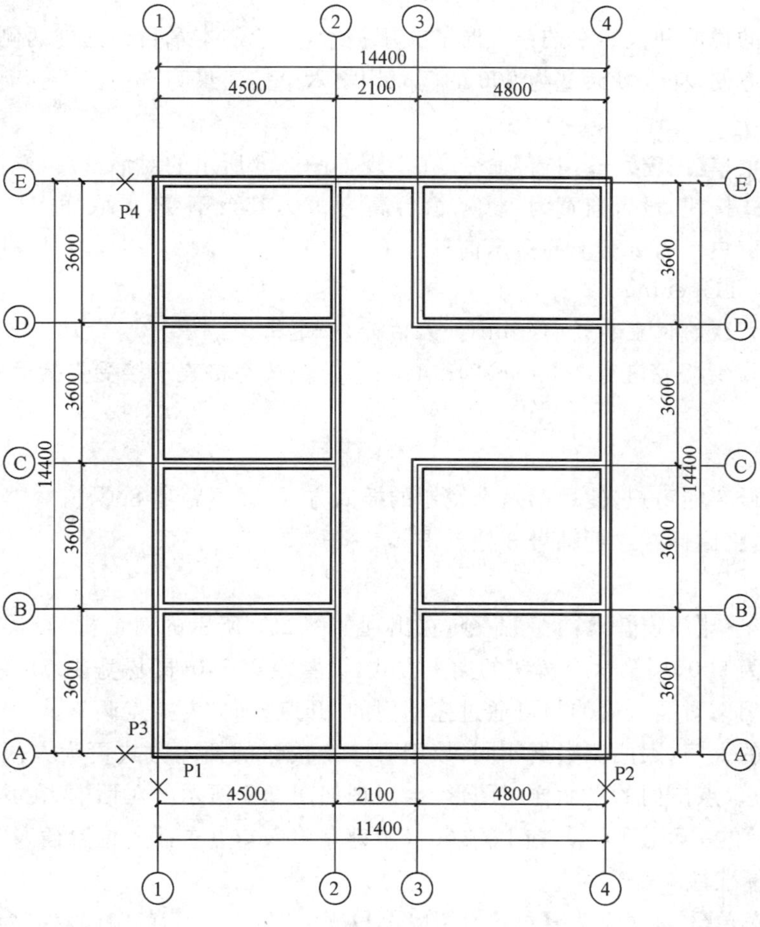

图 2.5　墙体绘制

三、绘制门窗

执行天正菜单【门窗】→【门窗】命令，出现如图 2.6 所示的“门窗参数”对话框，此对话框的最下面有两组按钮，一组是右边的插入种类，另一组是左边的插入位置。在入门图中使用了“插门”和“插窗”两种，插入的位置上将要使用的是由左起的第三个和第六个按钮。用第三个插入位置按钮时，要求插入后的门窗两侧距两边轴线距离相等；而用第六个插入位置按钮时，此时有“距离”一项等待用户输入或调整，此按钮通常用于插入对象后门窗两侧数据不等情况，此按钮在图形上已表明插入形式。

图 2.6　天正的“门窗参数”对话框

通过上面的说明和鼠标在按钮上时的文字提示，在绘制本章目标图的两侧窗户时，使用第三个按钮最为方便，插入默认宽为 900 的门时用第六个按钮最为方便。

1. 绘制窗户

执行天正菜单【门窗】→【门窗】命令，在出现如图 2.6 所示的对话框后，选择“插窗”按钮和第三个插入方式按钮，设置窗宽为 1800，窗台高为 900，其余不变，点取插入位置后按空格，接着插入其他的窗户。命令行上的提示信息如下：

命令：T71_TOpening

点取门窗大致的位置和开向(Shift－左右开)＜退出＞：

指定参考轴线[S]/门窗个数(1～2)＜1＞：　　//按空格表示接受尖括号中的默认数据

……

命令：

对于距轴号 3 的窗户，使用第六个按钮的插入方式，设置距离 800，窗宽 1200 后，在轴号 3 与轴号 4 之间，将鼠标在靠近轴号 3 处点击。

2. 插入门

执行天正菜单【门窗】→【门窗】命令，在出现如图 2.6 所示的对话框后，选择“插门”按钮，设置标准门宽为 900，用第六个按钮的插入方式，设置距离 240(即垛宽 120)，依次点取插入位置后插入标准门。对插入后的门可通过拖动门的“开启方向”夹持点调整。

对于上面的大门，因两侧数据相同，故用第三个按钮的插入方式更为方便，在图 2.6 所示的对话框的左边，点击门的平面样式图形，会出现如图 2.7 所示的对话框，在其中选择“双扇平开门(半开 45)”的平面图形，设置门宽 1600(用键盘输入)，点击插入位置插入。

四、绘制标准柱

执行天正菜单【轴网柱子】→【标准柱】命令，出现如图 2.8 所示的“标准柱”对话框，此对话框的左下角有一组插入方式按钮，本例中使用第一个插入方式，并将柱子横向和纵向数据均更改为 450，其余不变。插入柱子后，使用 AutoCAD 中的移动命令，将柱子复制移动到相应的目标位置。

设置 CAD 最下面的一排状态按钮，将“填充”按下，可得到柱子填充的效果。

五、绘制楼梯

执行天正菜单【楼梯其他】→【双跑楼梯】命令，出现如图 2.9 所示的“矩形双跑楼梯”对话框，此对话框中的“梯间宽”数据改成 3360(3600-2×半墙宽 120)，“层类型”先设置成“中间层”，休息平台宽度设置为 1630，其余不变，插入时注意命令行上的提示，要按“A”字母进行适当的旋转。插入后再用鼠标双击该中间层楼梯，同样会出现图 2.9 所示的对话框，将“层类型”

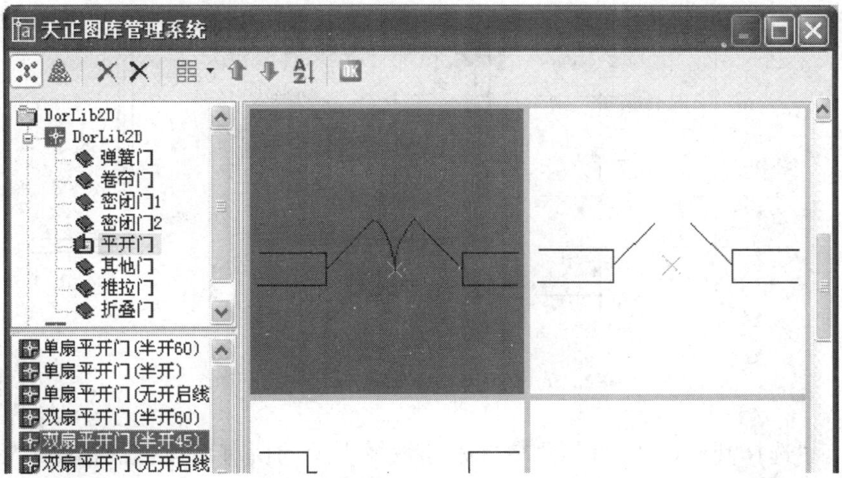

图 2.7　更改门的平面图形样式

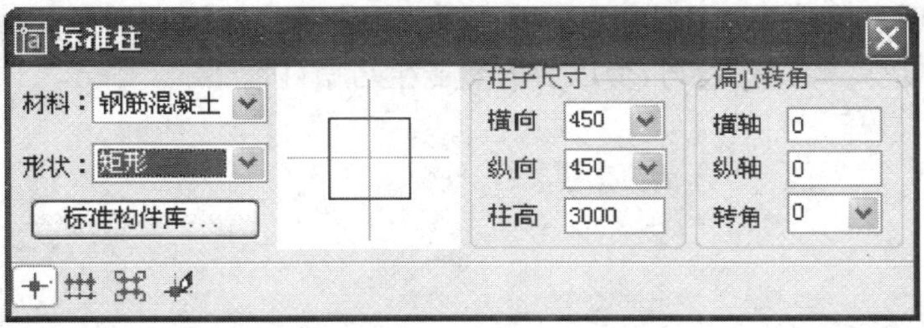

图 2.8　天正 CAD 的“标准柱”对话框

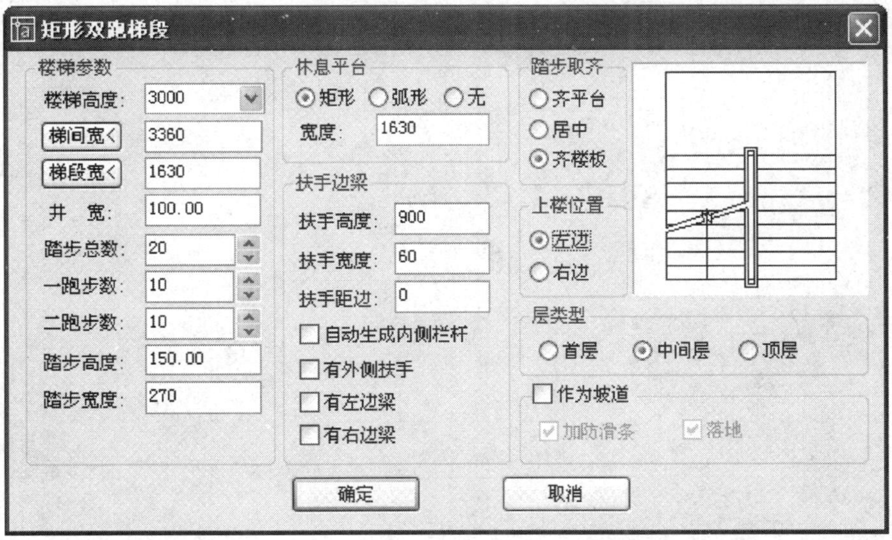

图 2.9　天正 CAD 的“矩形双跑楼梯”对话框

改为“首层”，上楼位置改为“右边”，然后点击“确定”按钮。

六、尺寸标注

执行天正菜单【尺寸标注】→【门窗标注】命令，点击如图 2.10 中所示的 P1、P2 两点位置，

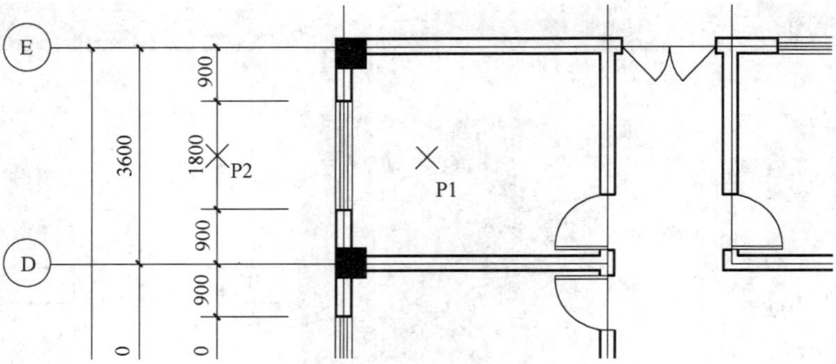

图 2.10 门窗标注时两点连线穿墙而过

在命令行出现“选择其他墙体:”时,用鼠标框选轴线 1 上的所有墙体,此时该轴线上的其余标注均出现。其他标注类似,在此不再赘述。

至此,使用天正 CAD 绘制出了目标图,相信聪明的读者将它与用 AutoCAD 的方法进行比较后会有一个明智的选择。作为入门级的目标图,作者建议读者用天正建筑 7.5 重新独立练习三至五次,巩固熟练操作技巧,为以后的熟能生巧做好铺垫。

第三章　底层轴网

一、初始化设置

根据书后的一套别墅目标图形的立面图形，可知底层的层高为 3300，底层的内外高差为 600，即底板可定为 600。

双击桌面天正建筑图标，进入天正建筑的绘图界面；进入空白绘图界面后，点击菜单【工具】→【选项】，在打开的对话框中选择“天正基本设定”选项卡，此时对话框界面如图 3.1 所示。此处将“当前层高”项内容改为 3300，其余不变。

另外，从图 3.1 中，可知“显示天正屏幕菜单”的快捷操作为“Ctrl”＋“＋”形式，即按住 Ctrl 键不放，再按“＋”键，可实现显示与隐藏天正屏幕菜单的切换。

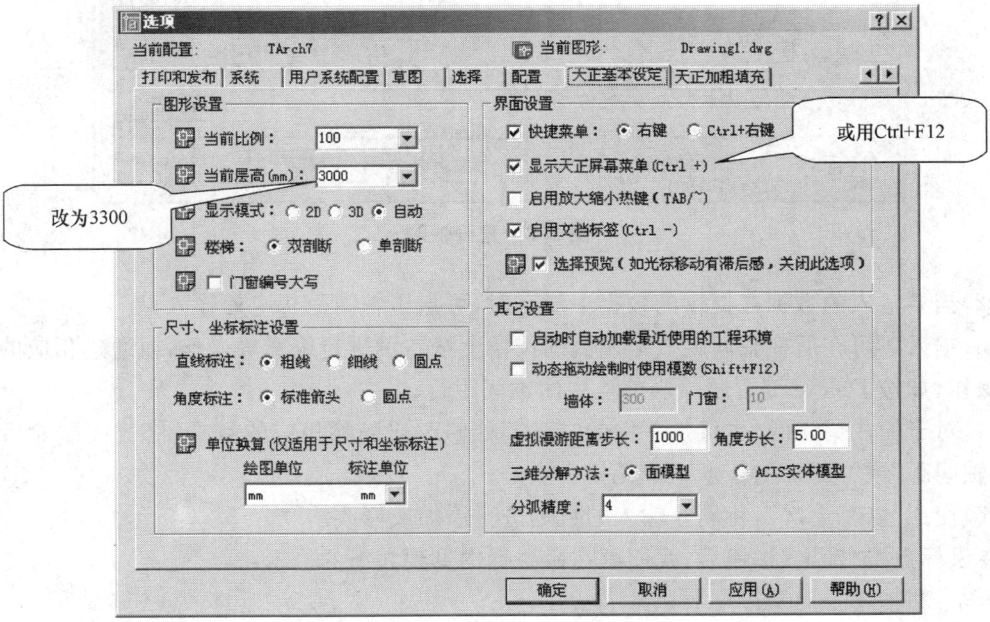

图 3.1　天正建筑基本设定

二、轴网的绘制与修改

1. 建立直线轴网

根据目标图的底层平面图中数据标注，得到表 3.1 中的数据用来绘制直线轴网。

表 3.1　底层平面轴网数据表

上　开	6600	3600	6300	3000	
下　开	6600	6900	5400	600	
左　进	2100	4500	2100	3300	3000
右　进	2100	4500	3300	3600	1500

菜单命令:【轴网柱子】→【绘制轴网】;快捷按钮:

在弹出的对话框中,选择“直线轴网”选项卡,如图 3.2 所示,利用鼠标和键盘录入表 3.1 中的数据,录入过程中,注意:

(1)对话框左侧的变化;

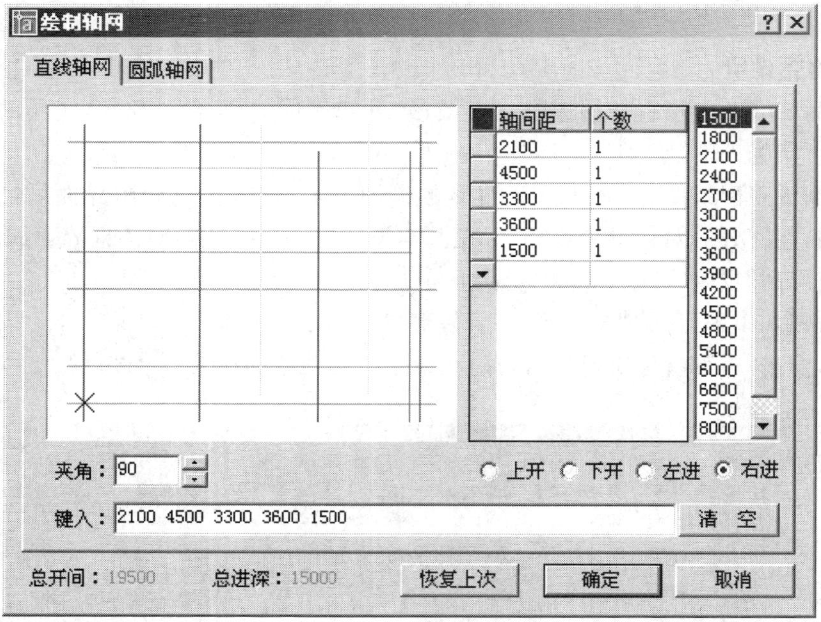

图 3.2 直线轴网

(2)当要输入的数据在提供的数据中没有时,可点击轴间距相应处输入;

(3)输入时可在所在轴间距数据左侧的按钮上按右键进行编辑等操作,或通过相应的键盘按钮操作,如按 Delete 键可删除当前点中的轴间距行;

(4)对于输入错误时,也可从下面的“键入”处修改或删除相应的数据,修改或删除后用鼠标在“轴间距”或“个数”的任意一单元格中点击;

(5)使用“恢复上次”,将刚才输入的数据进行添加或修改。

在鼠标点击“确定”按钮后,我们可在命令行中见到如下的提示:

命令:T71_TAxisGrid

点取位置或[转 90 度(A)/左右翻(S)/上下翻(D)/对齐(F)/改转角(R)/改基点(T)]<退出>:

此时可对轴网按各选项进行操作,本处直接用鼠标点取位置。

2. 轴网标注

菜单命令:【轴网柱子】→【两点轴标】快捷按钮:

执行此命令后,会自动在左上角出现图 3.3 所示的对话框,这时“双侧标注”默认为选中状态。此处不对它作修改,直接进行后面的操作(图 3.4)。

图 3.3 轴网标注默认关态

命令:T71_TAxisDim2p

请选择起始轴线<退出>: //点取 P1 点

请选择终止轴线<退出>: //点取 P2 点

请选择起始轴线<退出>: //点取 P3 点

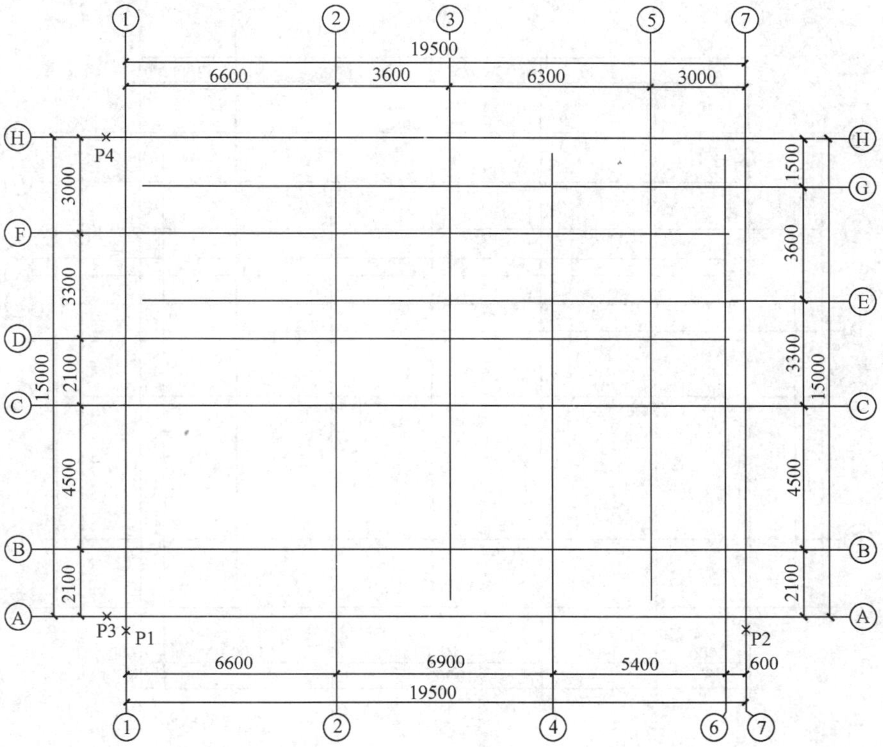

图 3.4　两点轴标

请选择终止轴线<退出>：　　//点取 P4 点

请选择起始轴线<退出>：　　//按回车或空格键

3. 添加轴线与轴网标注中的修改

通常,会在建立轴网后要添加辅助轴线、更改部分轴号、改变标注中的一些内容等。

设计要求在上开轴号 2 和 5 之间添加一个辅助轴线 1/2,在右进 A 和 B 之间添加 1/A,操作步骤如下(图 3.5):

菜单命令:【轴网柱子】→【添加轴线】

命令:T71_TInsAxis

选择参考轴线 <退出>：　　　//点选轴号 1 的轴线,如 P5 点处

新增轴线是否为附加轴线? [是(Y)/否(N)]<N>:Y ↙

偏移方向<退出>：　　　　//点取 P6 点

距参考轴线的距离<退出>:3000 ↙

命令:

执行完毕后,会自动产生一个 1/1 的轴标。

同样,可以添加 1/E 和 2/E 轴线,这留给读者练习。添补轴线后的图形如图 3.5 所示。

4. 轴网标注中的修改

(1) 单轴变标注侧。

操作过程:

先用鼠标点选 1/1 轴号,使它处于选中状态,再按鼠标右键,在浮动菜单中选择“对象编

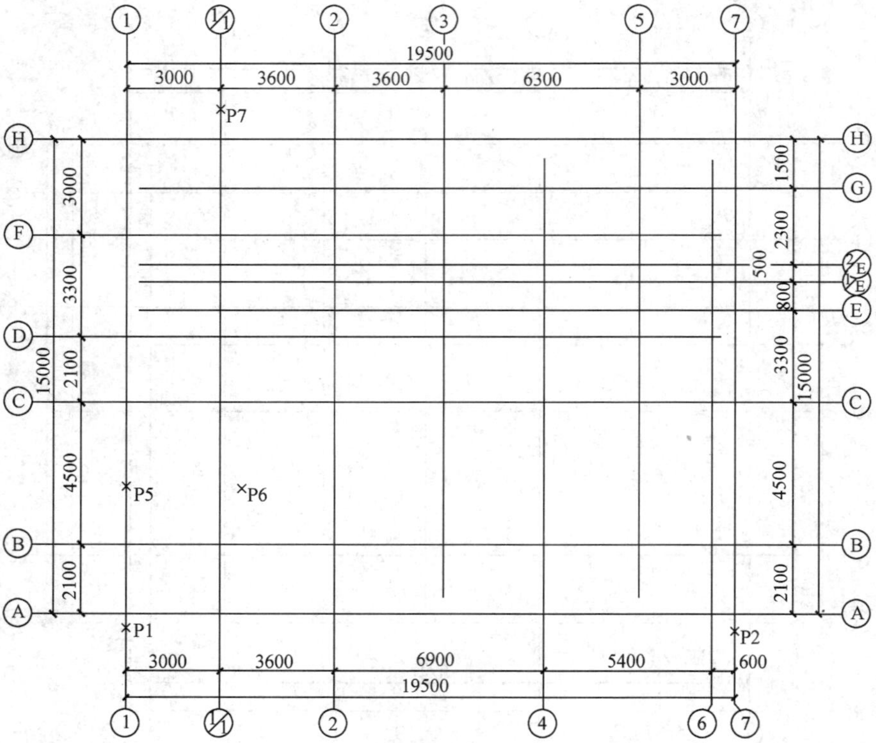

图 3.5 添补轴线及单轴变标注侧

辑”项，会在命令行处出现如下的提示，然后按提示进行下列操作。

命令：T71_TObjedit

选择［变标注侧(M)/单轴变标注侧(S)/添补轴号(A)/删除轴号(D)/单轴变号(N)/重排轴号(R)/轴圈半径(Z)］＜退出＞：S　　　　//注意：此处不要按回车

在需要改变标注侧的轴号附近取一点：　　　　//点取 P8 点

在需要改变标注侧的轴号附近取一点：　　　　//点取 P8 点，可多点击几次观察比较

在需要改变标注侧的轴号附近取一点：↙　　　　//回车或空格

选择［变标注侧(M)/单轴变标注侧(S)/添补轴号(A)/删除轴号(D)/单轴变号(N)/重排轴号(R)/轴圈半径(Z)］＜退出＞：↙　　　　//回车或空格

命令：

同样，可进行单轴变号、重排轴号等操作，这留给读者去练习。

(2) 更改上开轴号 1 和 2 之间的标注数据。

操作过程(图 3.5)：

① 在上开轴号 1 和 2 之间的标注的数据之上单击鼠标左键，使其处于选中状态。

② 鼠标光标放在如图 3.5 中 P7 处的蓝色点上，按鼠标左键并垂直向上拖动到轴号 1 或轴号 2 的对应的蓝色点上。

(3) 将靠得非常近的轴号向两侧拖动。

操作过程：

① 选中 6 这个轴号，用鼠标点取蓝色点向左拖动；

② 选中 7 这个轴号，用鼠标点取蓝色点向右拖动。

同样，读者可移动轴号 2/E、E。

(4) 移动轴标上的数据。

操作过程：

选中上开中的标注数据 19500，用鼠标向左拖动。

以上操作后的结果如图 3.6 所示(图中 6、7 轴号未移)。

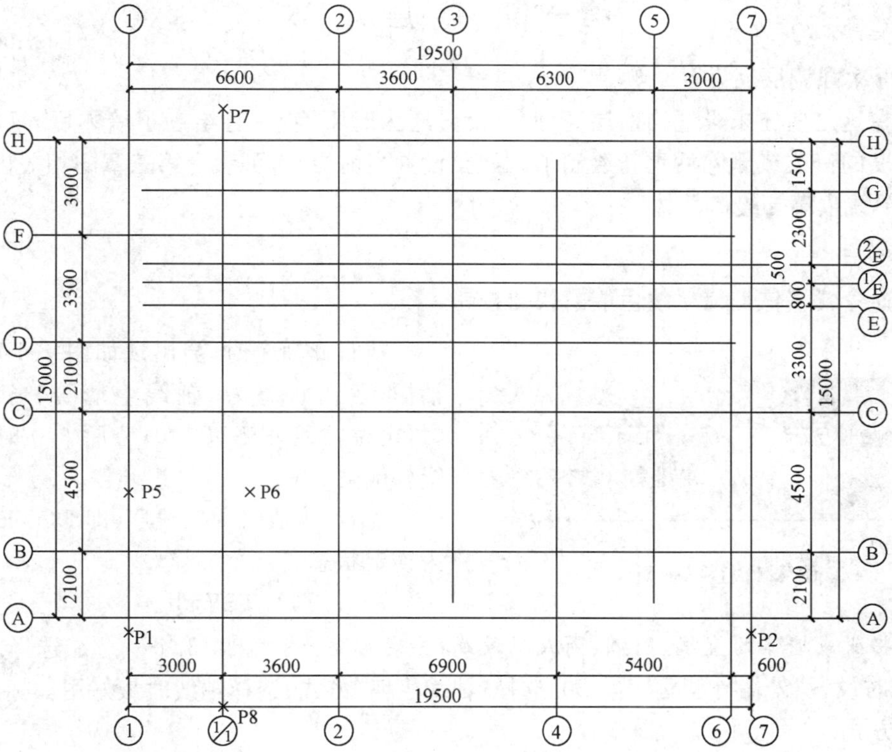

图 3.6　轴网标注中的修改

5. 轴改线型

天正 7.5 的轴网命令绘制的轴网，默认线型是实线，但我们工程图中使用的轴线为点画线，可以使用两种方法实现：

(1) 利用 AutoCAD 中的图层命令，将轴线所在的图层(天正建筑中默认图层名为 DOTE)的线型改为“DOTE”点划线型。

(2) 天正菜单【轴网柱子】→【轴改线型】(或命令行输入：ZGXX)；执行此命令后，如原来实线将变为点划线；再执行此命令时，会发现点划线还原成为实线。该命令是一个切换开关形式。

此时执行了上述两种操作之一，都会发现不能在图形中立即显示出点划线，这是由于线型比例所致。从命令行中输入全局线型比例命令 LTSCALE(或 LTS)后，会看到当前线型比例为“1.000”，我们将它改为 1000 后，会发现线型发生了变化(如果轴线使用 AutoCAD 中的 DOTE 线型，线型比例数值通常设置为图 3.1 中“当前比例”数值的 10 倍)。

第四章　底层墙体、柱子、门窗

第一节　底 层 墙 体

一、再次强调层高设置

如果在这之前还未设置当前层高，此时设置还为时不晚，一旦绘制了墙体后，只能进行各段墙体高度的修改或删除后重新绘制了。如要设置当前层高，可参看第三章的相关内容。

二、单线生墙与绘制墙体

1. 单线生墙

菜单命令：【墙体】→【单线生墙】；快捷按钮：

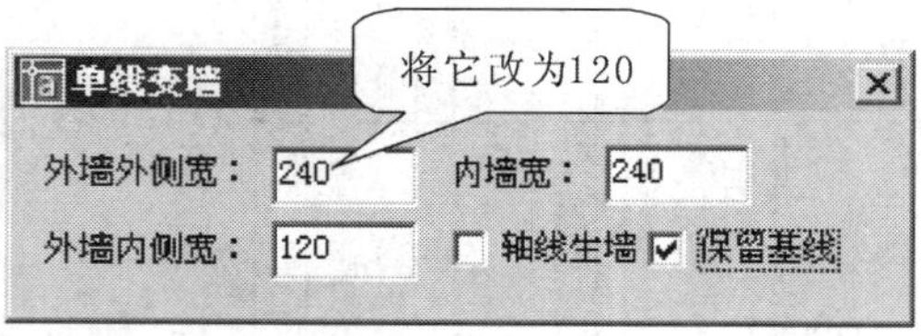

图 4.1　直线轴网

执行此命令时，会出现如图 4.1 所示的对话框，默认状态为“轴线生墙”。当墙厚 240 时，定位轴线外侧宽 120；墙厚 370 时，定位轴线外侧宽 240。

注意：生成时中轴线层（即 DOTE 层）不能为锁定状态。

命令：T71_TSWall

选择要变成墙体的直线、圆弧、圆或多段线：指定对角点：找到 13 个　//在选择之前出现图 3.1，此时设置“外墙外侧宽”为 120，选择“轴线生墙”方式，选择轴线时最好用鼠标反向拖动交叉选择方式。

选择要变成墙体的直线、圆弧、圆或多段线：　//可按鼠标右键或空格或回车结束选择

处理重线...

处理交线...

识别外墙...

命令：

读者最好也执行一下“轴线生墙”不选中状态，以便进一步了解此命令的使用。

2. 编辑修改墙体

(1) 删除多余的墙体。

在图层中将中轴线层（即 DOTE 层）锁定，然后用鼠标点选将要删除的墙体后，按 CAD 中的“删除”按钮或键盘 Delete 键。

(2) 墙体边线对齐。

菜单命令：【墙体】→【边线对齐】；快捷按钮：

命令：T71_TAlignWall

请点取墙边应通过的点或［参考点(R)］＜退出＞：　//在如图 4.2 中点取 P1 点

请点取一段墙＜退出＞：　//在如图 4.2 中点取 P2 点处的外墙

用鼠标点取墙边应通过的点时，可点在点 P1 所经过的中轴线上任一点，但最好选择交

点，这样易于抓取。

对齐一边后，可按空格或回车或鼠标右键重复执行刚才的命令。

选择的点如图 4.2 所示（此图已将辅助轴线用夹持点方式适当移短），执行边线对齐命令后的结果参见图 4.4 所示（此处不含图中的柱子）。

图 4.2 中的 1/3 和 1/4 轴号请读者自己添加，并将所有的轴线根据情况适当修剪。

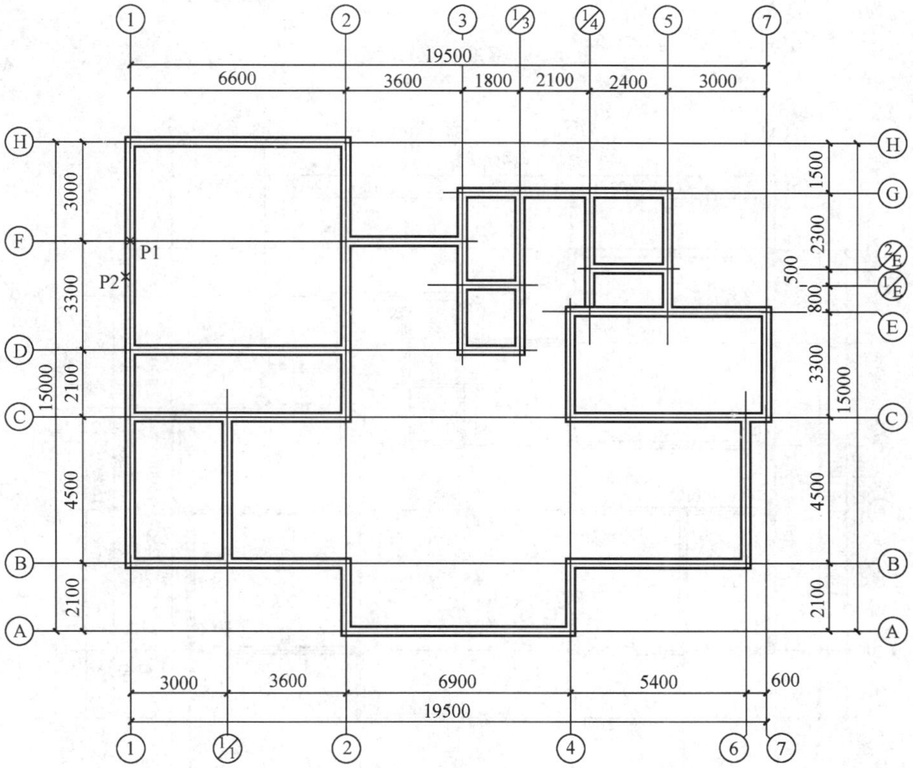

图 4.2　边线对齐时选择的点

第二节　底层柱子

与柱子相关的命令有：标准柱、角柱、构造柱、异形柱、柱齐墙边这五个。可在天正命令菜单的【轴网柱子】下找到它们。对于它们的使用可将光标停在相应的命令菜单项之上，再按鼠标右键，从弹出的浮动菜单中选择【实时助手】项，找到此命令的相关使用说明。

在学习后续内容之前请读者先看帮助内容的说明。注意标准柱的形状分为矩形柱、圆柱或正多边形柱三类。

此部分插入柱子的高度为当前层高，即 3300，插入后的结果如图 4.4 所示。

一、插入柱子

1. 插入标准柱

图 4.4 中的标准柱有两种，即 Z1：240×240（图 4.3）和 Z2：400×400。每种可通过做好一个后，进行多个复制或移动产生其他同样柱子。

柱子填充状态要显示或隐藏时，可通过最下面状态栏中的“填充”按钮切换。

另请注意标准柱对话框中最下面的其他可一次插入多个相同柱子的方法。

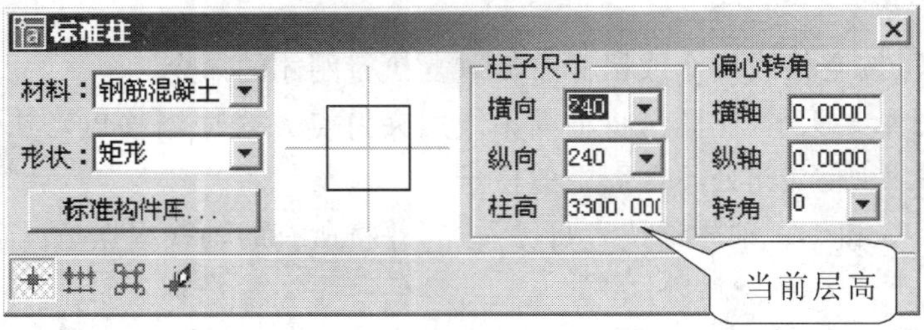

图 4.3　标准柱 Z1 对话框

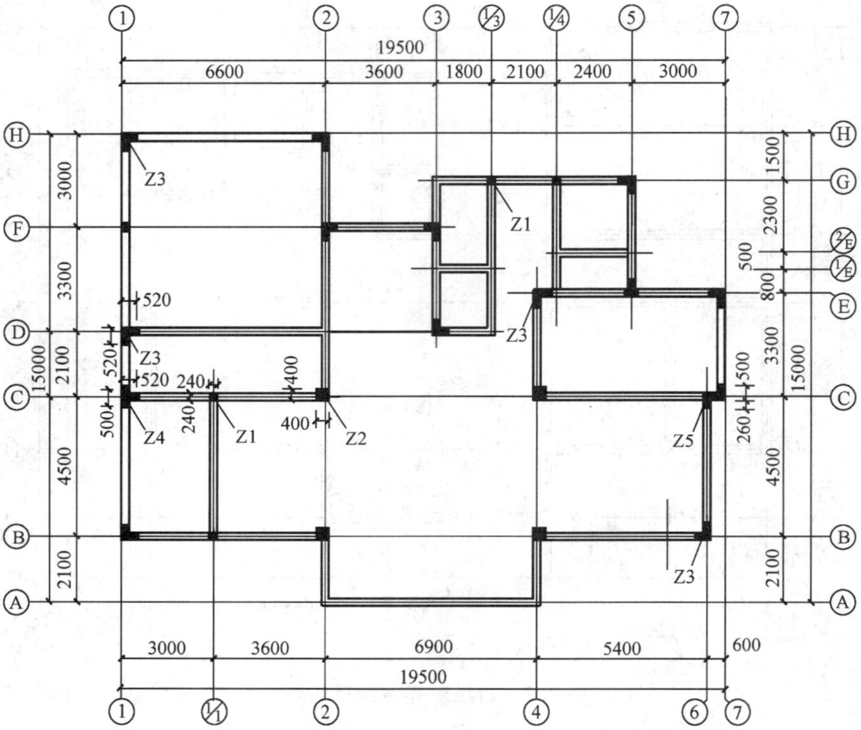

图 4.4　执行“边线对齐”及插入柱子后图形

2. 插入角柱

本处的角柱有两种样式，即角柱 Z3：520×520 和 T 形柱 Z4。

对于 Z3 的做法，通过下列操作过程来比较设置好数据之后的两个不同的结果。

(1) 执行菜单命令：【轴网柱子】→【角柱】，点取轴号 1 与轴号 H 的交点处，此时出现图 4.5 的对话框，在“长度 A”和“长度 B”的输入框中输入数据 520 后，点击“确定”。

(2) 执行菜单命令：【轴网柱子】→【角柱】，点取轴号 3 与轴号 D 的交点处，也会出现图 4.5 的对话框，也输入与前一个相同数据后点击“确定”。

(3) 下面在 CAD 工具条的任一个按钮上按鼠标右键，在出现的浮动菜单上点击查询，此时会出现一个查询工具条。

(4) 利用查询工具条的第一个“距离”命令，分别量取刚才做的两个柱子的长宽，会发现第一个柱子为 520×520，第二个则为 640×640。

(5) 也许会有人说，第一个柱子点取的是墙角，那试着将第二个柱子也点在墙角，会发现

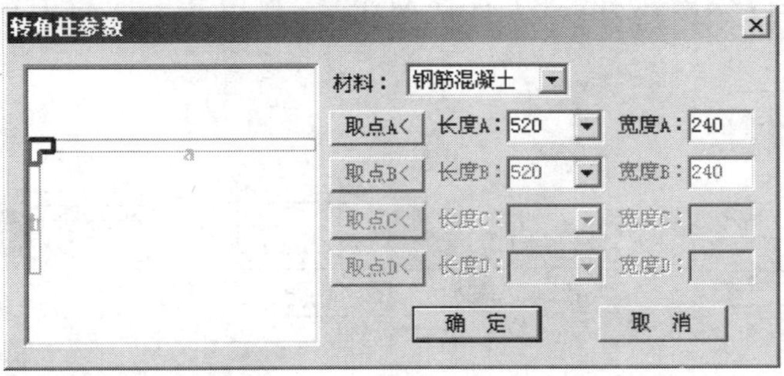

图 4.5　角柱 Z3 对话框

它还是 640×640。

(6) 如果将第二柱子的“长度 A”和“长度 B”中输入数据 400，则重新量取时，会发现它产生的是 520×520 的柱子。

由上面的比较，得出结论：绘制角柱时的数据要注意半墙宽的数据处理，如未进行边线对齐处理的墙角，输入的数据要除去半墙宽数值。

对于角柱 Z4，在执行菜单命令：【轴网柱子】→【角柱】后，会出现如图 4.6 所示的对话框，要注意对话框左边的 a、b、c 三者的提示方位。

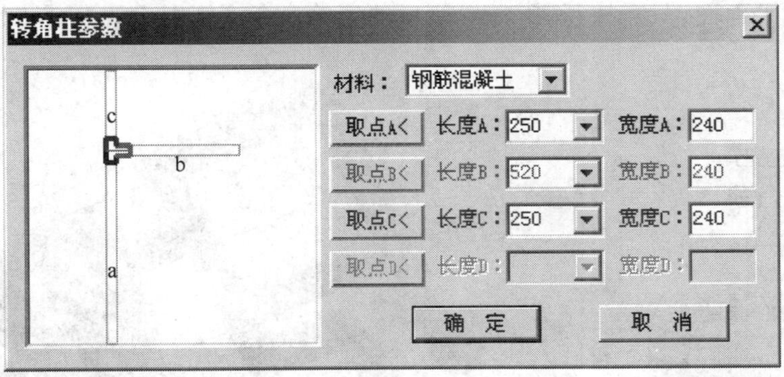

图 4.6　角柱 Z4 对话框

3. 异形柱

对于异形柱 Z5(图 4.7)，它是先用多段线围成封闭区域后，使用异形柱命令产生的。

菜单命令：【轴网柱子】→【异形柱】

命令：T71_TPolyColu

请选择封闭的多段线＜退出＞：找到 1 个　　//点选封闭多段线(如图 4.7 所示 Z5)

请选择封闭的多段线＜退出＞：　　//按空格或回车或鼠标右键停止

柱子材料：[砖(0)/石材(1)/钢筋混凝土(2)/金属(3)]＜2＞：↙ //此处默认为 2，即钢筋混凝土

命令：

二、编辑修改柱子

通常，对柱子的修改主要有三种情形：

(1) 选中柱子后双击鼠标，会出现图 4.3 所示的对话框，在此框中进行相应的修改。

(2) 选中柱子后，利用夹持点移动边或移动夹持点，从而改变柱子的形状(图 4.8)。

(3) 选中柱子后，按鼠标右键，出现浮动菜单，利用其中的相关选项实现修改目的(图 4.9)。

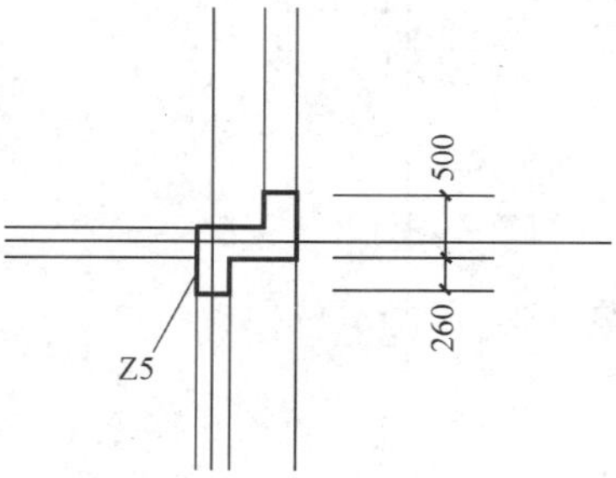

图 4.7 异形柱 Z5

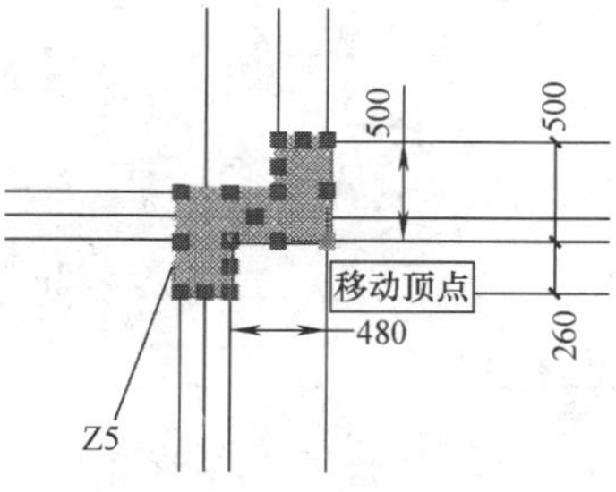

图 4.8 编辑修改柱子方法之二

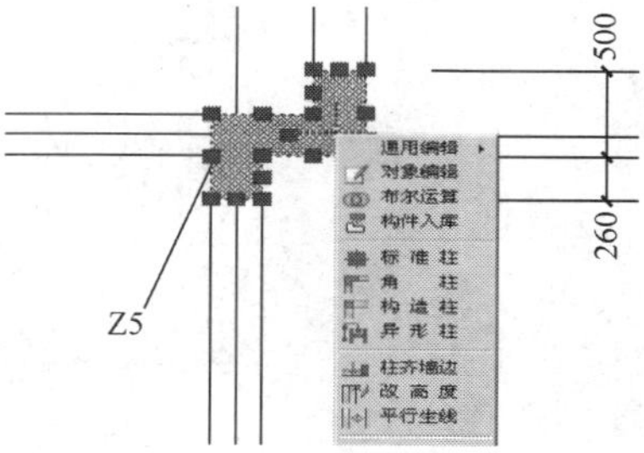

图 4.9 编辑修改柱子方法之三

三、动态观察

在未选择任何对象(物体)时，鼠标在绘图区上按鼠标右键，在弹出的浮动菜单上(图 4.10)用鼠标点击执行“动态观察”命令，此时会出现一个绿色的大圆，上有四个小圆，按住鼠标左键不放并拖动鼠标，此时可见到三维之下的墙体与柱子图形，但它是线框形式的；再次在未选择任何对象(物体)下，鼠标在绘图区上按鼠标右键，在弹出的浮动菜单上选择菜单命令:【着色模式】→【平面着色】，此时可见图 4.11 所示内容。

如要恢复成平面图，只需执行图 4.10 所示的菜单命令:【视图设置】→【平面图】即可。

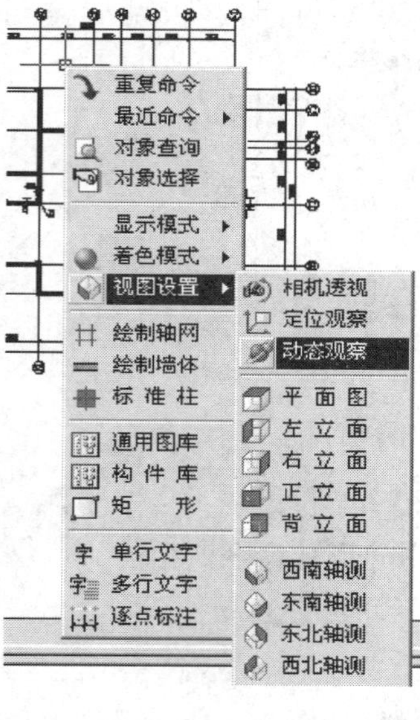

图 4.10 “视图设置”菜单

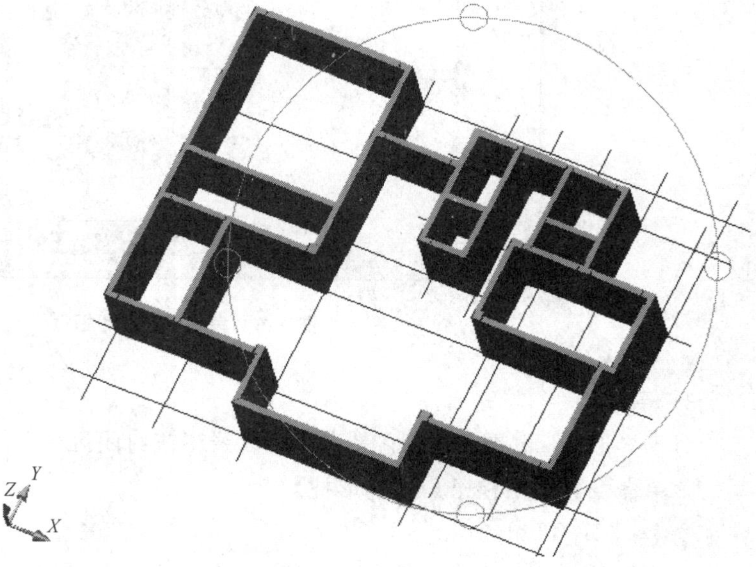

图 4.11 动态观察三维效果

四、绘制轴号 5 与轴号 1/4 之间的一段短墙

操作过程如下：

(1) 保证轴线图层不是锁定(上锁)状态，执行偏移命令，将轴号 1/4 轴线向右偏移 1000。

(2) 执行天正菜单命令:【墙体】→【绘制墙体】命令，在出现的对话框中，将墙体“左宽”和“右宽”数值设置为 60，选择居中方式绘制直墙。

第三节　底层门窗

此部分的目标图形为图 4.12 所示(大门处模糊部分可参见图 3.29)。

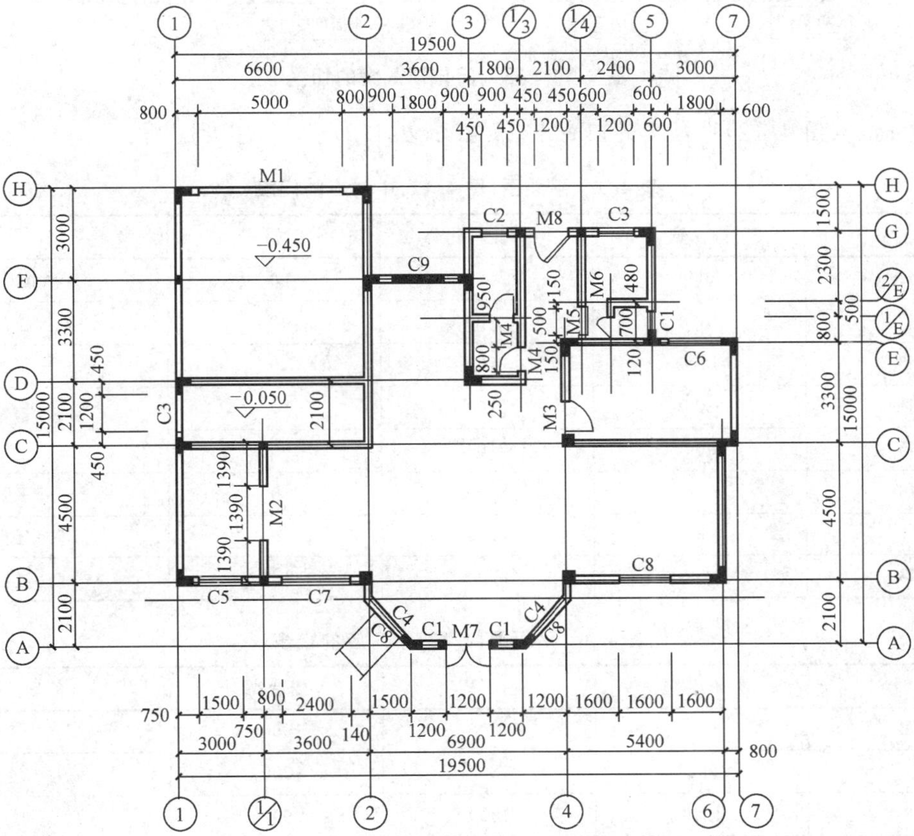

图 4.12　本节目标图标

一、大门入口处的墙体和柱子 Z1 绘制

操作过程:

(1) 将轴线 B 向下复制一个,偏移距离 600。

(2) 对轴线 2 向右偏移 1500 后,再向右偏移 1200,即产生两个直线。

(3) 将图 4.13 所示的点 P2 和点 P3 之间绘制直线,并将此直线转换到 DOTE 图层中。

(4) 利用菜单命令:【墙体】→【绘制墙体】命令,按图 4.13 标出的 P1 至 P4 之间点,绘制直线墙体,墙宽为 240。

(5) 复制 Z1 至点 P4 后,根据目标图适当移动距离。

(6) 在轴线 2 和轴线 4 之间绘制一辅助水平线段,找到中点后镜像产生对称的墙体及柱子。

(7) 绘制大门处的墙体。

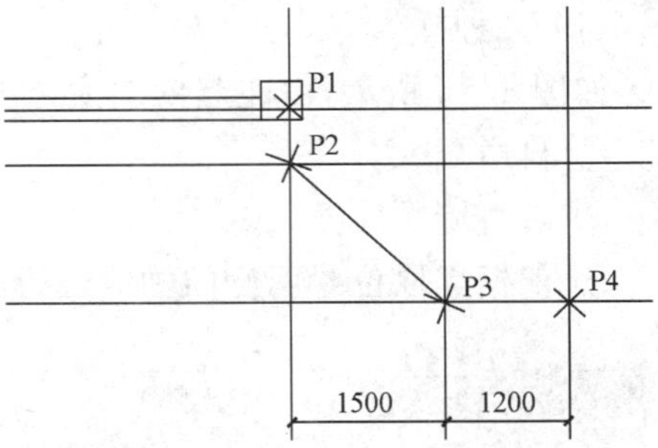

图 4.13　大门处添绘轴线

二、插入门窗

1. 插入门与插入窗的切换

按下菜单命令:【门窗】→【门窗】后,在出现的对

话框中，注意最下面一行中插入门与插入窗的切换，如图 4.14 所示。

图 4.14　插入门与插入窗的切换

2. 平面图(图 4.12)中对应的门窗表(表 4.1，表 4.2)

表 4.1　平面图(图 4.12)中对应的门表

编　号	门　宽	门　高	门槛高	备　注
M1	5000	2400	0	卷帘门
M2	1800	2100	0	双推拉门
M3	1000	2100	0	
M4	800	2100	0	
M5	900	2100	0	
M6	700	2100	0	向外平开
M7	1500	2700	0	防盗门
M8	1200	2700	0	防盗门

表 4.2　平面图(4.12)中对应的窗表

编　号	窗　宽	窗　高	窗台高	备　注
C1	600	1800	900	
C2	900	1800	900	
C3	1200	1800	900	
C4	1200	1800	900	上层窗
C5	1500	1800	900	
C6	1800	1800	900	
C7	2400	1800	900	
C8	1200	600	300	下层窗
C9	1800	2400	900	组合窗

3. 插入门

(1) 几种插入方式。

如图 4.15 所示，由左起依次为：

① 自由插入。

② 沿直墙顺序插入。

③ 依据点取位置两侧的轴线进行等分插入。

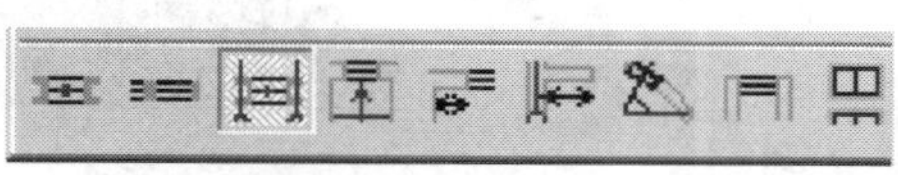

图 4.15　门窗的几种插入方式

④ 在点取的墙段上等分插入。

⑤ 垛宽定距插入。

⑥ 轴线定距插入。

⑦ 按角度插入弧墙上的门窗。

⑧ 充满整个墙段插入门窗。

⑨ 插入上层门窗。

在实际插入门窗时，要根据具体情况灵活使用，其中最常用的是轴线定距和两轴线间等分插入两个方式，本书尽可能将它们全部使用。

(2) 依据点取位置两侧的轴线进行等分插入 M1 和 M2。

操作过程：

① 菜单命令:【门窗】→【门窗】，显示“门窗参数”对话框(图 4.16)，选择“插门”按钮。

图 4.16　门 M1 参数

② 在对话框中“编号”处输入 M1。

③ 输入其他的参数。

④ 用鼠标单击“编号”左边的图形按钮，会出现如图 4.17 所示的对话框，选择门 M1 的平面视图样式。

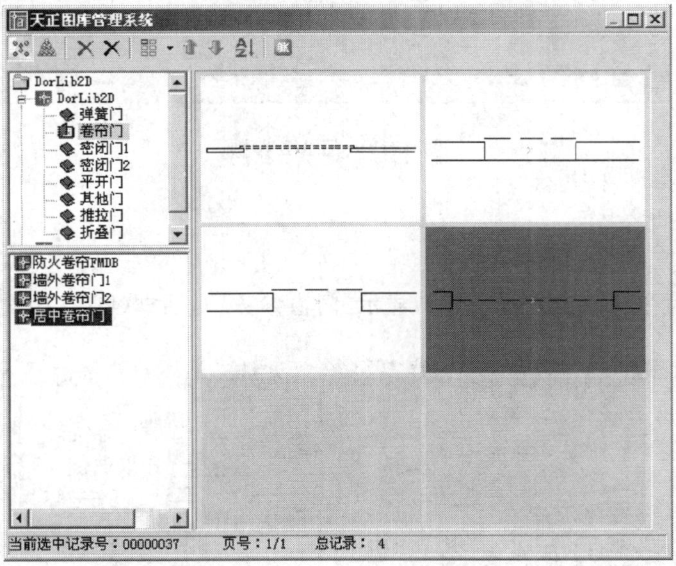

图 4.17　选择平面门窗图形

⑤ 用鼠标单击“门高”右边的图形按钮，会出现图 4.18 所示的对话框，选择门 M1 的立面视图样式——卷帘门(半开)。

⑥ 插入方式选择“依据点取位置两侧的轴线进行等分插入”按钮。

⑦ 设置完成后，用鼠标点取 CAD 绘图区中轴号 H 处的轴号 1 与轴号 2 间的墙体，至此完成了 M1 的插入。

类似，可实现门 M2 的插入，M2 的门窗参数如图 4.19 所示，插入过程留给读者自己完成。

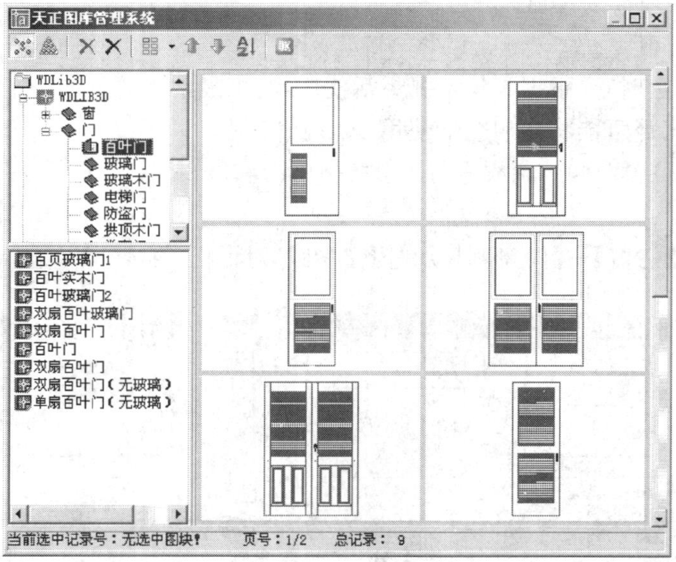

图 4.18 选择立面门窗图形

图 4.19 门 M2 参数

(3) 垛宽定距插入 M3。

操作过程：

① 天正菜单命令：【门窗】→【门窗】，显示“门窗参数”对话框(图 4.20)。

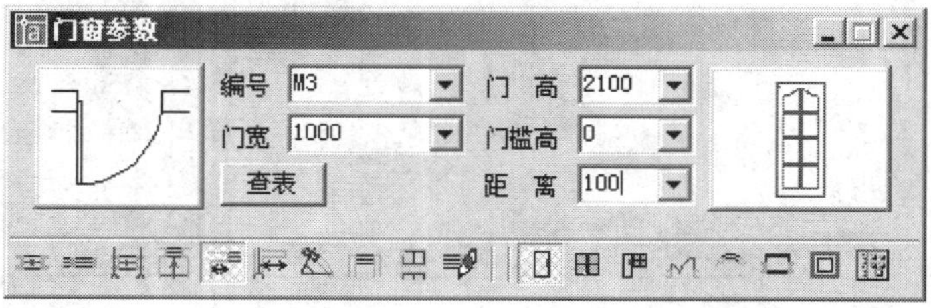

图 4.20 门 M3 参数

② 在对话框中“编号”处输入 M2。

③ 按下插入方式为“垛宽定距插入”的按钮，此时会在对话框中出现“距离”输入框，请在其中输入 100，其余数据如图 4.20 所示。

④ 在轴号 2，(C-D)间，靠近 C 轴处点取墙(此时鼠标点击位置与轴号 C 和 D 哪一个最靠近，则此处留下墙垛)。

⑤ 如果门的开启方向要调整，请用鼠标单击选中门 M3，此时会出现四个蓝色的夹持点，将鼠标移至其上时会出现相应的文字提示，找到其中的“改变开启方向”的夹持点后用鼠标拖动，可实现开启方向的调整。

另一个 M3 留给读者插入。

类似，读者可根据图 4.21、图 4.22 分别插入 M5 和 M6。

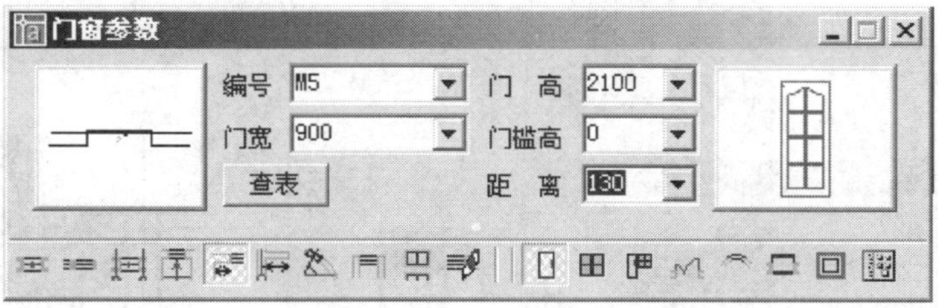

图 4.21　门 M5 参数

图 4.22　门 M6 参数

(4) 轴线定距插入 M4。

见图 4.23 所示，此方法与“垛宽定距插入 M3”类同，对于 M4 的插入，“距离”要计算为垛宽＋半墙宽，其余操作类同。

图 4.23　门 M4 参数

(5) 充满整个墙段插入门 M7。

M7 的宽度正好充满大门两个 Z1 之间，此时选择“充满整个墙段插入门窗”按钮，此时对话框中门窗的宽度不让设置和修改。M7 插入时的门窗参数如图 4.24 所示，操作方法类同于上面的讲述。

(6) 自由插入 M8，插入后移动到适当位置。

M8 的参数如图 4.25 所示，当 M8 插入后，可使用移动命令移动，或使用图 4.26 的方式，在“移动门窗”的夹持点上拖动鼠标，将门 M8 移至轴号 1/3 与轴号 H 的交点处后，再向右移动 1050 的距离。

图 4.24　门 M7 参数

图 4.25　门 M8 参数

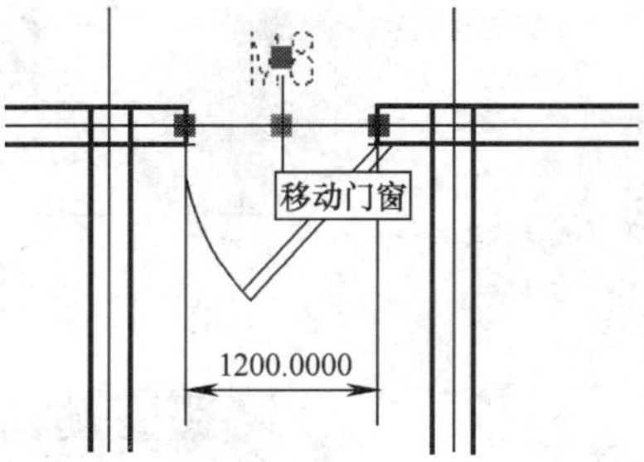

图 4.26　移动门窗夹特点

4. 插入窗

(1)用轴线定距法和垛宽定距法插入 C1。

① 对于轴线 2/E 处的 C1,操作方法如下:

操作之前,先将轴线 1/E 和 2/E 适当缩短至图 4.12 所示位置处;然后设置 C1 的参数(图 4.27),用轴线定距方式,点取靠近 2/E 轴线处。

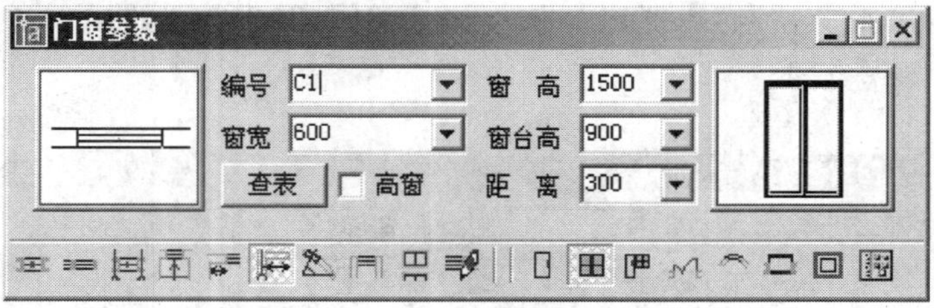

图 4.27　C1 参数

② 对于大门处的两个 C1,因已有柱子 Z1,C1 紧贴 Z1,故此时最好使用距离为 0 的“垛宽定距插入”方式。

(2) 使用“依据点取位置两侧的轴线进行等分插入”方式,直接插入窗 C2、C3、C5、C7,对于 C6,靠近大门处的可直接使用此方法,对于 E 轴号线上的 C6,可先将轴号 6 的轴线缩短至图 4.12 所示位置,然后使用此方法。

(3) 对于 C8 和 C4,它们构成了上下窗,故要保证 C8 的窗台高与窗高之和等于 C4 的窗台高。C8 可使用“依据点取位置两侧的轴线进行等分插入”方式插入;对于 C4,则要使用“插入上层门窗”的方式才能实现,C4 的参数如图 4.28 所示(注意:此时窗宽与窗台高都禁止操作)。

C4 操作过程:

命令:T71_TOpening

点取门窗大致的位置和开向(Shift－左右开)＜退出＞：
选择下层门窗＜退出＞：　　　　　　//选择下层窗 C8
选择下层门窗＜退出＞：　　　　　　//回车或空格或按鼠标右键
命令：

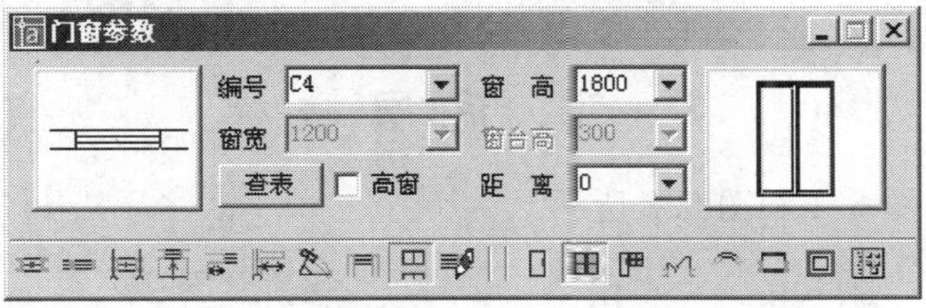

图 4.28　C4 参数

三、大门入口处的柱子 Z6 绘制

操作过程：

(1) 沿 C1 和 C4(C8)之间的墙体外边线绘制多段线并构成封闭(如图 4.29 所示)；

(2) 利用菜单命令：【轴网柱子】→【异形柱】命令，进行下面的操作：

命令：T71_TPolyColu
请选择封闭的多段线＜退出＞：找到 1 个
　//选择刚才绘制的封闭多段线
请选择封闭的多段线＜退出＞：
　//按空格或回车或鼠标右键停止
柱子材料：[砖(0)/石材(1)/钢筋混凝土(2)/金属(3)]＜2＞：↙
命令：

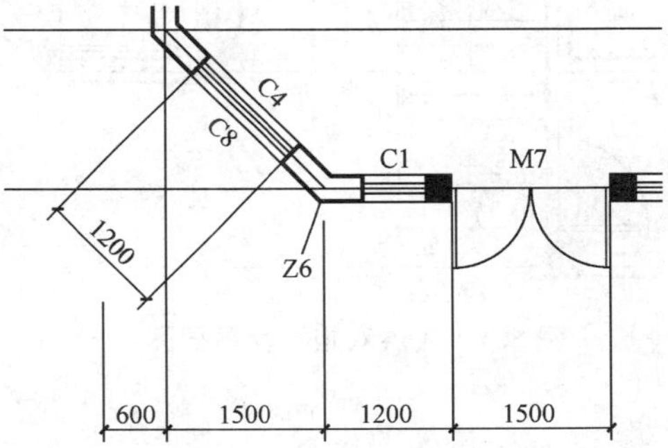

图 4.29　异形柱命令产生柱子 Z6

四、门窗的修改

1. 常见修改方法

(1) 双击对象。

(2) 点选对象后按鼠标右键，在出现的浮动菜单上选择“对象编辑”，出现与双击对象相同的对话框。

(3) 点选对象后按鼠标右键，在出现的浮动菜单上选择“在位编辑”，此时只可修改编号。

(4) 点选对象后按鼠标右键，在出现的浮动菜单上选择【通用编辑】→【对象特性】，从显示的对象特性窗口中修改相关内容。

2.“双击对象”编辑修改时，如果同类对象有多个，在点击“确定”按钮后，会在命令行处出现如下的提示信息：

命令：T71_TObjedit
是否其他 2 个相同编号的门窗也同时参与修改？[是(Y)/否(N)]＜Y＞：
　　　　　　　　　　　　　　　　　　　//根据用户要求进行相应选择

第五章　底层楼梯、台阶、散水与地板

第一节　底 层 楼 梯

本节的目标图如图 5.1 和图 5.2 所示。

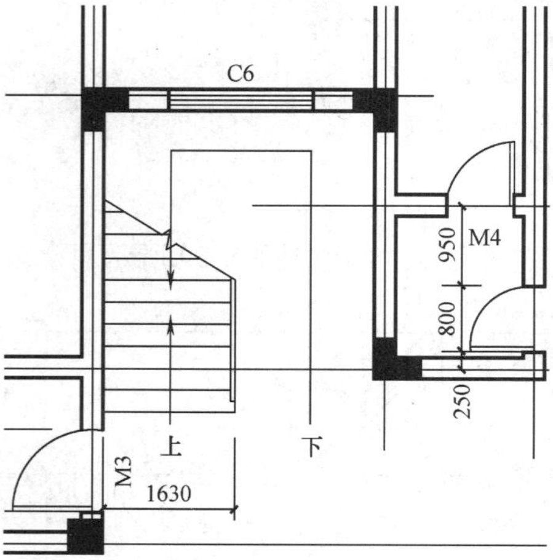

图 5.1　底层双跑楼梯平面图

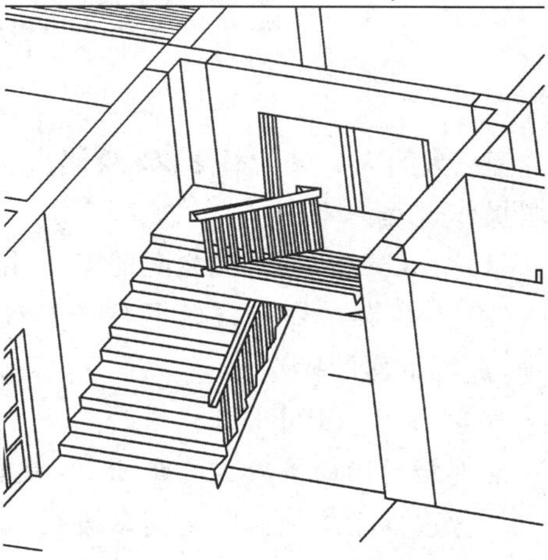

图 5.2　底层双跑楼梯动态观察后的消隐图

一、双跑楼梯的设置

1. 楼梯参数及插入楼梯

由图 5.1 所示，知楼梯宽为 1630，而楼梯间宽为 3600－240(两个半墙宽)＝3360，则可计算出楼梯井宽为 100。又底层的当前层高为 3300，设计楼梯的踏步高度为 165，休息平台宽为

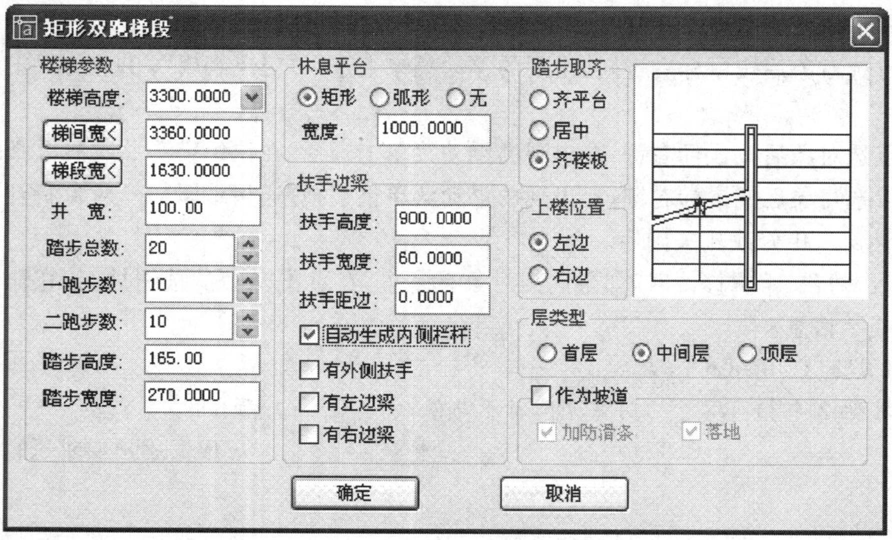

图 5.3　底层双跑楼梯参数设置

1000。由此可以进行楼梯的一些参数设定，使用天正菜单命令【楼梯其他】→【双跑楼梯】，出现图 5.3 所示的对话框。

插入楼梯的操作过程：

① 输入参数，注意上楼的位置，“层类型”先选择“中间层”。

② 点击“确定”按钮后，会出现下面的提示：

命令：T71_TRStair

点取位置或［转 90 度(A)/左右翻(S)/上下翻(D)/对齐(F)/改转角(R)/改基点(T)］<退出>：　　//每按一次 A，楼梯旋转 90 度

③ 点取轴号 F 与轴号 2 相交处的楼梯侧墙角，实现楼梯插入。

④ 双击刚插入的楼梯对象，会再次出现图 5.3 所示对话框，改变层类型为“首层”。

2. 楼梯的剖切位置调整

操作过程：

① 用鼠标点选楼梯后，楼梯会出现几个夹持点。

② 找到“移动剖切位置”夹持点后(图 5.4 示)，用鼠标按钮左键向上拖动(如拖动不便可关闭“正交”状态)到适当位置(注意剖切点不得超出休息平台处的夹持点)。

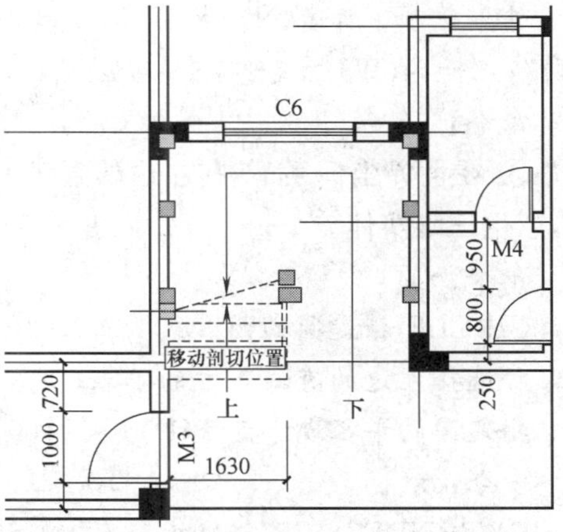

图 5.4　底层双跑楼梯动态观察后的消隐图

二、楼梯栏杆

楼梯的栏杆与扶手在平面图中不需要表示，只有在透视图和三维建模时需要添加栏杆，所以，与栏杆相关的命令不在“楼梯其他”里，而是放在“三维建模”的“造型对象”中。栏杆可选择栏杆库中的图案，也可自己定义产生。在此，自己定义一个栏杆，并将它添加入“栏杆库”中，然后进行“路径排列”。

1. 建立栏杆单元的主体

操作过程：

① CAD 菜单命令：【视图】→【三维视图】→【东南等轴测】。

② 旋转 UCS 坐标，使 XY 平面竖起来：

命令：ucs ↙

当前 UCS 名称：* 俯视 *

输入选项［新建(N)/移动(M)/正交(G)/上一个(P)/恢复(R)/保存(S)/删除(D)/应用(A)/？/世界(W)］<世界>：x ↙

指定绕 X 轴的旋转角度 <90>：↙

命令：

③ 在当前的 XY 平面上绘制图 5.5 的形状。

④ 将两个圆弧及它们之间的一短直线合并为一个多段线；

命令：pe ↙

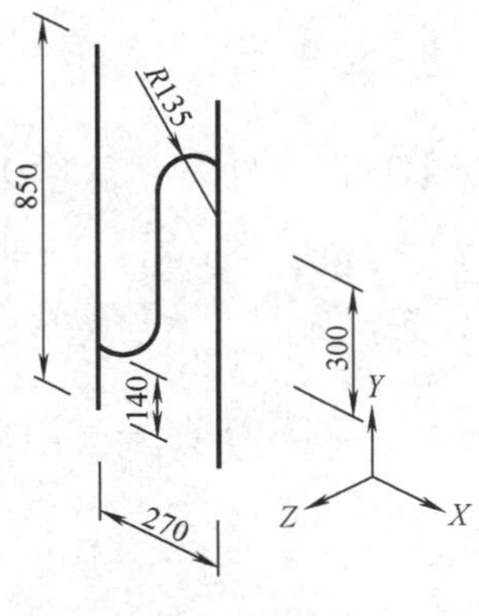

图 5.5　UCS 沿 X 轴旋转后绘制的图形

PEDIT 选择多段线或[多条(M)]:　　//点选一个圆弧

选定的对象不是多段线,是否将其转换为多段线?<Y>↙

输入选项[闭合(C)/合并(J)/宽度(W)/编辑顶点(E)/拟合(F)/样条曲线(S)/非曲线化(D)/线型生成(L)/放弃(U)]:j↙

选择对象:找到 2 个,总计 2 个　　//选择短直线和另一个圆弧

选择对象:↙　　//空格或回车或鼠标左键停止选择

2 条线段已添加到多段线

输入选项[闭合(C)/合并(J)/宽度(W)/编辑顶点(E)/拟合(F)/样条曲线(S)/非曲线化(D)/线型生成(L)/放弃(U)]:

命令:

⑤ 将 UCS 还原为世界坐标系。

命令:ucs↙

当前 UCS 名称:*没有名称*

输入选项[新建(N)/移动(M)/正交(G)/上一个(P)/恢复(R)/保存(S)/删除(D)/应用(A)/?/世界(W)]<世界>:w↙

命令:

⑥ 在世界坐标系下,在左边的直线下方绘制一半径为 25 的圆,然后使用实体中的拉伸命令,产生三维实体。

命令:c↙

CIRCLE 指定圆的圆心或[三点(3P)/两点(2P)/相切、相切、半径(T)]:

//选择左边的直线下方的端点

指定圆的半径或[直径(D)]<25.0000>:25↙　　//输入半径

命令:ext↙

EXTRUDE　当前线框密度: ISOLINES=4

选择对象:找到 1 个　　//选择下面的圆

选择对象:

指定拉伸高度或[路径(P)]:p↙

选择拉伸路径或[倾斜角]:　　//选择左边的竖直线

命令:

⑦ 沿 Y 轴旋转 UCS 坐标,使 XY 平面侧着竖起来。

命令:ucs↙

当前 UCS 名称:*没有名称*

输入选项[新建(N)/移动(M)/正交(G)/上一个(P)/恢复(R)/保存(S)/删除(D)/应用(A)/?/世界(W)]<世界>:Y↙

命令:

⑧ 以左边的圆弧线左端点处为圆心,绘制半径为 25 的圆。

⑨ 要当前坐标系下,使用实体中的拉伸命令,沿多段线拉伸产生实体,方法与⑥中的拉伸使用类同。

⑩ 将坐标系还原到世界坐标系。

⑪ 在任意一个按钮上按鼠标右键,在弹出的浮动菜单中选择“实体编辑”,这时出现“实体

编辑"工具条，点取其中的第一个并集，选中已拉伸的两个实体，产生的结果消隐后如图 5.6 所示。

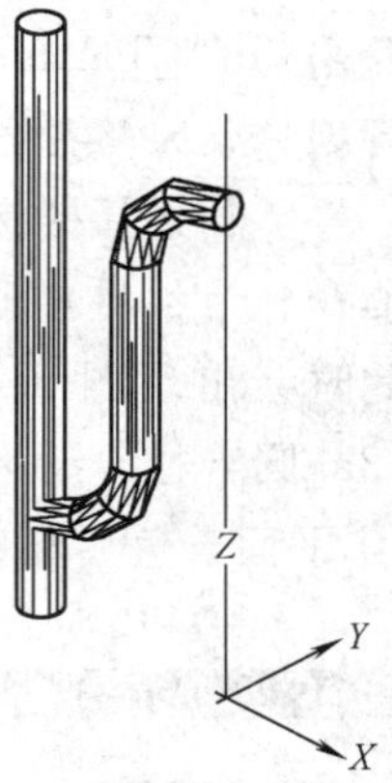

图 5.6　自定义 栏杆单元

2. 栏杆入库

操作过程：

① 天正菜单命令：【三维建模】→【造型对象】→【栏杆库】，出现的对话框如图 5.7 所示。

② 在出现的对话框中的第一排按钮中，找到"新图入库"按钮后点击该按钮，在命令行中会出现提示：

命令：T71_TRailLib

选择构成图块的图元：指定对角点：找到 1 个

　//选择自定义的栏杆单元

选择构成图块的图元：　　　//回车或空格停止选择

图块基点＜(47916.7,1.56319e-012,6894.89)＞：↙

　//使用默认的下面中间点

制作幻灯片(请用 zoom 调整合适)或［消隐(H)/不制作返回(X)］＜制作＞：↙

　//再次出现图 5.7，但此时已添加入了新栏杆单元，此时可对新栏杆改名

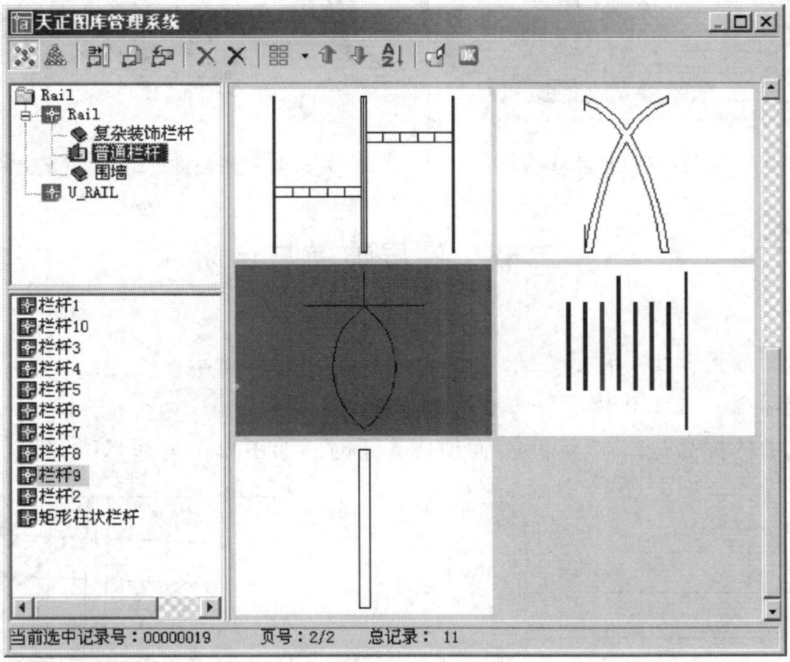

图 5.7　栏杆图库

3. 使用"路径排列"生成楼梯栏杆

操作过程：

① 进入动态观察状态(此时为线框形式，不用平面着色)。

② 天正菜单命令：【三维建模】→【造型对象】→【栏杆库】，出现如图 5.7 所示对话框，选中刚才新入库的图形，在该图形上双击鼠标后，会出现一个对话框，不去修改其对话框中内容，直接用鼠标左键在绘图区中点击，会出现刚才入库的图形。

③ 天正菜单命令:【三维建模】→【造型对象】→【栏杆库】,执行下面过程:

命令:T71_TRail

请选择作为路径的曲线(线/弧/圆/多段线)或可绑定对象(路径曲面/扶手/坡屋顶):

//选择楼梯

选择作为排列单元的对象:找到 1 个　　　//选择栏杆单元

此时会出现图 5.8 所示对话框,将其中的"单元宽度"值(原数据为 295＝270[两线间距]＋25[圆半径])设为 270,其余不变。

④ 平面着色后动态观察,可见结果如图 5.9 所示。

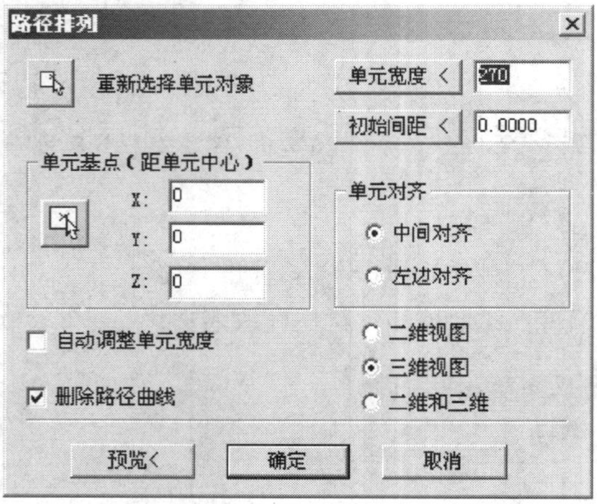

图 5.8 "路径排列"对话框

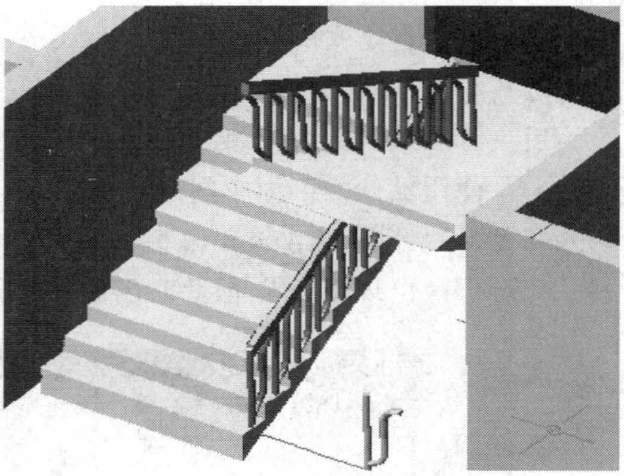

图 5.9 "路径排列"使用自定义栏杆单元结果图

第二节　底层坡道与台阶

一、坡道

坡道目标图如图 5.10(平面二维)和图 5.11(立体三维)所示。

1. 改变标高为－0.450 处周围的墙高及柱高

由于建筑中的标高是以米为单位,而使用天正时的绘图单位为毫米(见图 3.1 左下角所

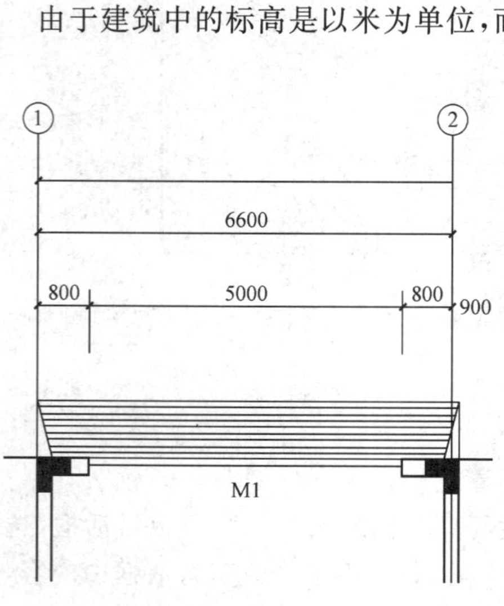

图 5.10 M1 前的坡道平面图

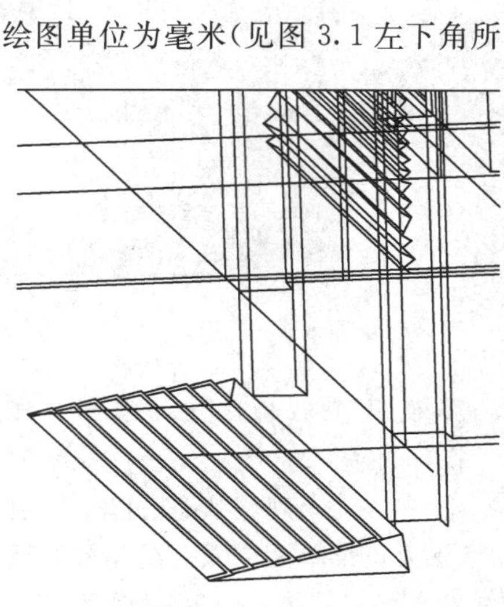

图 5.11 M1 前的坡道立体效果图

示),且绘制是以标高 0 为基础绘制的轴网,墙体默认在轴网之上绘制的,因此要改变的墙体或柱子基础标高;又从整个目标的立面图及二层平面图,可知在此间房上面为露台,且露台标高为 2.950m,故此此间的层高为 3300,室内水平标高为－0.450m。由此,可进行如下的改变:

(1) 改墙高。

操作过程:

① 双击要修改的墙体(或选中某一段墙后单击鼠标右键,从浮动菜单中选择"对象编辑"),弹出"墙体编辑"对话框(图 5.12 所示);

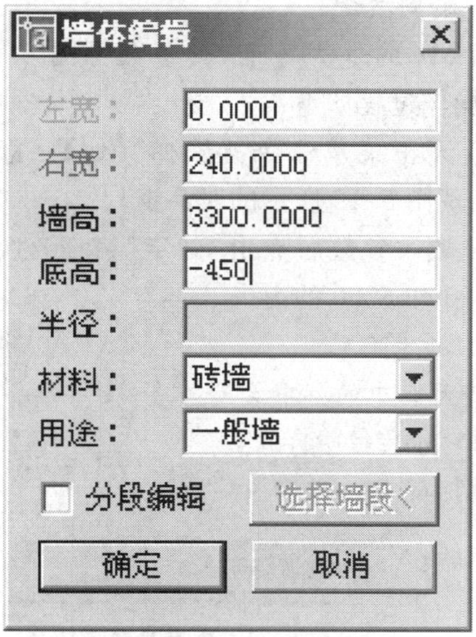

图 5.12 "墙体编辑"对话框

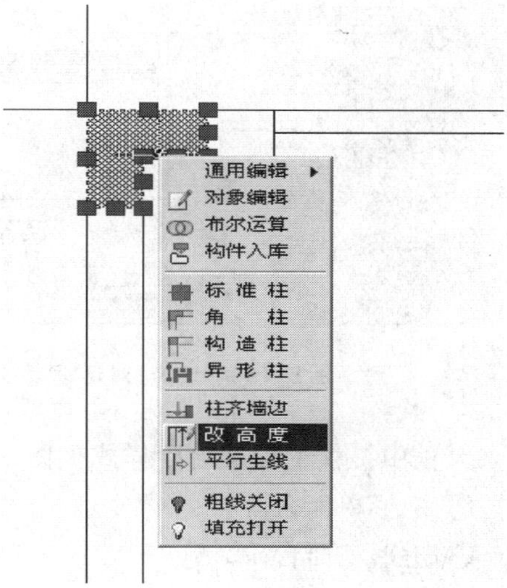

图 5.13 "改柱高"的浮动菜单命令

② 改变"底高"为－450 后点击"确定"按钮。

③ 对于与楼梯间等其他共用的墙体(注意:也是标高为－0.450 房间的墙体)及柱子处,墙高则要改为 3750(层高 3300＋内外高差 450),底高为－450。

④ 因 M1 所在墙体标高变化,M1 随之变化,此时双击 M1 执行对象编辑,改"门槛高"为 0。

(2) 改柱高。

操作过程:

① 如果此时也在某一个柱子上双击鼠标左键,只会出现图 5.14 所示的对话框,而在此对话框中,不能改变柱子的底部标高;这时,可使用鼠标选中某个柱子后,点击鼠标右键,会弹出图 5.13 所示的浮动菜单,选择执行"改高度"命令,进行如下的命令行操作。

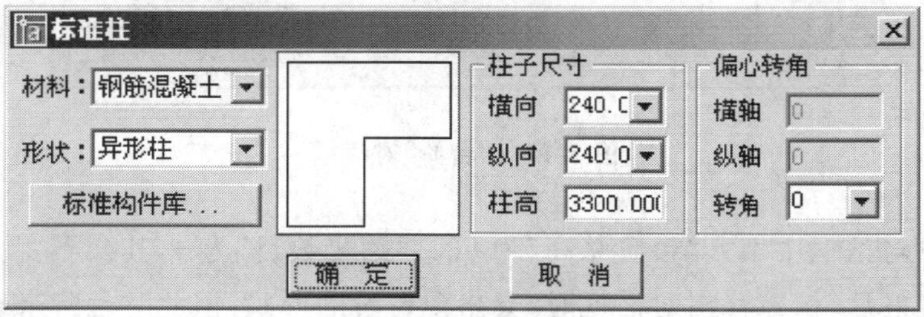

图 5.14 双击柱子时出现的对话框

命令:T71_TChHeight

新的高度<3300.0000>:3750↙ //此处为与其他楼梯房间共用的柱子,如不修改,则不需输入数值,而应直接按回车接受默认数值。

新的标高<0.0000>:－450↙ /改变标高

命令:

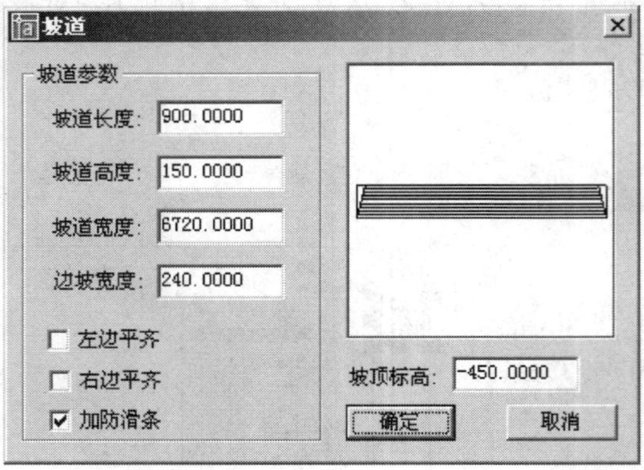

图 5.15 “坡道”对话框

其余部分的柱子及墙体的高度和标高留给读者完成。

2. 绘制坡道

门 M1 向外为坡道,其参数见图 5.15 所示,操作过程如下:

① 天正菜单命令:【楼梯其他】→【坡道】,出现图 5.15 所示的对话框;

② 填入参数后点击“确定”按钮,注意参数 150 和 6720 的由来。

二、台阶

1. 天正中的标准台阶

(1) 标准台阶样式。

天正中提供的标准台阶样式见图 5.16 所示,它们分别为:

图 5.16 标准台阶样式

① 矩形单面台阶。

② 矩形三面台阶。

③ 矩形阴角台阶。

④ 圆弧台阶。

⑤ 沿墙偏移绘制。

⑥ 选择已有路径绘制。

⑦ 任意绘制。

(2) 底层中后门处台阶的制作(矩形三面台阶)

操作过程:

① 天正菜单命令:【楼梯其他】→【台阶】,出现图 5.17 所示对话框。

图 5.17 “台阶”对话框

② 在“台阶”对话框中填入“台阶总高”为 600,“踏步数目”为 4,其余不变。

③ 数据设置好后,鼠标移出对话框时,会出现台阶的形状,但此时台阶未确定位置。

④ 这时会在命令行出现提示信息,请根据提示及目标进行相应的操作:

命令：T71_TStep

第一点＜退出＞：　　　//用鼠标左键点击在图 5.18 中的点 P1 处

第二点或［翻转到另一侧(F)］＜取消＞：F　　//输入 F 后，不能按回车或空格

第二点或［翻转到另一侧(F)］＜取消＞：　　//用鼠标左键点击在图 5.18 中的点 P2 处

第一点＜退出＞：↙　　　//结束命令

⑤ 动态观察绘制的台阶着色后效果，如图 5.19 所示。

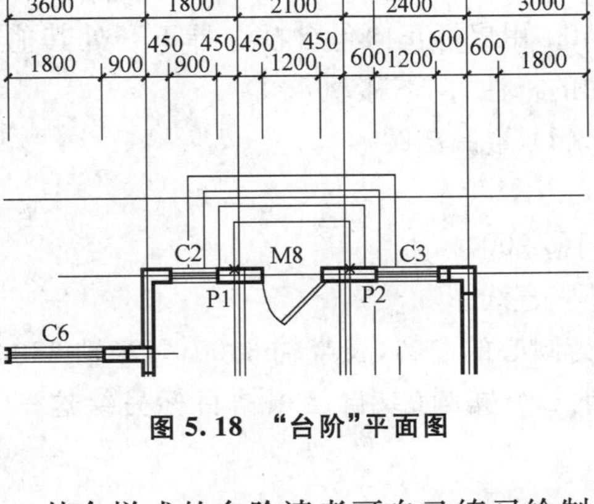

图 5.18　“台阶”平面图

图 5.19　“台阶”着色后立体效果

其余样式的台阶读者可自己练习绘制。

2. 非标准台阶

天正 CAD 中虽已提供了许多标准台阶样式，但它们只对多段线、直线、圆弧线类起作用，

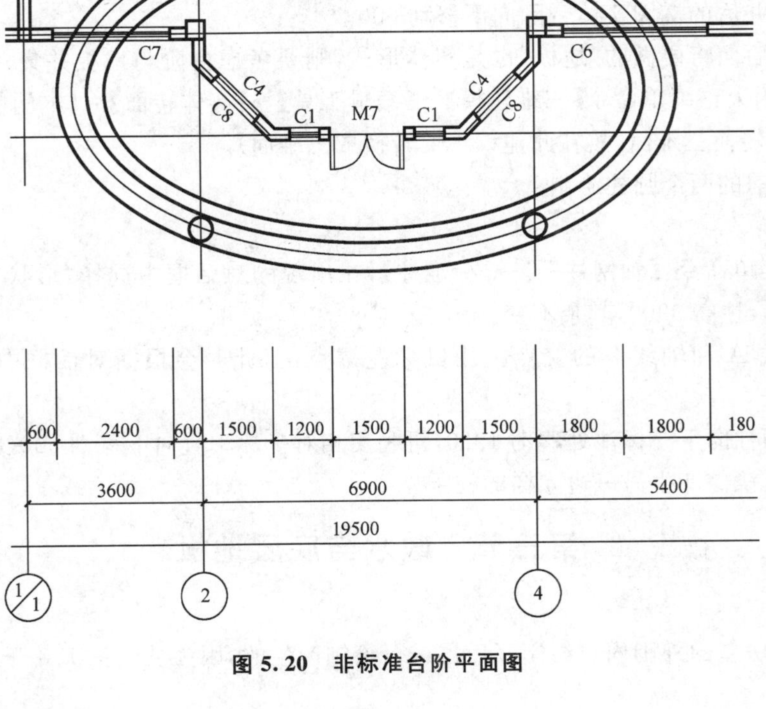

图 5.20　非标准台阶平面图

图 5.21 非标准台阶着色后立体效果

而对于椭圆弧类不起作用，因此我们添加了非标准台阶的制作样式。此处的目标图形如图 5.20 和图 5.21 所示。

(1) 先移动下面的标注，以让开位置。

操作过程：

① 用鼠标点中轴号 1 的数字，使其成选中状态。

② 在轴号 1 上最靠近轴号 A 处有一蓝色的夹持点，用鼠标点取此夹持点后，向下移动 4000。

③ 用鼠标正向包含框选择下开处其他未移动的标注，向下移动 4000。

(2) 绘制椭圆

操作过程：

① 将轴线 B 向下偏移 1200，或将轴线 A 向上偏移 900。

② 在偏移后的线与轴线 2 和轴线 4 的交点间补一直线。

③ 捕捉刚绘制的直线的中点，绘制一以此中点为圆心的椭圆，长半轴 6400，短半轴 3700。

④ 将已绘制的椭圆向里各偏移 300，产生另外三个椭圆(或自己根据目标另绘这三个椭圆)。

(3) 将椭圆向上拉伸，产生实体后合并。

操作过程：

① 对这四个椭圆，由内向外，分别向上拉伸 600、450、300、150。

② 在 Auto CAD 的任一条工具条的任一个按钮上按鼠标右键，从弹出的菜单中选择“实体编辑”工具条，选中其上的“并集”命令，将四个椭圆实体进行合并；也可以使用天正菜单命令【三维建模】→【体量建模】→【布尔并集】将它们合并。

(4) 将合并后的椭圆实体台阶向下移动 600。

(5) 如果后面将要做的“地板”也是实体形式，则要考虑台阶与地板并集；否则，此处将其转换成面，使用天正菜单命令【三维建模】→【编辑工具】→【实体转面】。(本例使用实体与地板实体并集后再转换三维面，故在此建议不要转换成三维面)

(6) 大门前的两个圆柱绘制。

操作过程：

① 天正菜单命令:【轴网柱子】→【标准柱】，在出现的对话框中选择“形状”为“圆形”，“直径”中输入 500，柱高 3900，其余不变。

② 在轴线 A 和轴线 2 的交点上用鼠标左键点击，此时会根据对话框中参数在此生成圆柱。

③ 将此圆柱向下开标注处移动 1920，再利用相对坐标垂直向下移动 600(@0,0,−600)。

④ 复制或镜像产生另一边同样的柱子。

第三节 散水与底层地板

一、散水

散水是在房屋的外围内容绘制好后再进行绘制产生的，因为从天正 7.0 开始，散水把原有的【二维散水】和【三维散水】【内外高差】命令合并，而且散水自动被凸窗、柱子等对象裁剪，也可以通过对象编辑添加和删除顶点，可以满足绕壁柱、绕落地阳台等各种变化；阳台、台阶、坡道等对象自动遮挡散水，位置移动后遮挡自动更新。

操作过程：

① 执行天正菜单【楼梯其他】→【散水】命令，会出现图 5.22 所示的对话框，参数设置如图 5.22 所示（注意：不要勾选“创建室内外高差平台”）。

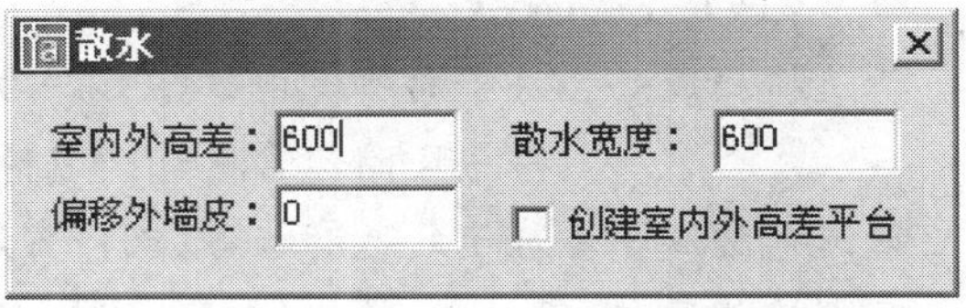

图 5.22 “散水”对话框

② 选择整个一层房屋，会出现散水，此时散水在标准台阶处会自动剪裁，而在非标准台阶处不能自动剪裁。

③ 运用“修剪”命令，在命令行提示选择对象时按鼠标右键全选，然后点取图 5.23 所示的点 P1 和点 P2 处，将散水进行修剪。

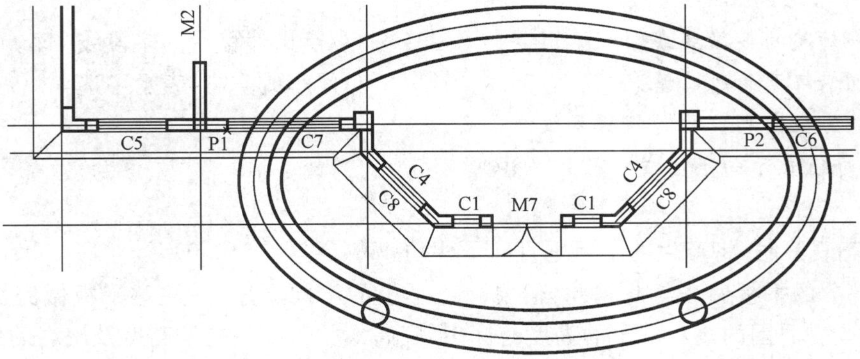

图 5.23 对散水进行修剪的点

④ 修剪后，将大门前剩下的部分散水删除，点 P1 和 P2 处的散水用夹持点适当移动（注意要在三维中观察一下，防止移动时垂直方向上错位），最后结果如图 5.24 所示。

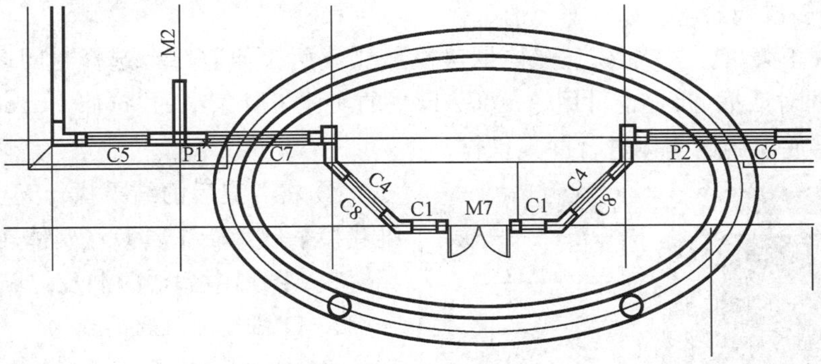

图 5.24 对散水进行修剪及移动夹持点后结果

二、地板(内外高差)

由标高数据知道底层的地板有三种厚度，即 150（标高－0.450 处）、550（标高－0.050 处）和 600（标高±0.000 处）。对于地板的生成方式的两种，一个是使用天正中的平板命令，另一个是使用 CAD 中的拉伸命令产生的实体。

1. 平板方式

操作过程：

① 执行天正菜单命令【房间屋顶】→【套内面积】

命令：T71_TApartArea

请选择构成一套房子的所有墙体(或门窗)：指定对角点：找到 7 个

//正向包含框选构成标高为-0.450 房间的墙体与柱子

请选择构成一套房子的所有墙体(或门窗)：　　//按空格停止选择

套内建筑面积(不含阳台)＝40.0464

是否生成封闭的多段线？[是(Y)/否(N)]＜Y＞：↙

命令：

② 删除产生的套内面积文字。

③ 将生成的多段线向外偏移 120。

④ 执行天正菜单命令【三维建模】→【造型对象】→【平板】

命令：T71_TSlab

选择一封闭的多段线或圆＜退出＞：　　//点选偏移后的多段线

请点取不可见的边＜结束＞↙　　//回车或空格，表示不选

选择作为板内洞口的封闭的多段线或圆：↙

板厚(负值表示向下生成)＜200.0000＞：-150 ↙

命令：

⑤ 动态观察时，将产生的平板垂直向下移动 450(@0,0,－450)。

其余部分的平板做法与此相同，但要注意平板的不同厚度，并注意平板做完后是否要移动、是否要改变周围的墙和柱子的高度与标高(底高)，关于墙与柱子高度及底高的修改请参看本节“坡道”相关内容。

2. 封闭多段线拉伸产生的实体方式

操作过程：

步骤①～③、⑤与“平板方式”中的①～③、⑤项操作相同，也可使用多段线绘制产生出沿墙边线的封闭多段线。

④ 执行天正菜单【三维建模】→【体量建模】→【截面拉伸】命令，选择封闭多段线，会出现图 5.25 所示的对话框(此处也可用 AutoCAD 中的实体工具条中的“拉伸 extrude”命令)。

⑥ 将所有底层中的实体进行并集操作。

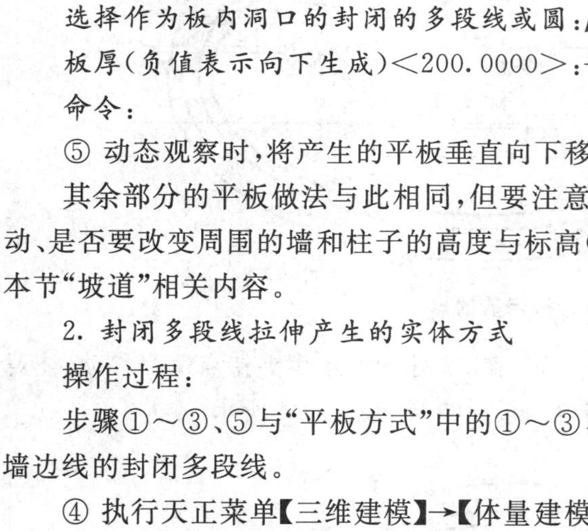

图 5.25　天正中的“拉伸实体”

⑦ 将并集后的结果执行天正菜单命令【三维建模】→【编辑工具】→【实体转面】的操作。

三、图形中添加门洞及门洞处的台阶

1. D 轴线上门洞的插入

操作过程：

① 执行天正菜单【门窗】→【门窗】命令，出现图 5.26 所示的图形，设置门洞的参数如图所示(因墙高 3900，标高-600，而门窗底高是以插入的墙体底处计 0，故此处底高为 600)；

② 命令行中操作：

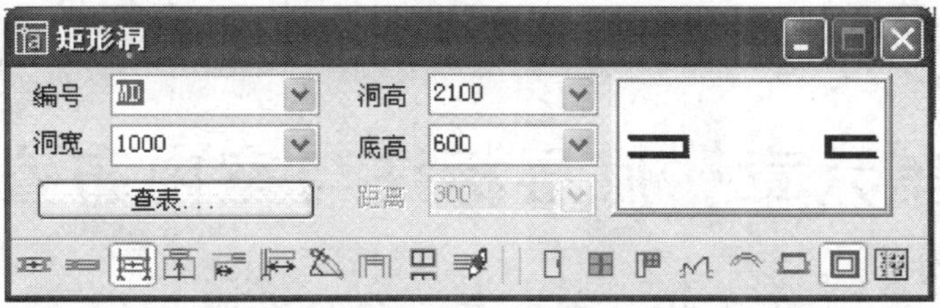

图 5.26　门洞插入时的对话框参数

命令：T71_TOpening

点取门窗大致的位置和开向(Shift－左右开)＜退出＞：　　//点取 D 轴线上轴号 1 与轴号 2 之间

指定参考轴线[S]/门窗个数(1～6)＜1＞：↙

点取门窗大致的位置和开向(Shift－左右开)＜退出＞：↙

命令：

2. 门洞处的台阶

操作过程：

① 在要产生台阶的一侧，利用门洞的两角点绘制一直线，并在正交状态下将此直线向两端各延长 300(一般门洞两边都要宽出 300 左右)。

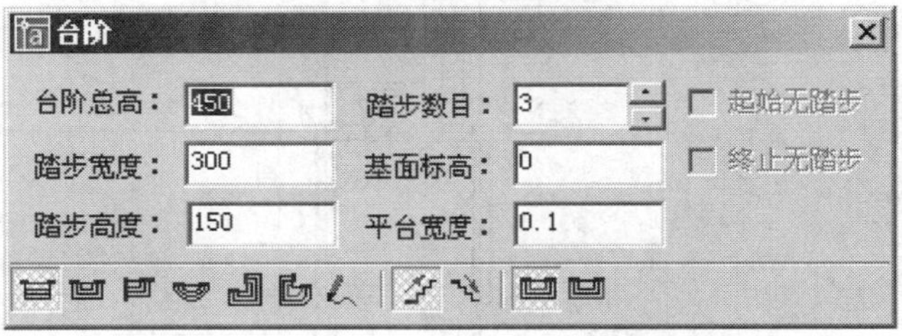

图 5.27　门洞处台阶的对话框参数

② 执行天正菜单命令：【楼梯其他】→【台阶】命令，出现图 5.27 所示的图形，设置台阶的参数如图所示(因门洞处台阶侧标高－450，门洞底高 600，故此处台阶为三级；又若设"平台宽度"为 0，则只有一条线，不能正确表达台阶形状，而设为 0.1 时，能达到表达要求，这时平台宽加上墙宽为 240.1，由于小数部分较小，可忽略)。

③ 命令行中操作：

命令：T71_TStep

第一点＜退出＞：　　//门洞台阶侧一角点

第二点或［翻转到另一侧(F)］＜取消＞：F↙

第二点或［翻转到另一侧(F)］＜取消＞：　//门洞台阶侧另一角点

第一点＜退出＞：↙

命令：

此处台阶的另外一做法思路：

台阶为踏步为两级，平台宽度为 300，台阶总高 300，但点取门洞两角点出现台阶后，在动态观察时，会发现平台与门洞的底高齐平，这时要将台阶垂直向下移动 150，才能达到目标效果(如图 5.28 所示)。

图 5.28　门洞处台阶的对话框参数

第六章　底层标注与室内布置

第一节　底层尺寸标注与编辑

一、尺寸标注

尺寸标注的样式比较多，同一个目标内容有多种命令形式能做到，但便捷程度有所不同，因此我们要对命令的使用有所了解后才能灵活运用。

1. 两点标注

两点标注功能：为两点连线穿越有关轴线、墙线、门窗、柱子等构件标注尺寸，并可标注各墙体中点或者添加其他标注点。执行的为天正菜单命令【尺寸标注】→【两点标注】。

［例 1］　如图 6.1 所示的 2/E 轴线上内墙的标注：

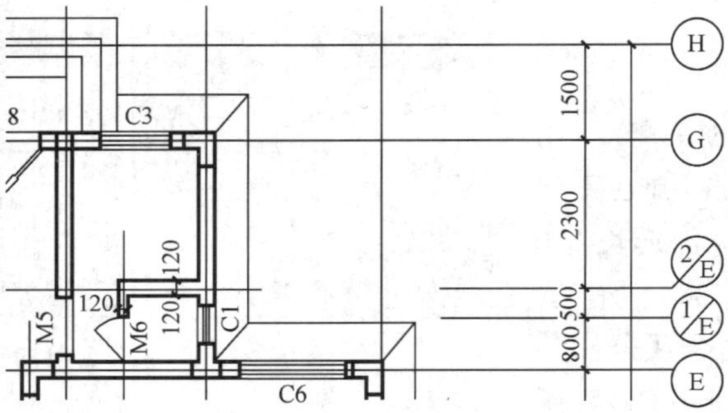

图 6.1　两点标注之一

命令：T71_TDimTP

起点(当前墙面标注)或［墙中标注(C)］＜退出＞：　//墙体两线上下面一线上的任一点

终点＜选物体＞：　//墙体两线另一线上的任一点

请选择不要标注的轴线和墙体：↙　//空格或回车或鼠标右键，下同

选择其他要标注的门窗和柱子：↙

请输入其他标注点或［参考点(R)］＜退出＞：↙

命令：

［例 2］　在轴线 1/1 至轴线 4 之间标注尺寸，结果如图 6.2 所示：

命令：T71_TDimTP

起点(当前墙面标注)或［墙中标注(C)］＜退出＞：　//P1 点

终点＜选物体＞：　//P2 点

请选择不要标注的轴线和墙体：↙　//空格或回车或鼠标右键

选择其他要标注的门窗和柱子：找到 1 个　//点取 M1 门

选择其他要标注的门窗和柱子：↙

请输入其他标注点或［参考点(R)］＜退出＞：　//P3 点

请输入其他标注点或［参考点(R)/撤消上一标注点(U)］＜退出＞：↙

命令：

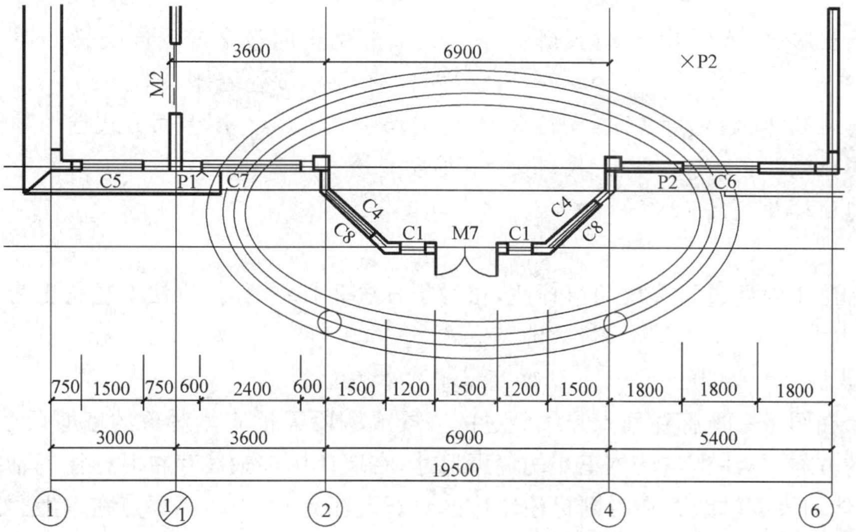

图 6.2　两点标注之二

2. 门窗标注

执行天正菜单命令【尺寸标注】→【门窗标注】，在上开处标注轴线 1 和轴线 2 之间门 M1 的尺寸，然后在同一水平线上标注出上开处外墙上的其他门窗尺寸。

方法 1：

命令：T71_TDim3

请用线选第一、二道尺寸线及墙体！起点<退出>：　　　　　//P1 点

终点<退出>：　　　　　//P2 点

选择其他墙体：↙　　　//空格或回车或鼠标右键

命令：

同样的方法，我们可以在图 6.3 所示的 C9 处进行门窗标注，标注后，选取图中新标注的内容，利用夹持点 P5 移至 P6 处，使得两次标注的门窗尺寸在同一水平线，其余类似。

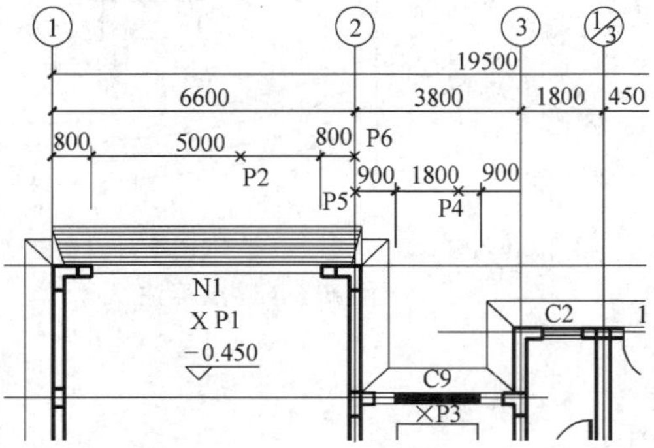

图 6.3　门窗标注之一

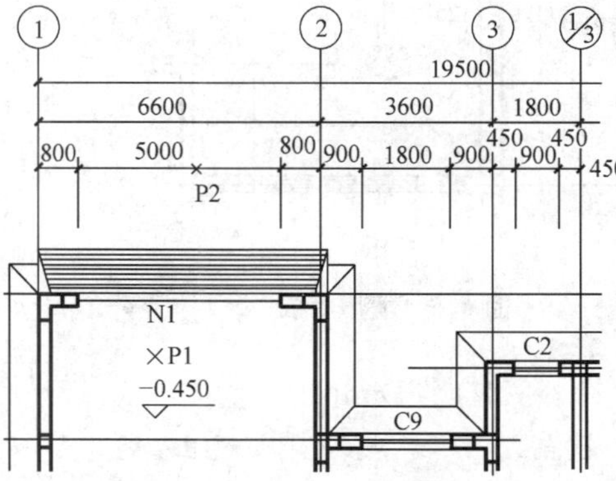

图 6.4　门窗标注之二

方法 2(如图 6.4 所示)：

命令：T71_TDim3

请用线选第一、二道尺寸线及墙体！起点<退出>：　　　　　//P1 点

终点<退出>：　//P2 点

选择其他墙体:指定对角点:找到 2 个　　//用正向包含或反向交叉的对角方式选择 C9、C2 处墙体

选择其他墙体:指定对角点:找到 3 个,总计 5 个　　//用上面方式选择其他墙体

选择其他墙体:指定对角点:找到 1 个,总计 6 个

选择其他墙体:↙

命令:

使用方法 1 时要进行多次门窗标注,相对于方法 2 有些费时;方法 2 显得更为便捷且易于操作。

3. 墙厚标注

该命令在图中一次标注两点连线经过的一段或多段天正墙体对象的墙厚尺寸,标注中可识别墙体的方向,标注出与墙体正交的墙厚尺寸,在墙体内有轴线存在时标注以轴线划分的左右墙宽,墙体内没有轴线存在时则标注墙体的总宽。注意:点击时不要点在墙上。执行命令样式如图 6.5 所示。

命令:T71_TDimWall

直线第一点<退出>：　//点取 P1 点

直线第二点<退出>：　//点取 P2 点

命令:

4. 逐点标注

逐点标注命令是一个通用的灵活标注工具,对选取的一串给定点沿指定方向和选定的位置标注尺寸。特别适用于没有指定天正对象特征,需要取点定位标注的情况,以及其他标注命令难以完成的尺寸标注,它的使用方法与 AutoCAD 中的连续标注命令相似。对它的使用如图 6.6 所示:

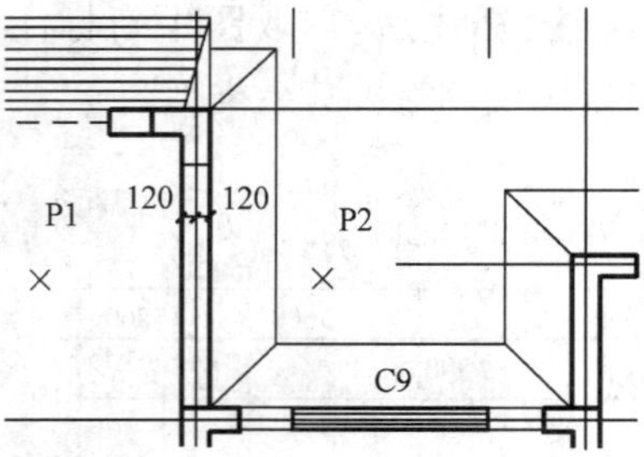

图 6.5　墙厚标注

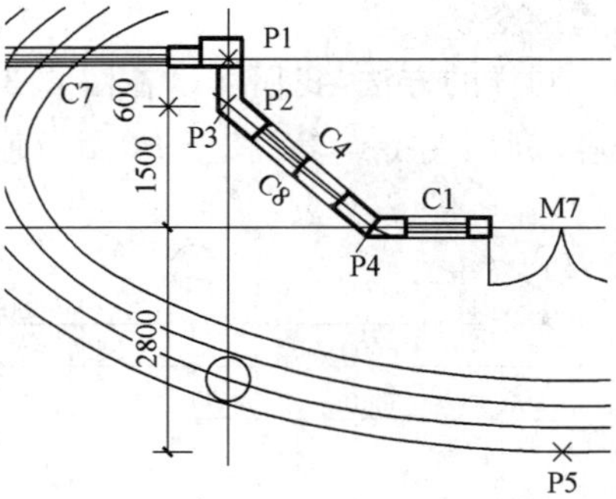

图 6.6　逐点标注

命令:T71_TDimMP

起点或[参考点(R)]<退出>：　//点取 P1 点

第二点<退出>：　//点取 P2 点

请点取尺寸线位置或[更正尺寸线方向(D)]<退出>：　//点取 P3 点

请输入其他标注点或[撤消上一标注点(U)]<结束>：　//点取 P4 点

请输入其他标注点或[撤消上一标注点(U)]<结束>：　//点取 P5 点

请输入其他标注点或［撤消上一标注点(U)］＜结束＞：↙

命令：

5. 内门标注

内门标注的使用与门窗标注的使用类似，但两个命令在同一处点取两个相同的点时产生的结果不同。内门标注命令用于标注平面室内门窗尺寸以及定位尺寸线，其中定位尺寸线与邻近的正交轴线或者墙角(墙垛)相关。对它的使用如图 6.7 所示。

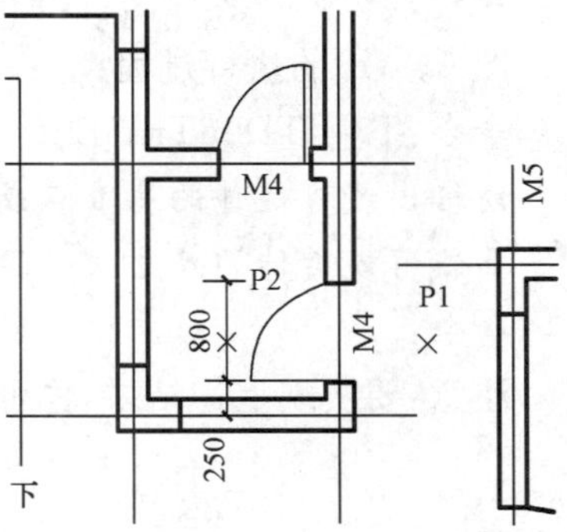

图 6.7　内门标注

命令：T71_TDimInDoor

标注方式：轴线定位．请用线选门窗，并且第二点作为尺寸线位置！

起点或［垛宽定位(A)］＜退出＞：　　　　//点取 P1 点

终点＜退出＞：　　　　//点取 P2 点

命令：

二、尺寸编辑

尺寸编辑包含于尺寸标注菜单项中，它支持裁剪、延伸、打断等编辑命令，使用方法与 AutoCAD 尺寸对象相同。尺寸编辑包括修改尺寸的数字，改变尺寸界线长度，改变尺寸的位置，将已有的尺寸合并或分解，等等。

1. 更改文字、文字复位、文字复值

这三个命令使用起来都较为简单，更改文字时，只要在要更改的标注文字上双出鼠标后，就进入更改状态，改好后用鼠标在其他的地方点击一下。

对于标注的文字，我们可以用鼠标点击文字上，出现夹持点后将文字拖动到其他合适的地方。

当标注的文字位置要求复原时，点击“文字复位”命令；当标注的文字内容要求复原时，点击“文字复值”命令。

由于这三个操作都比较简单，就不再举例。

2. 剪裁延伸

该命令的目的是在尺寸线的某一端，按指定点剪裁或延伸该尺寸线。其操作如图 6.8 所示(图中点 P1 和点 P2 距轴号 1 的距离均为 200)。

图 6.8(b)的操作执行过程：

命令：T71_TDimTrimExt

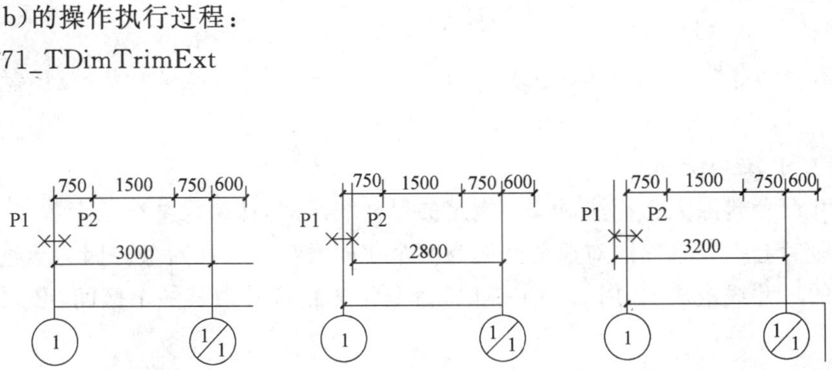

图 6.8　尺寸编辑之“剪裁延伸”方法之一

请给出裁剪延伸的基准点或［参考点(R)］＜退出＞：　　//点取 P2 点

要裁剪或延伸的尺寸线＜退出＞：　　//点在尺寸线上

//注意：剪裁时点取 P2 点与 3000 尺寸线垂直相交处左侧，如点为右侧将会是另一种结果。

命令：

图 6.8(c)的执行过程：

命令：T71_TDimTrimExt

请给出裁剪延伸的基准点或［参考点(R)］＜退出＞：　　//点取 P1 点

要裁剪或延伸的尺寸线＜退出＞：　　//点在尺寸线

命令：

注意：要实现上述结果，也可以使用夹持点的移动来进行(图 6.9)。

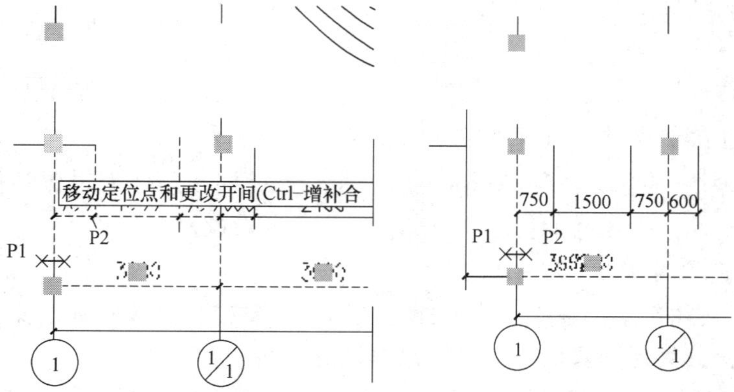

(a) 初始状态　　(b) 拖动向左

图 6.9　尺寸编辑之"剪裁延伸"方法之二

操作过程：

(1) 用鼠标点击标注中数字 3000，使该处标注选中。

(2) 用鼠标点中"移动定位点"，使其变成红色，向左拖动，这时会在命令行上出现如下内容：

命令：

＊＊ 拉伸 ＊＊

指定拉伸点或［基点(B)/复制(C)/放弃(U)/退出(X)］：200↙　　//键盘输入 200

命令：

3. 取消尺寸、连接尺寸

取消尺寸命令删除天正标注对象中指定的尺寸线区间，如果尺寸线是奇数段，取消尺寸命令删除中间段时会把原来标注对象分开成为两个相同类型的标注对象。因为天正标注对象是由多个区间的尺寸线组成的，用 Erase(删除)命令无法删除其中某一个区间，必须使用此命令完成。

连接尺寸命令用于连接两个独立的天正直线或圆弧标注对象，使它们变为一个天正标注对象。

这两个命令的操作应用如图 6.10 所示。

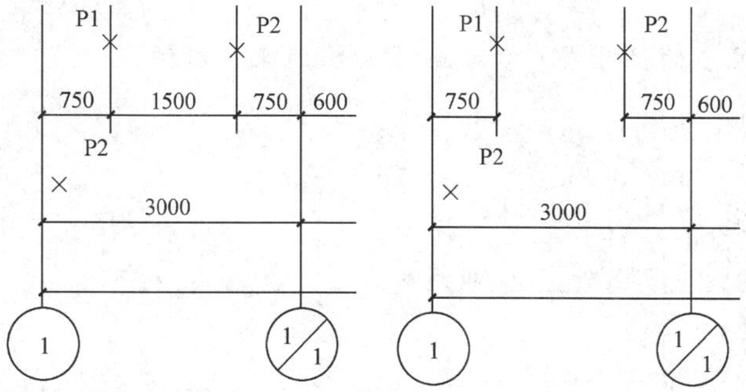

(a) 取消尺寸　　　(b) 连接尺寸

图 6.10

(1) 取消尺寸命令操作过程。

执行命令,用鼠标左键点击标注数据 1500 即可。

(2) 连接尺寸命令操作过程。

执行命令,在命令行中出现如下过程：

命令：T71_TMergeDim

请选择主尺寸标注＜退出＞：　　　　　　　　　　//点取 P1 点

选择需要连接的其他尺寸标注＜结束＞：　　　　　//点取 P2 点

选择需要连接的其他尺寸标注＜结束＞：↙

命令：

4. 增补尺寸

操作过程：

(1)双击天正尺寸对象进入此命令执行状态(也可从菜单中进入)；

(2)如图 6.11 所示,在命令行中进行如下操作,结果如图 6.11(b)所示。

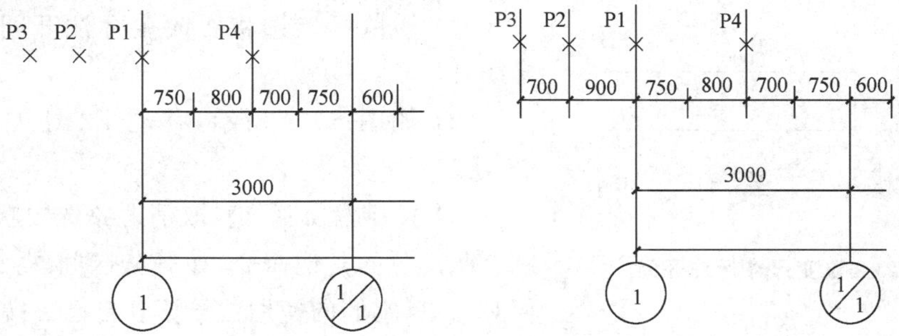

(a) 初始状态　　　(b) 增补尺寸

图 6.11　增补尺寸

命令：T71_TBreakDim

请选择尺寸标注＜退出＞：　　　//点取 P1 点

点取待增补的标注点的位置或［参考点(R)］＜退出＞：　//点取 P2 点

点取待增补的标注点的位置或［参考点(R)/撤消上一标注点(U)］<退出>： //点取 P3 点

点取待增补的标注点的位置或［参考点(R)/撤消上一标注点(U)］<退出>：↙

命令：

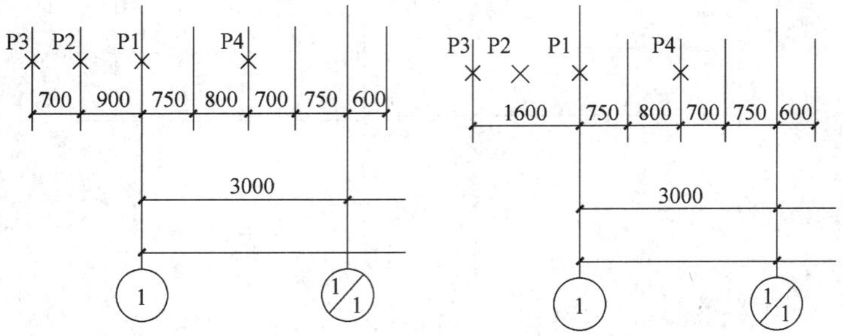

(a) 初始状态　　(b) 合并区间

图 6.12　合并区间

也可使用夹持点方式增补尺寸，但此时要按住 Ctrl 键后，点击鼠标左键，形式如图 6.13 所示。

5. 合并区间

天正 7.5 标注上"合并区间"命令可作为"增补尺寸"的逆命令。用此命令的操作过程如下：

命令：T71_TConbineDim

请点取合并区间中的尺寸界线<退出>： //点取图 6.12 中 P2 点所在的线

请点取合并区间中的尺寸界线或［撤消(U)］<退出>：↙ //结果如图 6.12 中 b 所示

命令：

在此命令出现以前，使用夹持点的移动来实现此目的，其操作形式如图 6.13 所示，过程如下：

(1) 用鼠标点选将要改变标注开间的数字(或边界线)。

(2) 如图 6.13 所示，移动 P2 处夹持点至 P1 或 P3 处。

(3) 按键盘 ESC 键，取消对象选中状态。

此部分的其他命令，如等分区间、等式标注等命令相对简单，它们的使用留给读者自己去揣摩摸索。

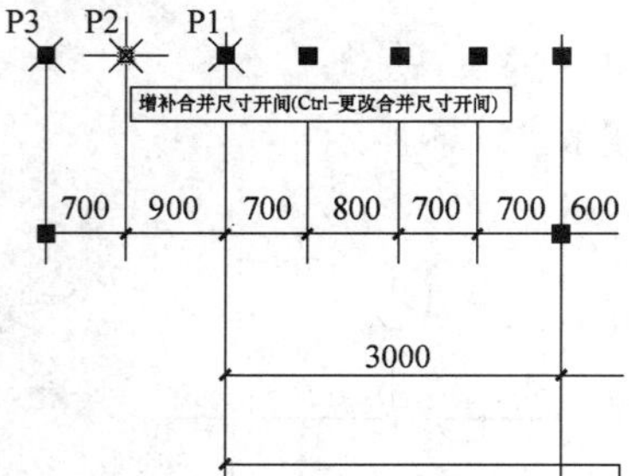

图 6.13　改变尺寸标注开间

第二节　室内图形布置

一、洁具布置

洁具的布置主要是通过【房间屋顶】→【房间布置】→【布置洁具】命令进行的，但有时也通过【图库图案】→【通用图库】对话框里的"二维图库"中的"洁具"进行插入相应的图案图形。

底层中的洁具布置目标图如图 6.14 所示。

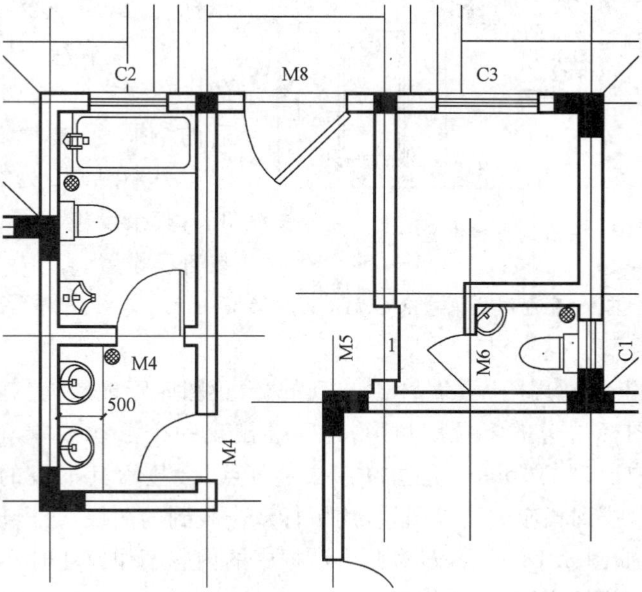

图 6.14　底层洁具布置图

1.【房间屋顶】→【房间布置】→【布置洁具】方式插入洁具

布置洁具命令可以插入大小便器、地漏、洗脸盆、洗涤盆等多种洁具，但对于不同的洁具，输入的参数有所不同。

执行“布置洁具”命令后，会出现图 6.15 所示的“天正洁具”对话框，根据目标图中洁具的图形图案，在此对话框中选择相应的洁具。

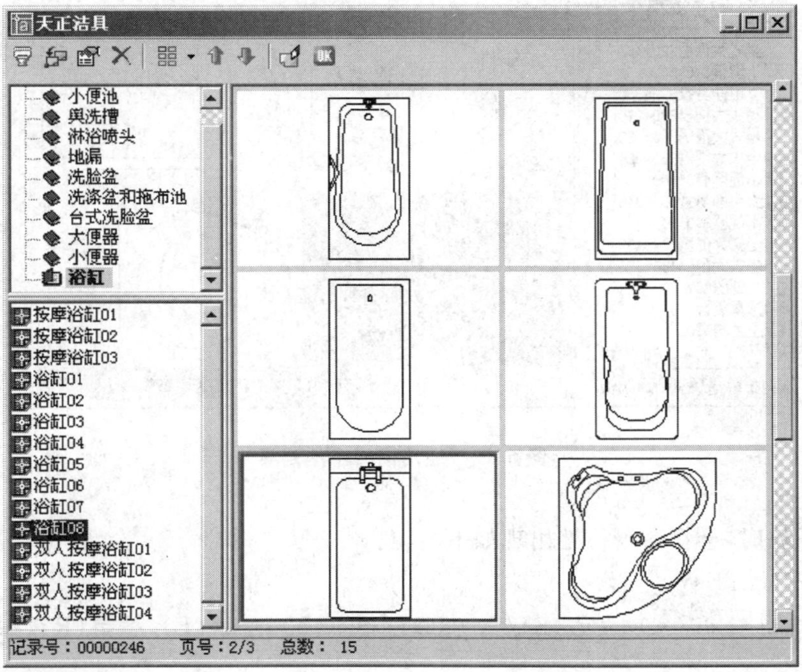

图 6.15　底层洁具布置图

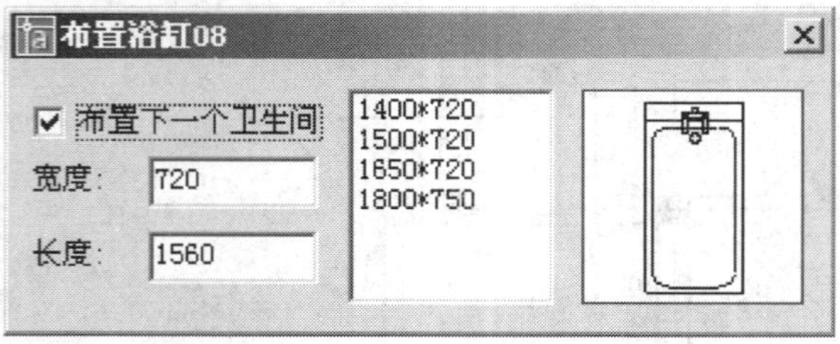

图 6.16 浴缸的参数设置

如布置浴缸，选择好图形后，双击鼠标，会出现一个参数设置对话框，如图 6.16 所示，其中的长度 1560 为两墙的中轴线之间宽 1800 减去两个半墙宽后的结果。

另外门 M6 处的洗脸盆的长宽均为 360，其余设施请读者自己完成，相应参数自己设置。

2. 执行【图库图案】→【通用图库】命令后，用对话框里的“二维图库”中的“洁具”方式插入洁具

执行【图库图案】→【通用图库】命令，会出现的“天正图库管理系统”对话框，用鼠标点击此对话框中的“打开”图标右边的下拉三角形按钮，会出现一个浮动菜单，选择其中的“二维图库”，点击在列表框中出现的“plan”左边的“十”字节点，会显示其下级的节点(如图 6.17 所示)。用此方法，可以找到相应的洁具图块，用鼠标双击找到的图块，会出现一个插入此图块时的参数设置对话框，如图 6.18 所示，若对此对话框中的内容不作改变时，可忽视此对话框的存在，直接用鼠标点击在图形要插入的位置处。

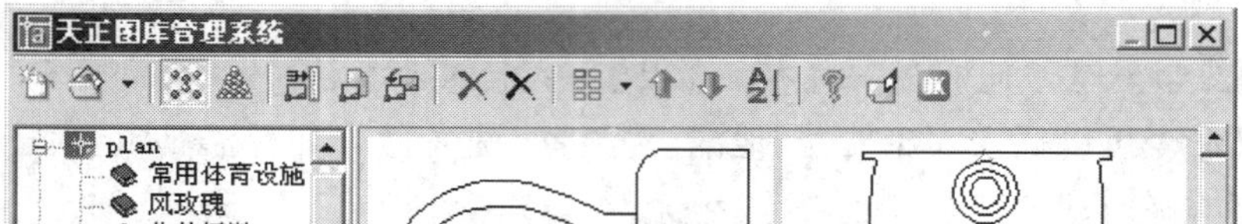

图 6.17 通用图库中的洁具

在插入图块时，会在命令行处出现如下内容：

命令： T71_TKW

点取插入点[转 90(A)/左右(S)/上下(D)/对齐(F)/外框(E)/转角(R)/基点(T)/更换(C)]<退出>：

可根据提示信息，对将要插入的图块进行旋转、对齐等操作。

根据上述两种方法，可以实现图 6.14 中的洁具平面布置（注意：地漏在第一种方法中，也可用 AutoCAD 命令单独绘制）。

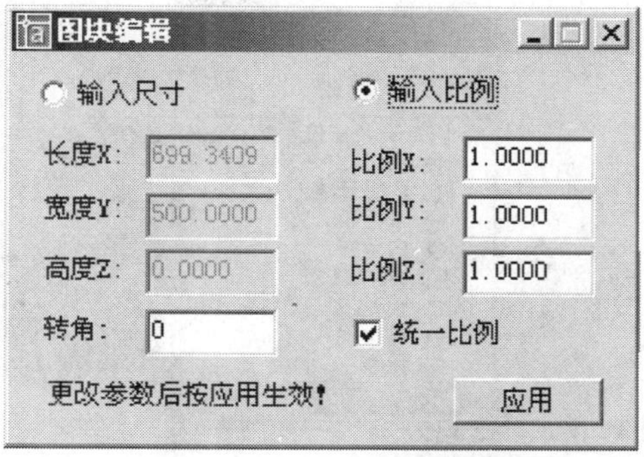

图 6.18　插入洁具图块时的参数设置对话框

二、加踢脚线与踢脚线的打断

在房屋建筑中，踢脚线属于建筑装饰大类。在天正中，使用加踢脚线可生成踢脚线，也可用于天花板的边沿装饰。加踢脚线命令虽能自动搜索房间轮廓，按用户选择的踢脚截面生成二维和三维一体的踢脚线，但在门和洞口处并不断开，而是在生成后使用打断命令将其打断（在 TArch7 中，踢脚线支持 AutoCAD 的 Break（打断）命令，因此取消了【断踢脚线】命令）。

1. *加踢脚线*

此命令的操作方式如下：

（1）在 AutoCAD“图层特性管理器”中添加新图层“踢脚线”。

（2）执行【房间屋顶】→【房间布置】→【加踢脚线】命令后，出现图 6.19 所示的对话框。

（3）单击图 6.19 对话框中的“截面选择”中的带省号的按钮，会出现图 6.20 所示的对话框。

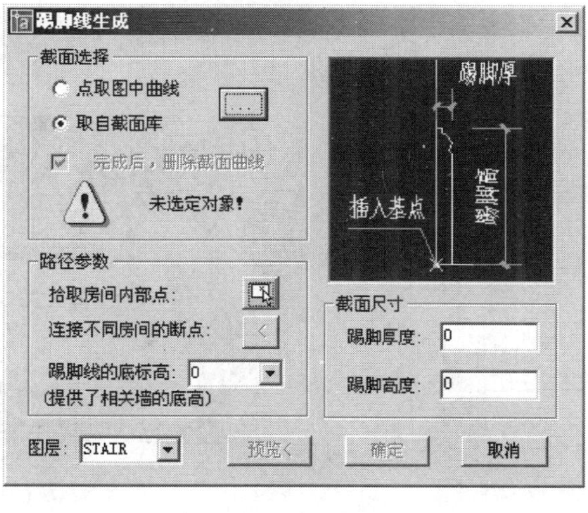

图 6.19　“踢脚线生成”对话框

（4）选中截面后用鼠标双击该截面图形，则会在图 6.19 所示的“截面选择”中出现成功标识。

（5）点取“路径参数”组合框中的“拾取房间内部点”右边的按钮后，点取要产生踢脚线的房间中空白处任一位置，会在房间内墙线周围出现一个封闭的虚线，按回车或空格键确定后，返回到图 6.19。

（6）改图层为“踢脚线”层，此处“踢脚线底标高”为 0，用鼠标点击图 6.19 中的“确定”按钮，则会在平面图中产生踢脚线，如图 6.21(a)中虚线所示。

2. *踢脚线的打断*

使用 AutoCAD 中的两点打断命令，将门 M3 处的踢脚线打断，注意打断点为踢脚线与

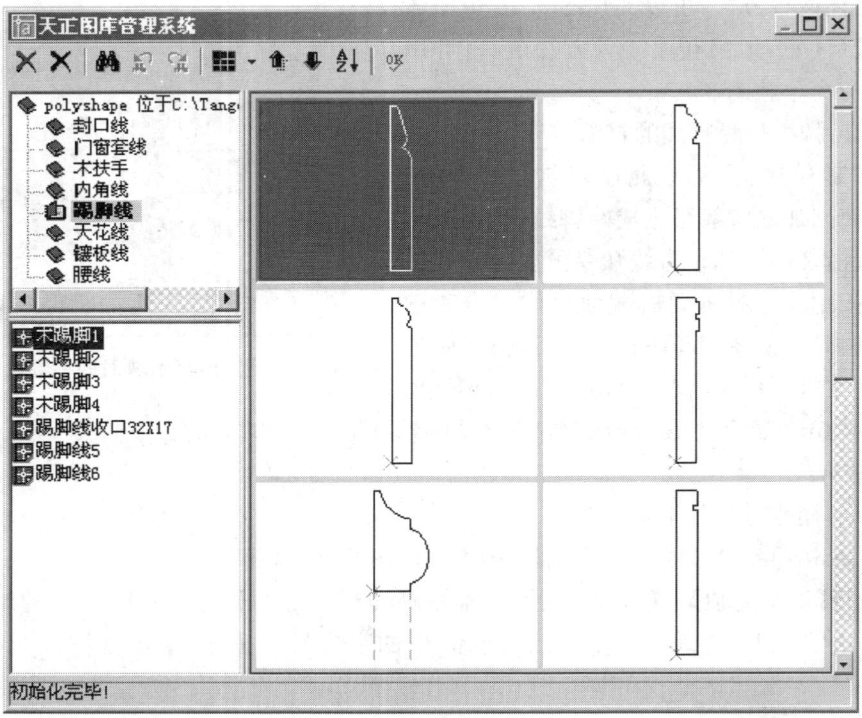

图 6.20 踢脚线截面选择对话框

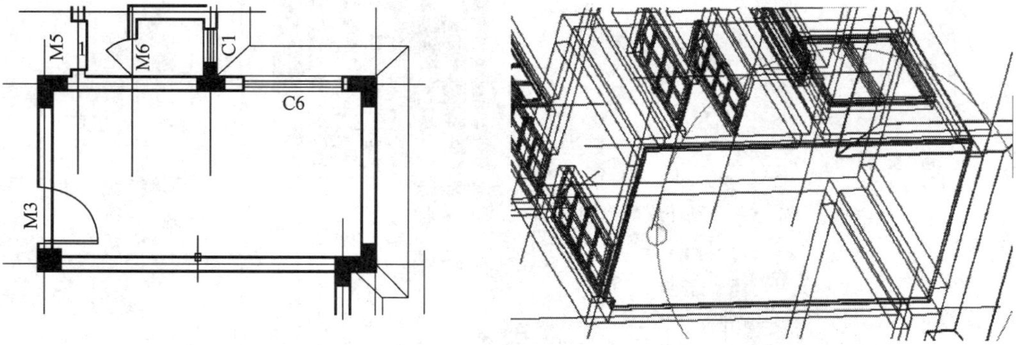

(a) 虚线所示为新生成的踢脚线　　(b) 动态观察下的踢脚线

图 6.21 未打断时的踢脚线

M3 处墙上的角点(也可用两点打断后，用踢脚线的夹持点拖动到相应的位置来修改踢脚线长度)，结果如图 6.22 所示。

一层中其余部分踢脚线的绘制请读者自己完成。

三、插入室内平面设施图块

天正中提供了一个通用图库命令，从通用图库中可插入本层所需的汽车、厨具、餐桌、沙发、床、植物等平面图形图块，如果没有用户需要的图块，用户也可以自己制作后向图库中添加图块。

1. 插入平面图块

为了便于管理图块，建议读者在 AutoCAD 的图层中建立“家具”图层，且设定该层为当前

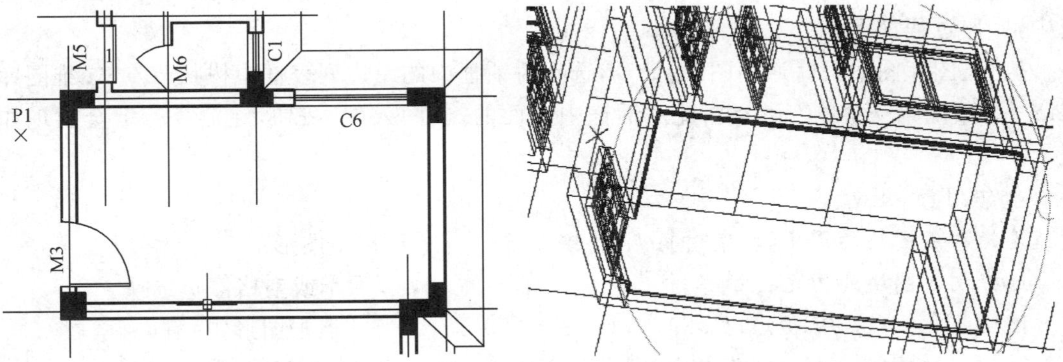

(a) 虚线所示为平面下打断的踢脚线　　(b) 动态观察下的打断后的踢脚线

图 6.22　打断后的踢脚线

层，以便将插入的图块放在该层上（当然，读者也可以在其他的图层上插入图块后，再转换到“家具”图层中）。

如厨房中厨具图块插入操作过程：

(1) 执行【图库图案】→【通用图库】命令，会出现的“天正图库管理系统”对话框，用鼠标点击此对话框中的“打开”图标右边的下拉三角形按钮，会出现一个浮动菜单，选择其中的“二维图库”，会在列表框中出现“plan”项，(若左边有“十”字节点，用鼠标左键点击该节点后会显示其下级的节点)在其节点下级中找到“平面洁具及厨具”后，打开其下级内容，在“厨具”处找到相应的煤气灶后，然后在该图块上双击鼠标左键，会出现“图块编辑”对话框，如图 6.23 所示。

(2) 在“图块编辑”对话框中，其长度与宽度显示了图块的当前尺寸，读者可以对其进行尺寸或比例的调整与修改。一般保留“统一比例”的选中状态，以免改变图块的形状。如调整参数，必须按“应用”按钮后才能生效，如不调整此对话框的内容，用户可以直接将煤气灶插入到厨房中的相应位置(插入时注意命令行中的“转 90 度”选项)。

(3) 同样方法，用户插入洗池。

(4) 按标注的尺寸绘制厨房中的灶台平面形状。

类似，读者可插入该层图中的其他平面图块。

2. 在天正图库管理系统中添加图块

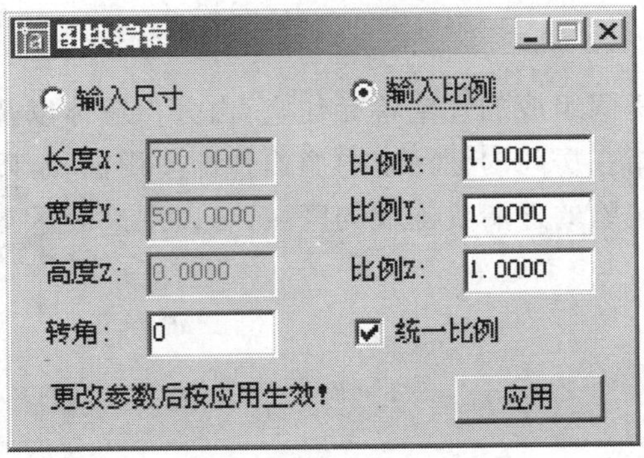

图 6.23　“图块编辑”对话框

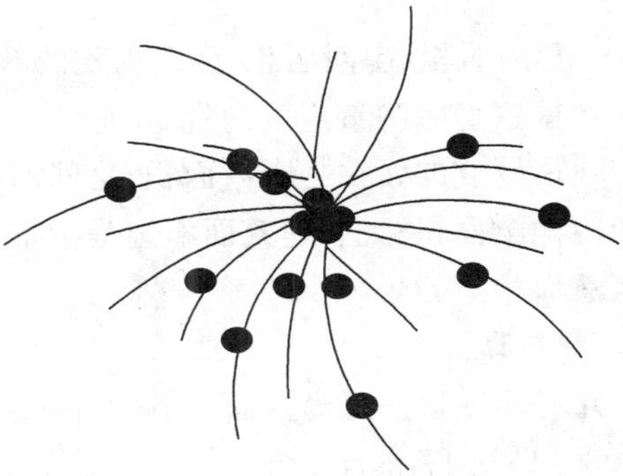

图 6.24　其他图形文件中的植物

打开其他图形，找到读者看中的图块（例如图 6.24 所示的植物图）添加到天正图库管理系统中，操作过程如下：

执行【图库图案】→【通用图库】命令，选择对话框中的左边列表框中树状节点"二维图库→plan→平面配景→植物"后，点击此对话框中上面的"新图入库"按钮，在命令行上会出现如下提示：

命令：T71_tkw

选择构成图块的图元：指定对角点：找到 1 个　　　//选中图形

选择构成图块的图元：↙　　　　　　　　　　　//回车或空格停止选择

图块基点＜(17695.9,5921.89,-7.00035e-009)＞：　　//点击图形中一点

制作幻灯片（请用 zoom 调整合适）或［消隐(H)/不制作返回(X)］＜制作＞：↙

//按空格或回车后返回至天正图库管理系统对话框，此时结果如图 6.25 所示

命令：

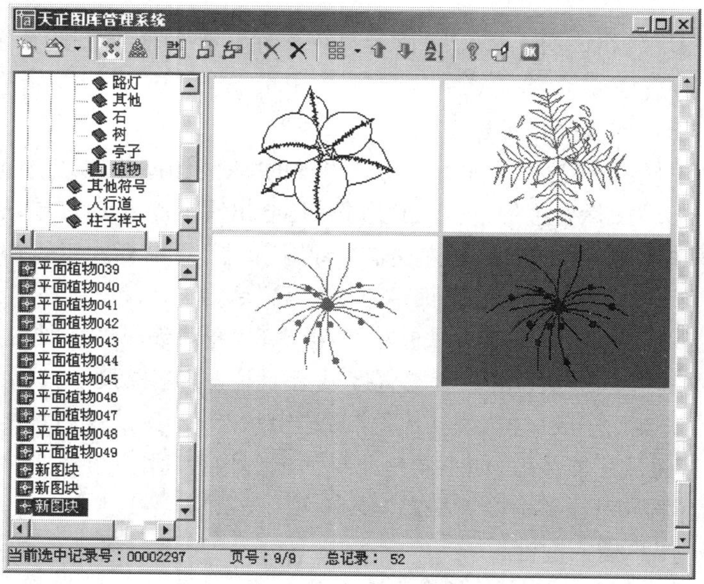

图 6.25　新图入库

第三节　平面图符号标注

一、套内面积、房间面积、建筑面积的标注

按照国家房屋测量规范的规定，标注由多个房间组成的住宅单元住宅，由分户墙体以及外墙的中线所围成的面积是套内面积；房间面积是指在房间内标注室内净面积即使用面积，阳台按栏板内侧全面积标注；建筑面积则是指整个建筑物的外墙皮围成的区域，可以用来表示本层的建筑总面积。

1. 套内面积

(1)【房间屋顶】→【套内面积】命令的使用如下：

命令：T71_TApartArea

请选择构成一套房子的所有墙体（或门窗）：指定对角点：找到 72 个

//如果为全部选中，则用对角顶包含或交叉框选即可

//如果不含某一个房间,则让该房间的外墙至少有一边不要选中

请选择构成一套房子的所有墙体(或门窗):↙　　　　//空格或回车键停止选择

套内建筑面积(不含阳台)=222.012

是否生成封闭的多段线?[是(Y)/否(N)]<Y>:↙　　//在选中最外区域沿墙中线生成多段线

命令:

(2) 对生成的套内面积文字内容的修改。

用鼠标左键双击该文字即可进行内容编辑修改。

2. 房间面积

使用【房间屋顶】→【查询面积】命令能产生出单个房间的面积,其使用格式如下:

(1)执行此命令后,会出现如图 6.26 所示的对话框,在此对话框中,"面积单位"和"生成房间对象"可钩选。

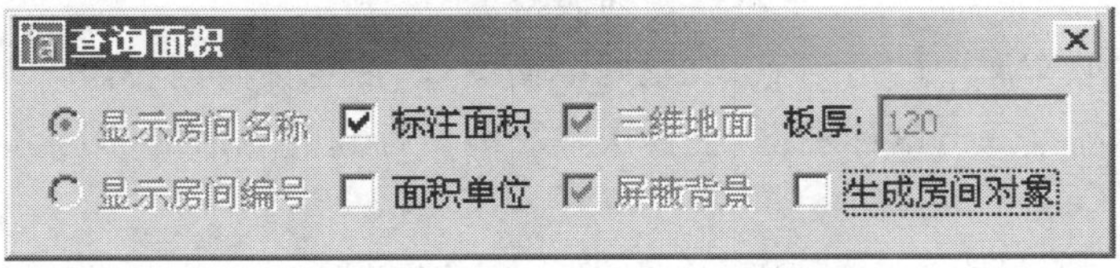

图 6.26　房间面积的标注

(2) 将鼠标移动到要查询或标注的房间之中且未点下鼠标左键时,天正会自动标识出该房间的内部面积(图 6.27)。

(3) 点击鼠标左键后,将鼠标移至其他房间,则又会自动识别出其他房间的对应面积;如停止此命令,则按回车确认命令行的默认"退出"。

3. 建筑面积

使用【房间屋顶】→【搜索房间】命令能产生出建筑面积,其使用格式如下:

(1) 执行命令后,会出现如图 6.28 所示的对话框,注意此对话框中的右边"生成建筑面积"选项处于选中状态。

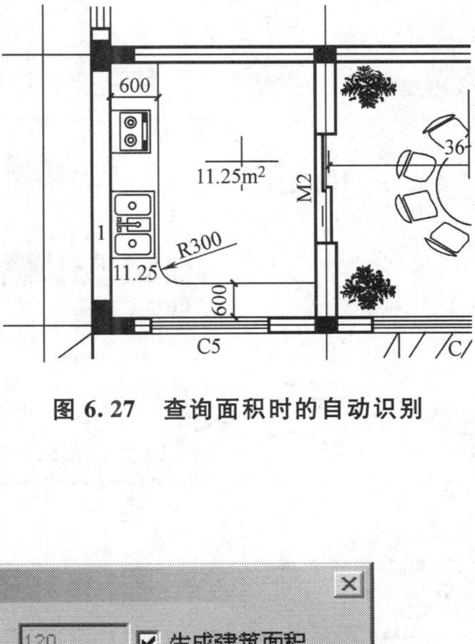

图 6.27　查询面积时的自动识别

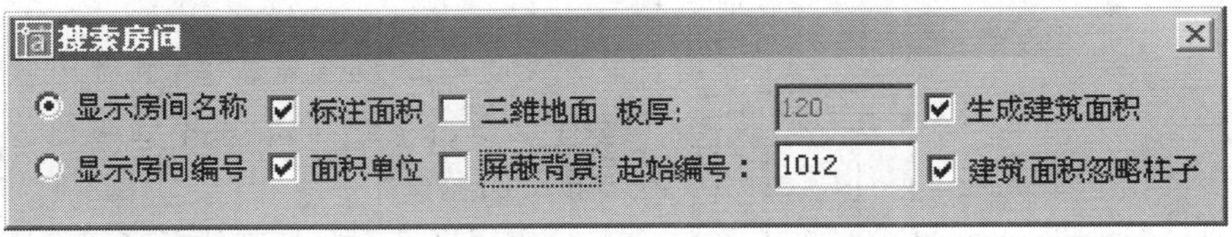

图 6.28　建筑面积的标注

(2) 此处一层由于处于不同的标高,致生成的底板不同,故此图 6.28 所示对话框中的"三维地面"不能钩选。

(3) 命令行中提示"请点取建筑面积的标注位置<退出>:"时,请将鼠标左键点取在生成

的虚线框之外。

(4) 执行命令之后，会产生出各个房间的房间面积；如不需要，可点选各处房间生成的内容后删除。

二、标高标注

在建筑图形中，标高标注使用较为广泛。在天正中，标高标注用于平面图的楼面标高与地坪标高标注，可标注绝对标高和相对标高、也可用于立、剖面图标注楼面标高，标高三角符号为空心或实心填充，通过按钮可选。我们可通过对车库进行标高标注的操作过程来了解该命令的使用：

(1) 执行【符号标注】→【标高标注】命令，会出现如图 6.29 所示的“编辑标高”对话框，在此对话框中，蓝色的“实心填充”按钮与绿色的“带基线”和“带引线”两按钮是一对互斥关系；右下角的“连续标注”和“自动对齐”这两个按钮可与上述另三个按钮任意组合使用。

(2) 左侧列表框中的数据表示当前的标高数值，可以用鼠标点击数字修改，也可以在标注后进行修改数值，此处标高－0.450 不输入列表框。

(3) 用鼠标点取车库中的适当点，放置好标高图块，注意标高的转向。

(4) 在当前标高上双击鼠标左键，会再次弹出编辑标高的对话框(图 6.30)，此时可以修改标高的值。

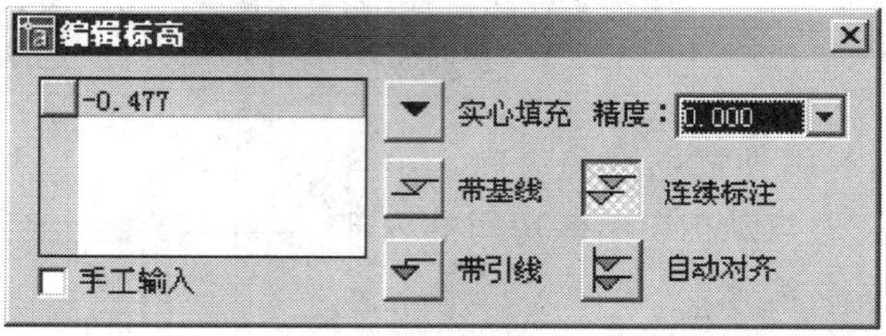

图 6.29 标高标注

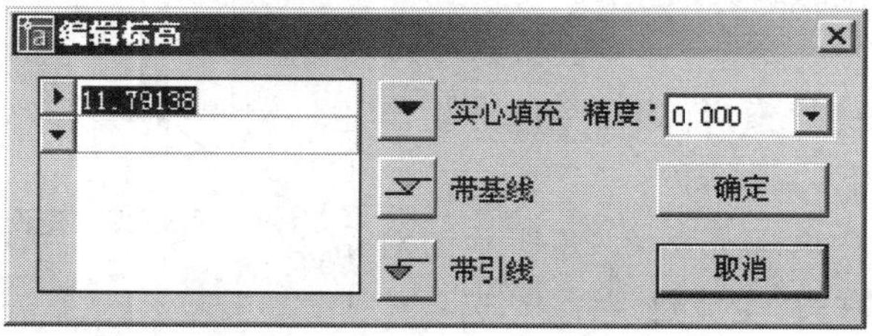

图 6.30 编辑标高

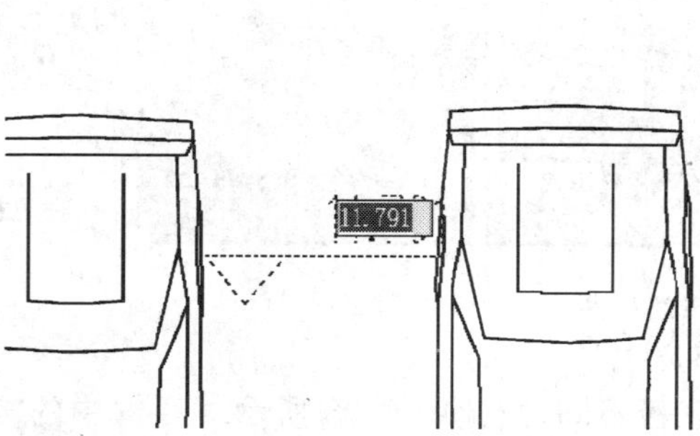

图 6.31 修改标高数值

(5) 对修改标高数值，也可用鼠标在标高数字上双击左键，此时可单独对数值进行修改(图 6.31)。

底层平面图中的其他标高留给读者完成。

三、剖切标注

在建筑中，剖面图与断面图有所区别：断面图的剖切平面是单一的，它不具有剖视方向性；剖面图可由一个或多个断面图的剖切组成，它具有剖视方向性。断面剖切标注与剖面剖切标注使用上相近。

1. 断面剖切标注

对底层轴号 3 与 1/3 之间的卫生间处(图 6.32)取断面,执行【符号标注】→【断面剖切】命令后,在命令行的操作过程如下:

命令:T71_TSection1

请输入剖切编号＜1＞:断面 1　　　//输入文字

点取第一个剖切点＜退出＞:　　　//P1 点

点取第二个剖切点＜退出＞:　　　//P2 点

点取剖视方向＜当前＞:　　　　　//P3 点

命令:

2. 剖面剖切标注

对底层轴号 3 至轴号 5 之间取剖面(图 6.33),执行【符号标注】→【剖面剖切】命令后,在命令行的操作过程如下:

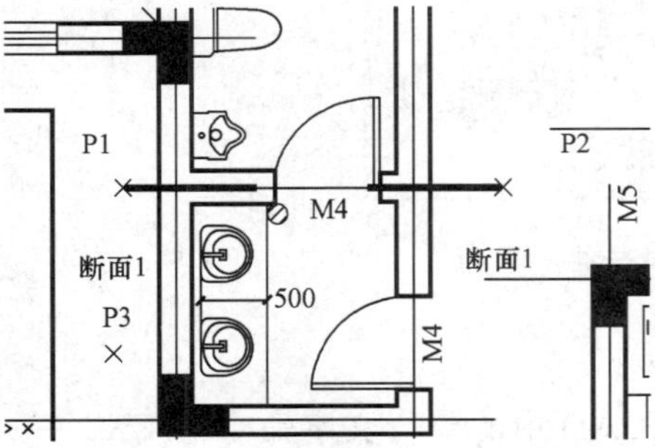

图 6.32　断面标注

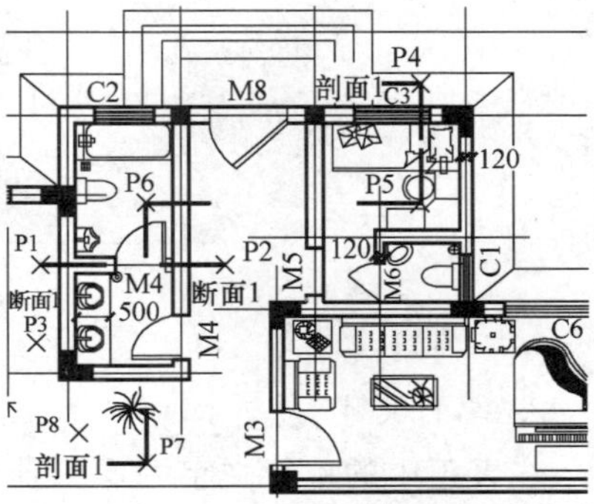

图 6.33　剖面标注

命令:T71_TSection

请输入剖切编号＜1＞:剖面 1　　　//输入文字

点取第一个剖切点＜退出＞:　　　//P4 点

点取第二个剖切点＜退出＞:　　　//P5 点

点取下一个剖切点＜结束＞:　　　//P6 点

点取下一个剖切点＜结束＞:　　　//P7 点

点取下一个剖切点＜结束＞:↙

点取剖视方向＜当前＞:　　　　　//P8 点

命令:

完成剖切标注后,可以拖动剖切线的夹持点来移动标注位置,从而避免与尺寸、文字等重叠。

四、文字及图名标注

1. 文字样式

在输入文字之前,如果不采用天正的默认文字样式,则要自己建立文字样式。在国标(如 GB/T 50001)中对文字的字体和字高都有相应的规定,在 AutoCAD 中文版中,提供了一套中西文的国标字体:GBCBIG. SHX(仿宋体)、GBENOR. SHX(等线体)、GBEITC. SHX(斜等线体即斜角为 15°的等线体)，建立样式时应当优先使用这些字体。如果要使用其他字体时，要先将字体库文件复制到 AutoCAD 的 Fonts 文件夹中。本书中对文字样式采用天正的默认设置(可从天正菜单【文字表格】→【文字样式】打开，如图 6.34)，字体如用 Windows 字体，则打印效果相对美观，但降低了系统运行速度。

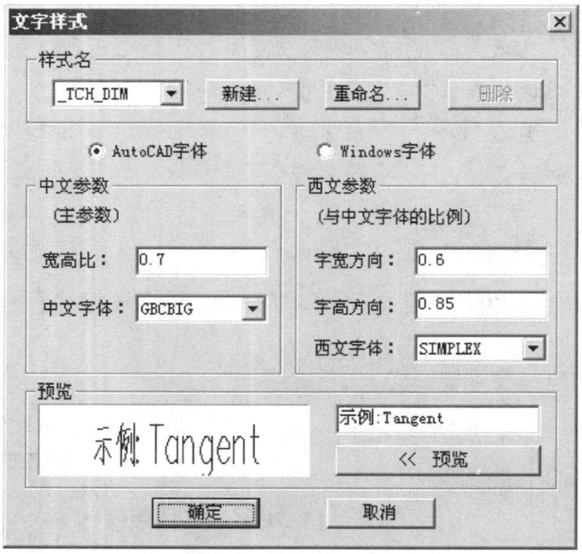

图 6.34 “文字样式”对话框

2. 单行文字

在天正中的单行文字一次只能输入一行，而 AutoCAD 中的单行文字命令(TEXT)一次可输入多行内容。执行【文字表格】→【单行文字】命令后，注意在出现的对话框中有许多特殊符号(如图 6.35 中对“车库”两字进行加圈)。

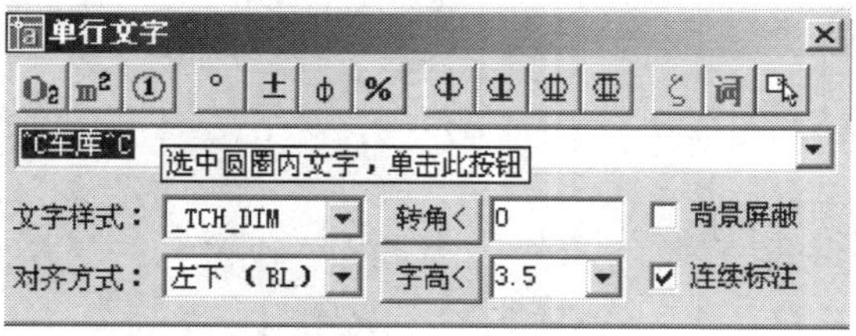

图 6.35 “单行文字”对话框

对图 6.35 中的字高项，如其为 3.5，插入到图形中时文字的实际高度＝该高度值×当前比例，即 3.5(字高)×100(当前比例)＝ 350(实际高度值)。

对“背景屏蔽”选项，读者可自己进行练习观察效果。

对底层平面图中的室内文字，读者可标注一个后进行多个复制，然后作相应的编辑修改。

3. 图名标注

执行【符号标注】→【图名标注】命令后，会出现图 6.36 所示的对话框，它与单行文字命令的对话框在文字的设置上相同。另请注意此对话框中：(1)两个字高，它们分别为文字字高和

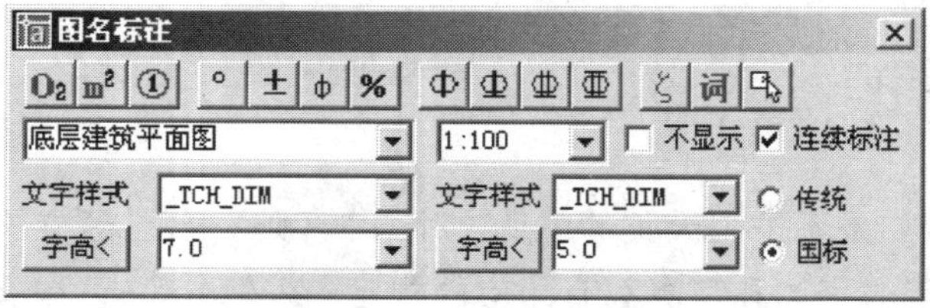

图 6.36 “图名标注”对话框

比例值字高；(2)对“传统”和“国际”两种样式，其不同结果如图 6.37 所示。

底层建筑平面图 1:100　　　　底层建筑平面图 1:100

(a) 传统样式　　　　(b) 国际样式

图 6.37　“图名标注”两种样式

到目前为止，除图纸布置外，我们所做的底层平面内容如图 6.38 和图 11.8 所示：

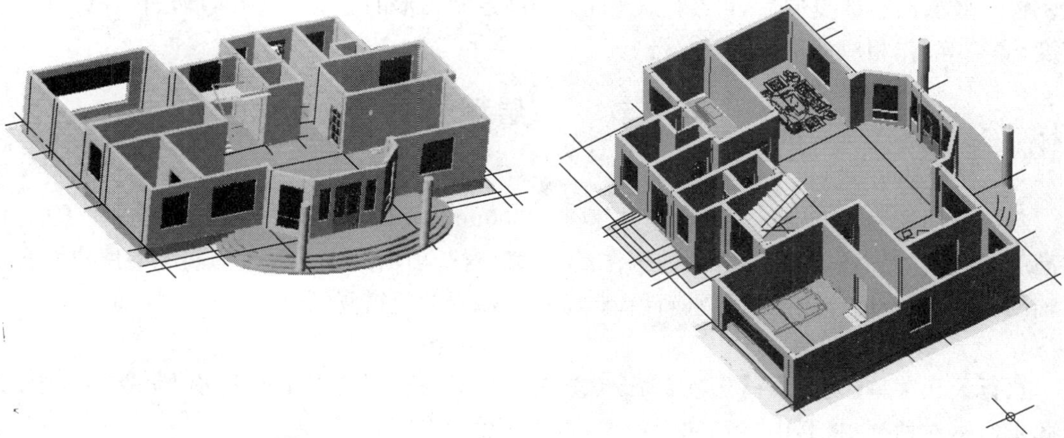

图 6.38　底层效果观察

第七章　二层建筑平面图形

利用底层平面图形，将其另存为二层平面图形。这么做一方面是由于用多个楼层平面图生成立体时，它们要有一个对齐的基准点，这样可避免生成立面图形时发生错位；另外其他楼层的轴网与首层基本是相同的，且建筑结构的承重要求各层的柱子或承重墙的位置与首层一致。将一底层内容的复制后，可减轻工作量，提高绘制图形的速度，但应对墙柱构件的层高（或高度、底高等）作相应的修改。

第一节　二层墙体柱子

一、二层柱子

二层的层高为 3000mm，而底层的层高是 3300mm，我们可以对每一个墙体和柱子单独修改高度与底高（标高），但这种方法的工作量较大。对于前面几章操作较为熟练的用户而言，保留轴网和柱子，将墙体删除后再重新绘制、将首层需要的门窗复制过来的速度反而更快。

1. 修改层高

执行天正菜单【设置】→【选项】命令（或 AutoCAD 菜单【工具】→【选项】命令）后，会出现图 3.1 所示对话框，将其中“当前层高”改为 3000 后点击“确定”。

2. 删除二层墙体及室内相应设施

隐藏 AXIS、AXIS_TEXT、COLUMN、DOTE、PUBDIM 这几个需要保留的图层，然后将剩余的图形全部删除。

3. 修改柱子高度与底高

仅显示图层 COLUMN（柱子），选中所有的柱子后，按鼠标右键，在弹出的浮动菜单上执行“改高度”命令，在命令行中输入新的高度为 3000，新的标高为 0。执行后将当前图形着色后动态观察（如图 7.1），可以见到所有的柱子高度一致。另外，对照二层的目标图形，还要删除正大门外的两个圆柱、原大门两边的标准柱、北面阳台处的两个角柱及外侧的一个标准柱。

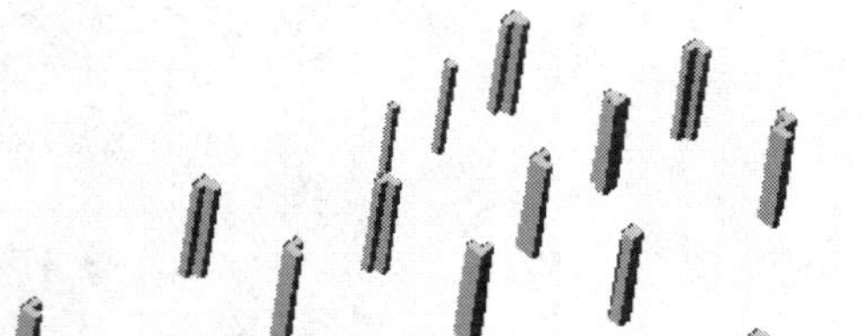

图 7.1　改高度后的柱子

二、二层墙体的绘制

显示前面隐藏的图层，在平面状态下绘制墙体。执行【墙体】→【单线变墙】命令，在出现的对话框中，设置如图 7.2 所示，反向选择所有轴线后按鼠标右键停止选择时，会出现图 7.3 所示对话框，在此对话框中点选“旋转标记”后点击“继续”按钮，会在二层轴号 C 与轴号 6、7 的柱子处多了一个带叉的正方形，将此正方形删除，然后将这个 Z 形柱子向右移动 1000，再次执行【墙体】→【单线变墙】命令，生成墙体后，将移开的 Z 形柱移回原位(移回时有提示要求删除短墙)。

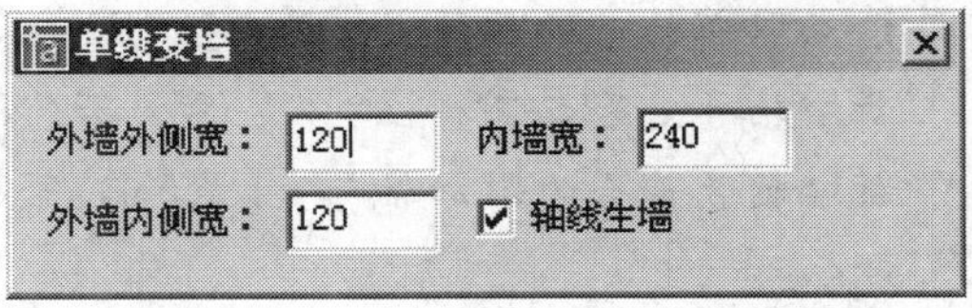

图 7.2　单线变墙

根据目标图,删除不需要的墙体(提示:将DOTE图层锁定,这样可以为反向选择要删除的墙体部分提供方便)。

添绘修改产生二层中的新的墙体。

(1) 将图层 DOTE 解锁,然后选择轴号 5、轴号 E,用鼠标拖动其夹持点后将它们延长至足够距离。

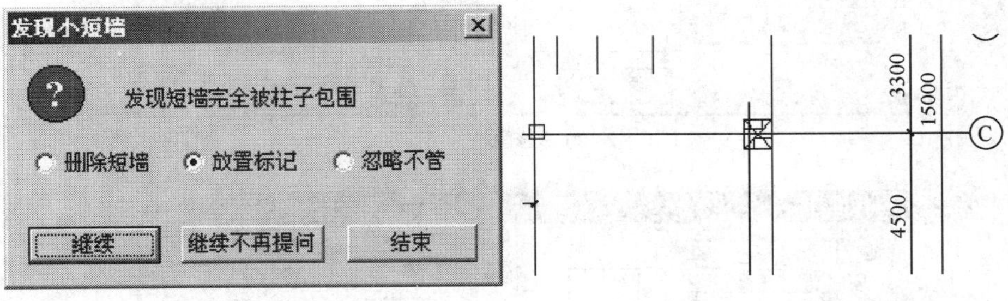

图 7.3　出错提示信息

图 7.4　“绘制墙制”对话框

(2) 执行【墙体】→【绘制墙体】命令,出现图 7.4 所示的对话框,将左宽、右宽均设为 120,点取“中”按钮,按下“绘制直墙”按钮,其余设置参见图 7.4。

(3) 按下状态栏的“对象捕捉”按钮,绘制延长轴线处的墙体。

(4) 选中轴号 3 与轴号 D 交叉处的角柱后按银屏标右键,在弹出的浮动菜单上选择“对象编辑”项(或在该角柱上直接双击鼠标左键),会出现如图 7.5 所示的对话框,将此对话框中的“形状”设置为“矩形”,柱子尺寸的横向和纵向都修改为 240,横轴和纵轴都修改为 0,最后点击“确定”按钮实现修改。

(5) 同样,请读者自己修改轴号 3 与轴号 D 交叉处的角柱为 240×240 的标准柱。

(6) 删除 1/E 轴线及其上的墙体,将轴线 E 向上偏移 1300,新产生的轴线与 2/E 重合,用上面步骤(2)的方法绘制轴号 3 和轴号 1/3 之间 2/E 上的墙体,墙宽 240,并对此部分附近多余的墙体参照目标图作适当的删除。

(7) 将 1/E 轴号选中后,用鼠标将其左端的夹持点向上移至 2/E 处,同样方法修改此处的标注尺寸。

(8) 将轴号 1 和轴号 7 处的墙体边线对齐。

(9) 删除轴号 1/1 处的两个小标准柱,然后将轴线 1/1 向右移动 1400,利用夹持点方法将轴号 1/1 也向右移动 1400 并改此轴号为 2/1。

(10) 将轴号 C 向下偏移 1500 产生轴线 1/B,然后执行【轴网柱子】→【添补轴号】命令,在命令行上根据提示进行操作过程如下:

命令:T71_TAddLabel

请选择轴号对象<退出>:　　　//用鼠标点取轴号 B

请点取新轴号的位置或[参考点(R)]<退出>：　　　//用鼠标点取新产生的轴线 1/B
新增轴号是否双侧标注？[是(Y)/否(N)]<Y>：N
新增轴号是否为附加轴号？[是(Y)/否(N)]<N>：Y
命令：

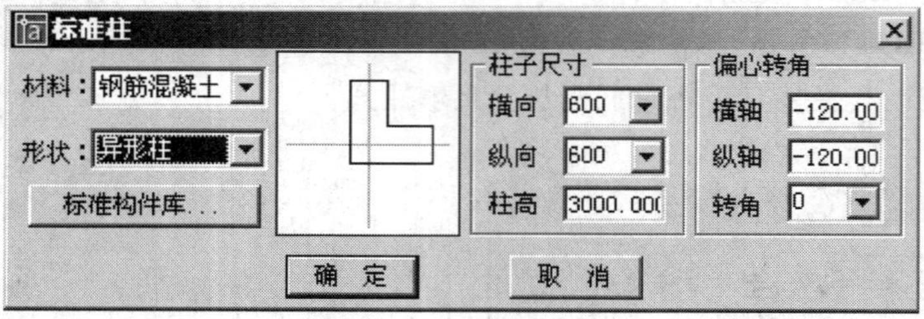

(a) 未修改前

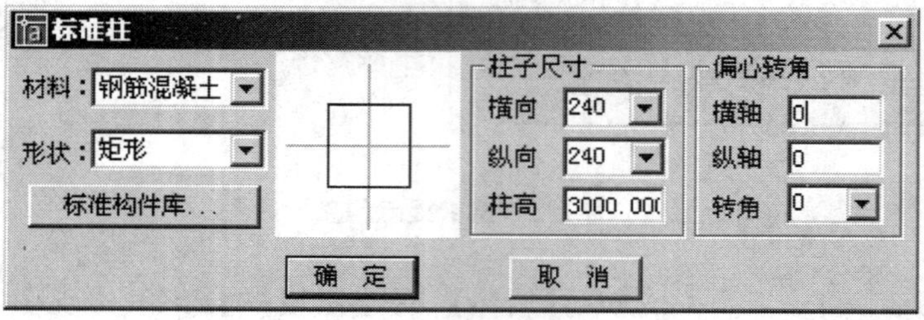

(b) 修改后

图 7.5　角柱修改为标准柱

(11) 绘制轴线 1/B 上的墙体，并删除附近的多余墙体。

(12) 将轴线 2 在轴号 C 和轴号 D 之间的那段墙体选中，用鼠标点中下面的夹持点，向上移动 1745，产生过程和结果如图 7.6 所示(注：为便于表达，此处柱 Z2 暂时移开)。

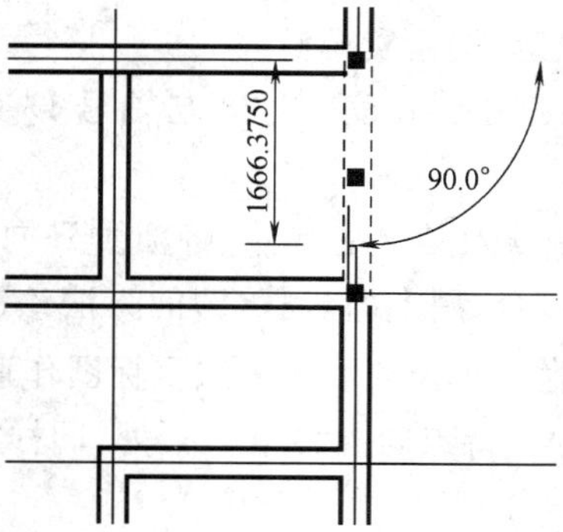

(a) 选中墙体移动夹持点

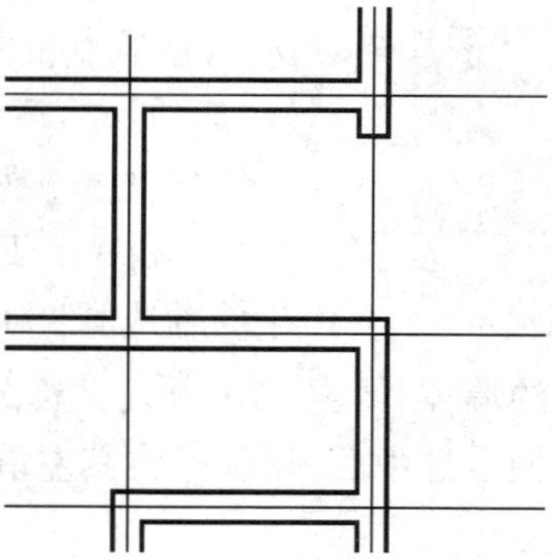

(b) 墙体修改结果

图 7.6　利用夹持点修改墙体长

(13) 执行【尺寸标注】→【尺寸编辑】→【增补尺寸】命令，此时命令行操作过程如下(图 7.7)：
命令：T71_TBreakDim
请选择尺寸标注<退出>：　　　//点取 P1 点，即点取数字

点取待增补的标注点的位置或［参考点(R)］＜退出＞：　//点取 P2 点,即轴线 1/B 一端
点取待增补的标注点的位置或［参考点(R)/撤消上一标注点(U)］＜退出＞：↙
　　　　　　　　　　　　　　　　　　　　　　　//回车结束

命令：

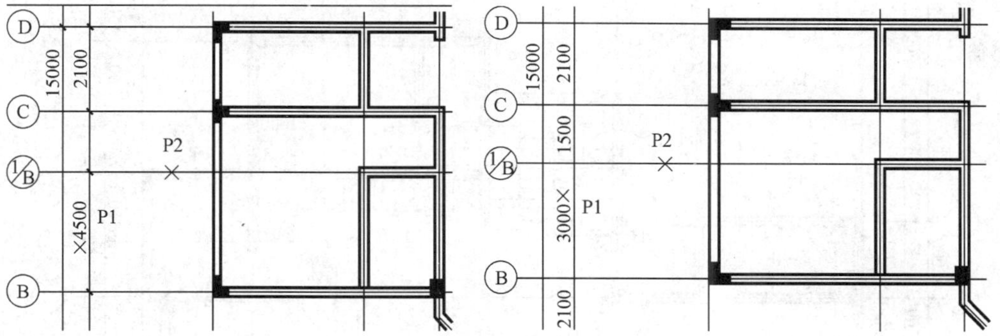

(a) 增补尺寸之前　　(b) 增补尺寸之后

图 7.7

(13) 删除图中的部分不合适的标注,此时结果如图 7.8 所示。

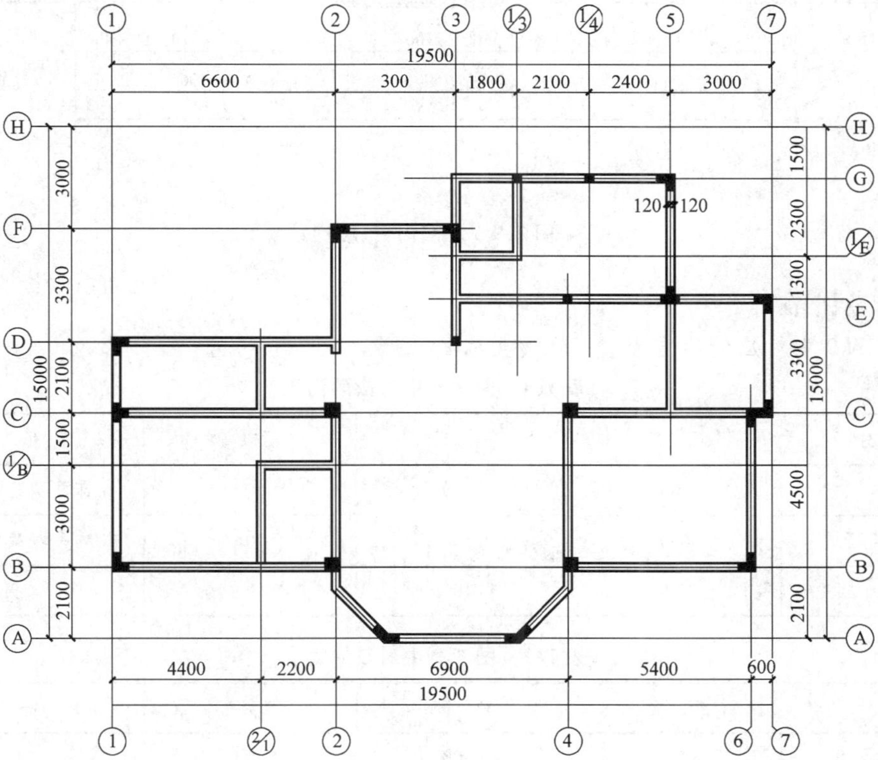

图 7.8　二层墙体与柱子

第二节　二层门窗、楼梯

本节的目标图形见图 7.9。

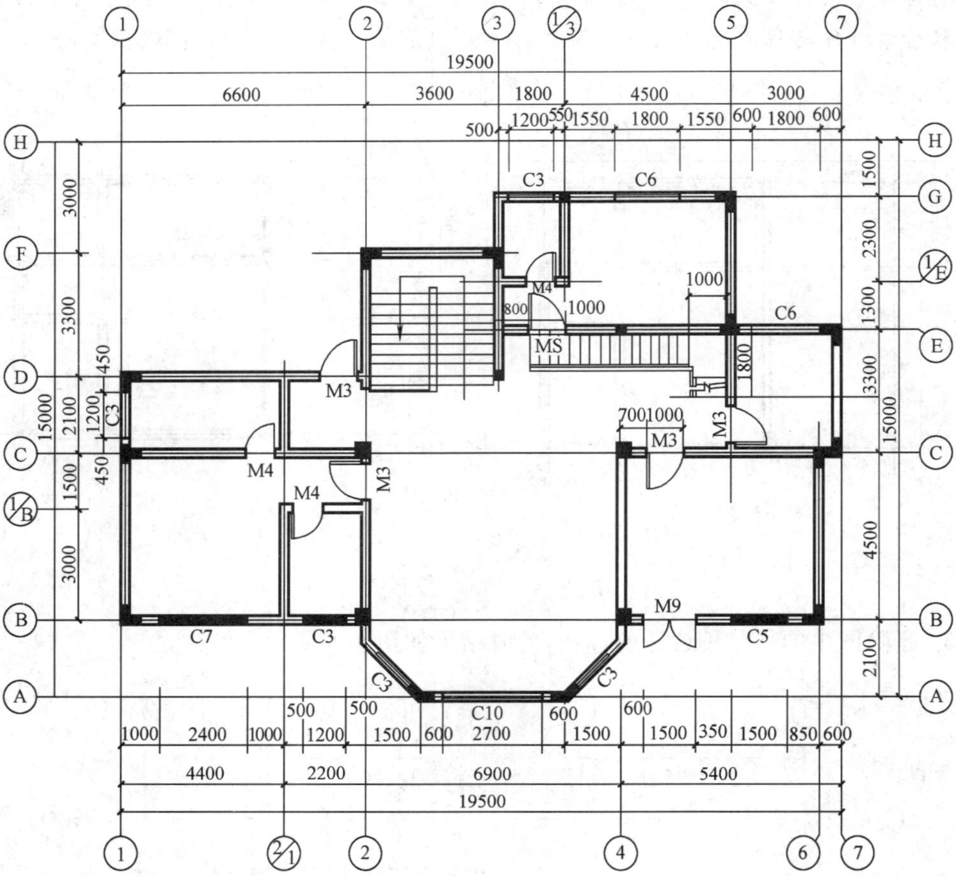

图 7.9　二层门窗、楼梯

一、二层门窗

1. 图 7.9 中对应的门窗表(表 7.1、表 7.2)

表 7.1　图 7.9 中对应的门表

编　号	门　宽	门　高	门槛高	备　注
M3	1000	2100	0	未注明处垛宽 120
M4	800	2100	0	垛宽 120
M9	1500	2100	0	向外双开防盗门

表 7.2　图 7.9 中对应的窗表

编　号	窗　宽	窗　高	窗台高	备　注
C3	1200	1800	900	
C5	1500	1800	900	
C6	1800	1800	900	
C7	2400	1800	900	
C10	2700	1800	900	

2. 插入门窗

按照第四章第三节插入门窗的方法,灵活使用各种方法插入门窗,此处不再赘述。

二、二层楼梯

二层中有两个楼梯,一个是轴号 2 和轴号 3 之间的双跑顶层楼梯,另一个是轴号 C 的轴号 E 之间的向上的首层 L 型多跑楼梯,它们的做法各不相同。

1. 双跑楼梯

二层双跑楼梯的参数见图 7.10 所示,注意楼梯高度为一层的层高。

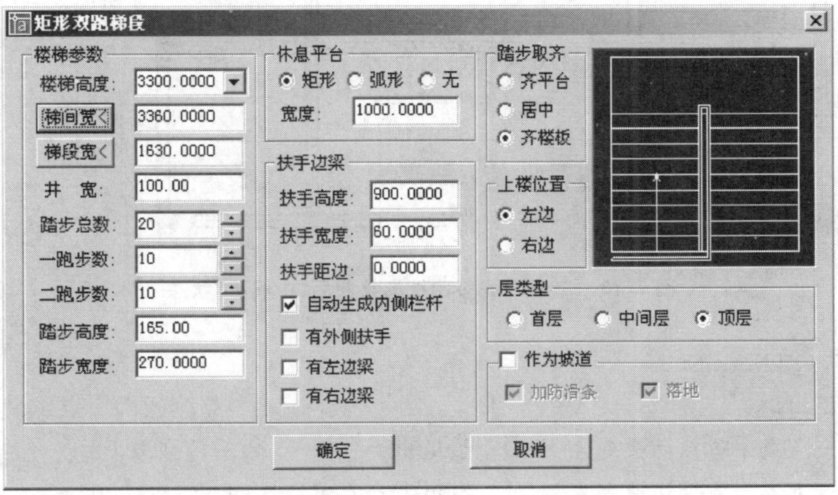

图 7.10　二层双跑楼梯参数设置

2. L 型双跑楼梯(多跑楼梯)

多跑楼梯命令是用来创建具有多个梯段和休息平台的楼梯。常见的多跑楼梯有直线双跑、直线三跑、L 型双跑、Z 型双跑、U 型三跑等,它们的形状我们可以通过打开"多跑楼梯"的"实时帮助"查看,必须掌握到其绘制规则才能正确绘制,此规则为:以起点 1 开始计数,奇数点为楼梯段的起点,偶数点为楼梯段的终点,相邻且不同梯段间的起点与终点之间为休息平台或楼梯转角(此距离经常输入,也可通过鼠标捕捉点确定)。

对此处的 L 型多跑楼梯做法过程如下:

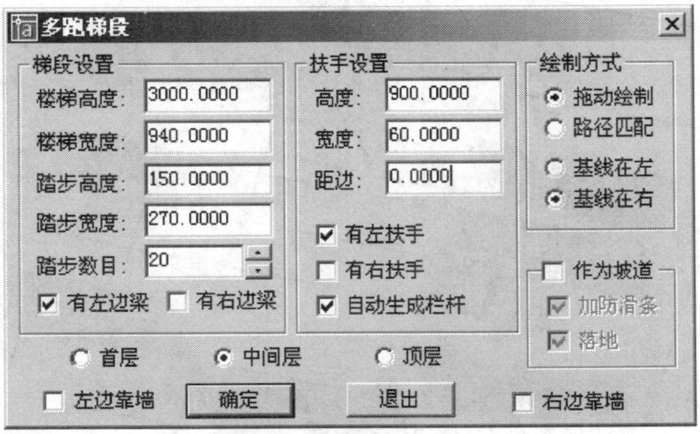

图 7.11　二层 L 型多跑楼梯参数设置

(1) 将轴号 E 的轴线向下偏移 1800,产生的线与轴号 5 处墙的交点为 P1 点,该点为 L 型楼梯的起点。

(2) 执行【楼梯其他】→【多跑楼梯】命令,在弹出的对话框中设置其参数如图 7.11 所示。

(3)对多跑楼梯参数设定后(此处设定楼梯宽度 940 是为便于图形绘制),点击对话框中的"确定"按钮,在命令行中的操作提示过程如下,结果如图 7.12 所示。

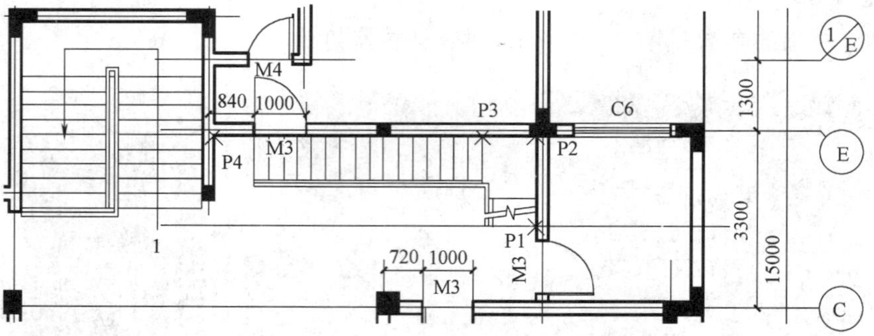

图 7.12　二层 L 型多跑楼梯绘制后"中间层"状态

命令:T71_TMultiStair

起点<退出>:　　//点取 P1 点

输入下一点或[路径切换到左侧(Q)]<退出>:　　//点取 P2 点

输入下一点或[路径切换到左侧(Q)/撤消上一点(U)]<退出>:1000↙

//转角长度 1000

输入下一点或[路径切换到左侧(Q)/撤消上一点(U)]<退出>:

//点取 P4 点,要求 P3 至 P4 点长度不小于 17 级台阶的总宽度,即不小于 4590

命令:

(4) 用鼠标双击刚刚创建的 L 型楼梯,把它改成"首层"后点击"确定"按钮。

本节中的双跑楼梯为顶层,L 型多跑楼梯为底层,本节执行后完毕后的效果如图 7.13 所示(注意顶层楼梯的效果,此处没考虑楼梯的板下支撑)。

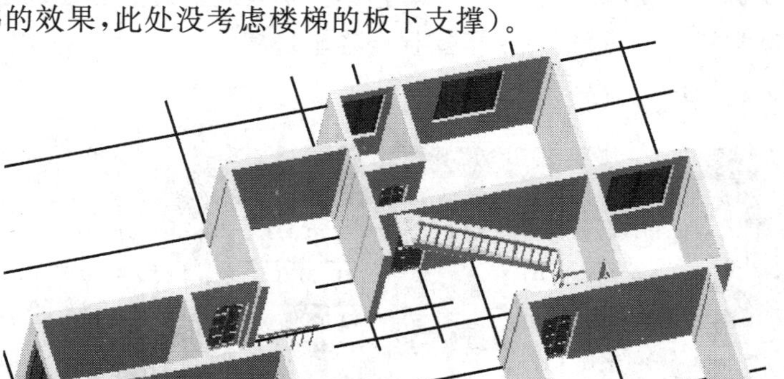

图 7.13　二层门窗、楼梯执行完毕后效果图

第三节　二层地板、栏杆及露台

一、室内地板及栏杆

1. 室内地板

二层的目标图中，室内的地板有一个“上空”的标识（即此处没有楼板），另外双跑楼梯处也没有楼板，因此在绘制楼板时要将此部分去除。室内地板的实现过程如下：

(1) 新建图层“二层地板”，并在该图层上绘制双跑楼梯处闭合多段线（如图 7.14(a)中点 P1 至 P4 构成的闭合多段线）。

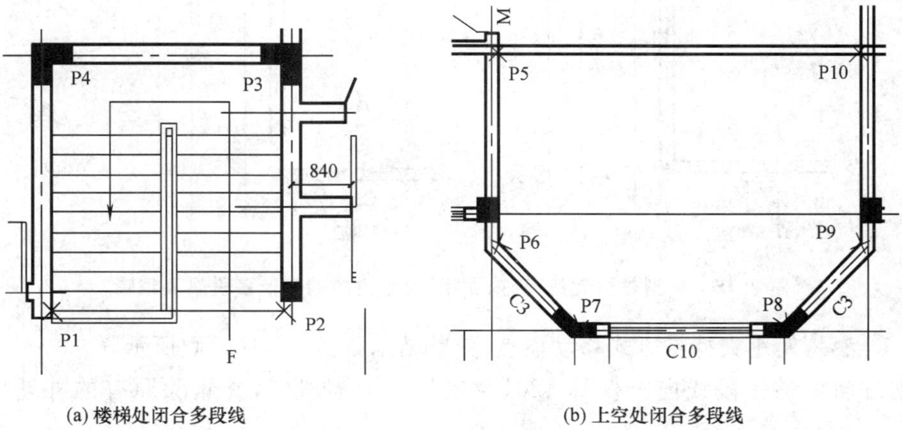

图 7.14　二层无楼板处

(2) 将轴号 1/B 的轴线向右延长并超出轴号 4，并将此轴线向“上空”处偏移 120，得到图 7.14(b)中的两点 P5 和 P10，并在“二层地板”这个图层上绘制“上空”处的闭合多段线（如图 7.14(b)图中的点 P5 至 P10 构成的闭合多段线）。

(3) 执行【房间屋顶】→【套内面积】命令，生成二层房屋外墙中线闭合多段线。

命令：T71_TApartArea

请选择构成一套房子的所有墙体(或门窗)：指定对角点：找到 59 个　　//选择全部墙体

请选择构成一套房子的所有墙体(或门窗)：↙

套内建筑面积(不含阳台)=183.837

是否生成封闭的多段线？[是(Y)/否(N)]<Y>：↙

命令：

(4) 删除图中生成的“套内建筑面积”文字。

(5) 利用多段线编辑命令 PEDIT(快捷命令 PE)，编辑刚才生成的多段线在轴号 C 处由于异型柱而产生的变形多段线（如图 7.15 所示）。

命令：pe↙

PEDIT 输入选项 [打开(O)/合并(J)/宽度(W)/编辑顶点(E)/拟合(F)/样条曲线(S)/非曲线化(D)/线型生成(L)/放弃(U)]：e↙　　//编辑顶点

输入顶点编辑选项[下一个(N)/上一个(P)/打断(B)/插入(I)/移动(M)/重生成(R)/拉直(S)/切向(T)/宽度(W)/退出(X)] <N>：i↙　　//选择“插入”选项

指定新顶点的位置：　　//指定 P2 点

输入顶点编辑选项[下一个(N)/上一个(P)/打断(B)/插入(I)/移动(M)/重生成(R)/拉直(S)/切向(T)/宽度(W)/退出(X)] <N>:x↙　　//退出,返回上级选项

输入选项 [打开(O)/合并(J)/宽度(W)/编辑顶点(E)/拟合(F)/样条曲线(S)/非曲线化(D)/线型生成(L)/放弃(U)]:↙　　//退出命令

命令:

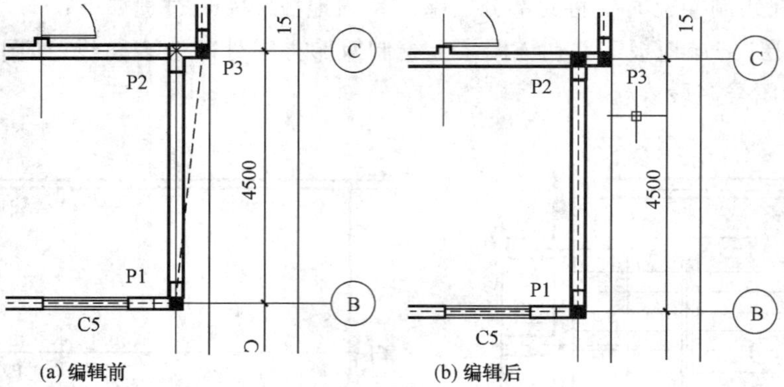

图 7.15　导型柱引起的"套内面积"命令生成的变形多段线及编辑

在插入点后,使用夹持点方式移动顶点,使其结果如图 7.14(b)图所示。

(6)对编辑后的多段线向外偏移 120,生成另一个多段线,并删除原有的外墙中间的多段线。

(7)使用"平板"命令时,开洞处难于执行,故使用 Extrude("三维拉伸",简化命令:EXT)命令后进行布尔差集操作,从而实现实体中开洞功能。

此处操作过程如下:

命令:ext ↙ EXTRUDE

当前线框密度:　ISOLINES=4

选择对象:找到 1 个

选择对象:找到 1 个,总计 2 个

选择对象:找到 1 个,总计 3 个　　//分别点选三个多段线

选择对象:↙　　//停止选择

指定拉伸高度或[路径(P)]:-200 ↙　　//向下拉伸

指定拉伸的倾斜角度 <0>:↙

命令:

命令:_subtract 选择要从中减去的实体或面域...　　//执行差集命令

选择对象:找到 1 个　　//选择外墙的多段线

选择对象:↙　　//停止选择

选择要减去的实体或面域..

选择对象:找到 1 个　　//选择楼梯处多段线

选择对象:找到 1 个,总计 2 个　　//选择上空处多段线

选择对象:↙　　//停止选择

命令:

2. 室内栏杆

二层的室内栏杆位于上空处，其操作过程如下：

(1) 新建图层“二层栏杆”，颜色自定，并设它为当前图层。

(2) 轴线 1/B 与轴线 2 和轴线 4 处墙体交点 P11 和 P12 及前面产生的 P5、P10 共四点(图 7.16)构成的矩形，是栏杆底部的基础位置。利用此四点绘制矩形后，向下移动 200，再执行拉伸命令(EXTRUDE)将绘制的矩形向上拉伸 250(注意：与楼板处部分重叠)。

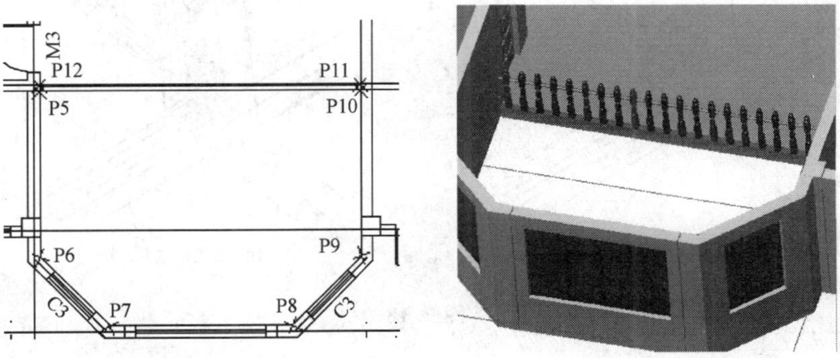

(a) 栏杆水平位置　　(b) 栏杆立体效果图

图 7.16　二层室内栏杆

(3) 绘制矩形宽边上两中点的连线，并复制一份到一边备用。

(4) 执行【图库图案】→【通用图库】命令，在出现的“天正图库管理系统”对话框中选择“栏杆库”，如图 7.17 所示，选择其“复杂装饰栏杆”中的第一个图形(此步也可执行【三维建模】→【造型对象】→【栏杆库】命令)。

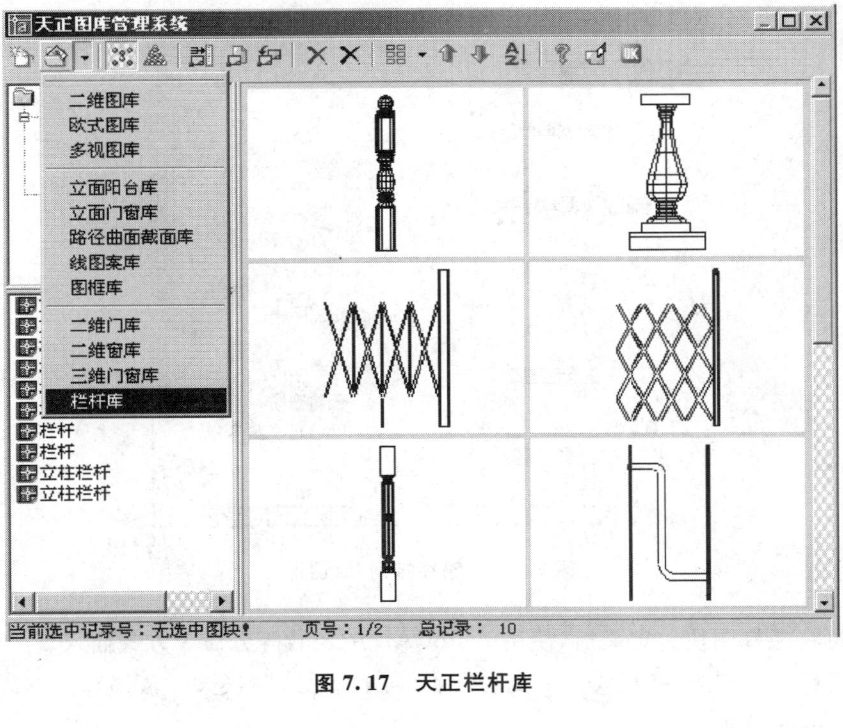

图 7.17　天正栏杆库

(5) 双击选中的图形，在出现的“图块编辑”对话框中不作任何修改，将此图块插入到刚才绘制的直线的一端。

(6) 此时从动态观察中，可以看到刚才插入的图块底部与轴网在同一水平面上(参见图 7.18(a))，使用相对移动方法，将其在 Z 轴方向上向上移动 50(@0,0,50)，结果如图 7.18(b)所示；同样，可将第(3)步中绘制的直线也向上移动 50。

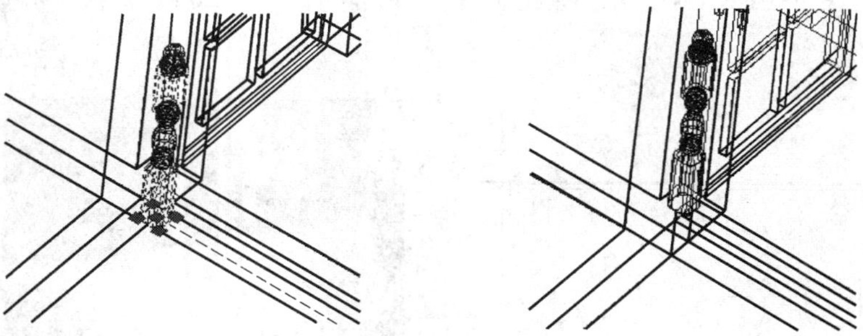

(a) 图块移动前　　(b) 图块移动后

图 7.18

(7) 执行【三维建模】→【造型对象】→【路径排列】命令，此时在命令行中内容如下：

命令：T71_TRail

请选择作为路径的曲线(线/弧/圆/多段线)或可绑定对象(路径曲面/扶手/坡屋顶)：

//点选直线

选择作为排列单元的对象：找到 1 个　　　　//点选栏杆图块对象

选择作为排列单元的对象：↙　　　　//回车后出现图 7.19 所示的对话框

将对话框中的参数设定为图 7.19 样式后点击“确定”按钮，结果如图 7.20 所示，然后删除结果图中最左边的一个栏杆图块。

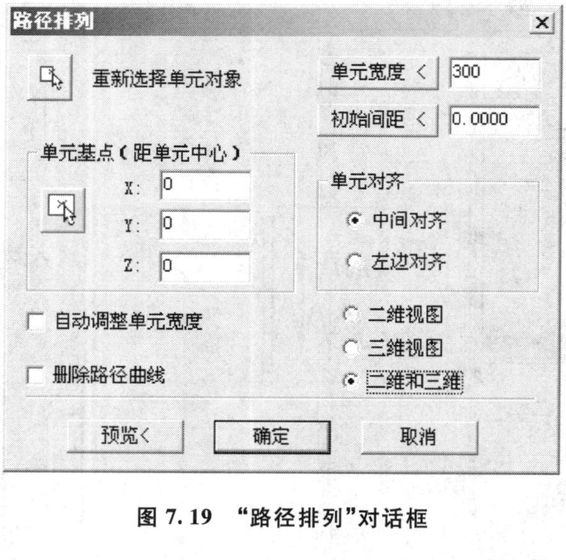

图 7.19 “路径排列”对话框

此处也可将栏杆图块重定义后，使用 AutoCAD 中定数等分命令方式插入。

(8) 用相对坐标方法，将直线向上复制一条，向上高度 700(@0,0,700)。

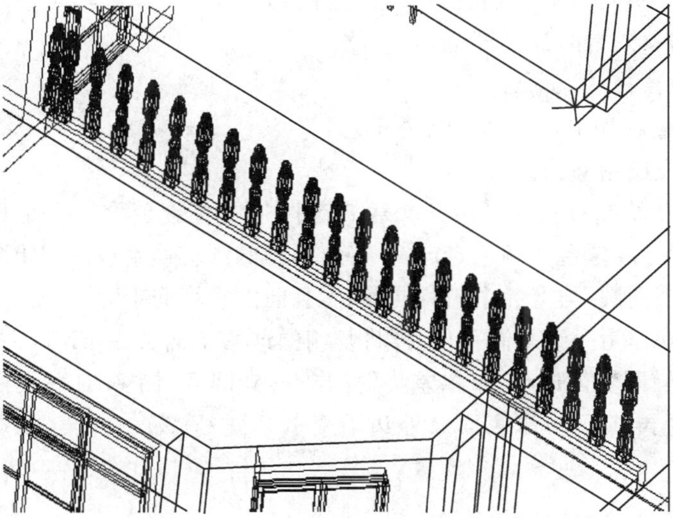

图 7.20　执行“路径排列”后效果

(9) 在命令行中执行如下过程：

命令：ucs ↙

当前 UCS 名称：* 俯视 *

输入选项 [新建(N)/移动(M)/正交(G)/上一个(P)/恢复(R)/保存(S)/删除(D)/应用(A)/？/世界(W)] <世界>：y ↙　　//沿 Y 轴旋转

指定绕 Y 轴的旋转角度 <90>：↙

命令：

(10) 在上面的直线的一端绘制半径为 30 的圆：

命令：_circle 指定圆的圆心或 [三点(3P)/两点(2P)/相切、相切、半径(T)]：

//捕捉直线端点

指定圆的半径或 [直径(D)]：30 ↙

(11) 执行三维操作中的拉伸 EXTRUDE 命令：

命令：ext ↙

EXTRUDE　　当前线框密度：ISOLINES=4

选择对象：找到 1 个　　//选择圆

选择对象：↙

指定拉伸高度或 [路径(P)]：p 选择拉伸路径或 [倾斜角]：　　//选择直线

命令：

(12) 将坐标平面还原成世界坐标系：

命令：ucs ↙

当前 UCS 名称：* 俯视 *

输入选项 [新建(N)/移动(M)/正交(G)/上一个(P)/恢复(R)/保存(S)/删除(D)/应用(A)/？/世界(W)] <世界>：w ↙

命令：

(13) 在平面图中“上空”处绘制一折线，并标注文字“客厅上空”。

至此，室内栏杆部分绘制完成，其效果参见图 7.16(b)。

二、二层室外露台、台阶及栏杆

1. 南面露台及栏杆

此部分的操作过程如下：

(1) 移动标注及绘制椭圆。

南面的椭圆形状绘制过程参见第五章第二节中的"非标准台阶"，此处不再赘述。

(2) 新建图层"二层露台"，颜色自定，并将绘制的椭圆转换到该图层上。

(3) 另绘制一个椭圆，与上一个椭圆同圆心，且向内垂直间距为 120。

(4) 将两个椭圆作为一组复制一份，再将复制的这两个椭圆用 EXTRUDE 命令向上拉伸 250，然后对这两个椭圆实体进行"布尔差集"操作，得椭圆环(图 7.21)；大椭圆用 EXTRUDE 命令向下拉伸 200；再将两实体底面及外边沿对齐后进行"布尔并集"操作，结果如图 7.22 所示。

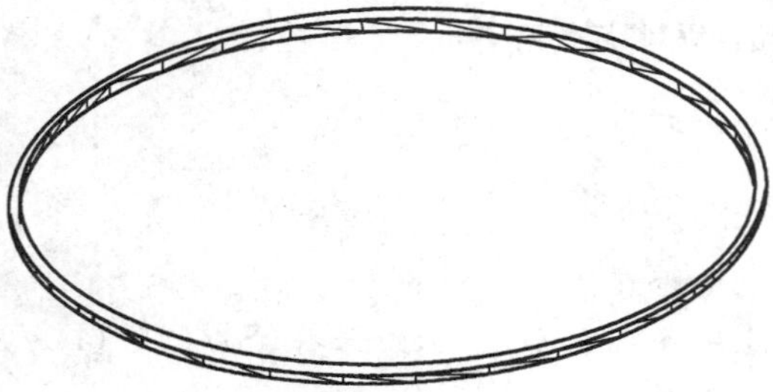

图 7.21 "布尔差集"结果

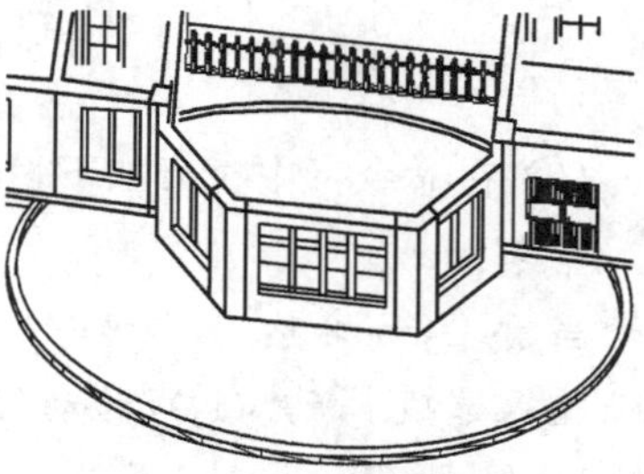

图 7.22 "布尔并集"后结果

图 7.23 露台绘制过程图

(5) 在平面图中，沿南侧外墙绘制一条多段线，且至轴线 C 处构成封闭多段线，再对此多段线进行 EXTRUDE 命令，拉伸不小于 250，然后用带椭圆环的椭圆实体减去此多段线拉伸后的实体，结果如图 7.23 所示。

(6) 绘制椭圆，使其与前面的椭圆同圆心，椭圆线在前两椭圆线间的正中间(即最外线向内 60)。

(7) 修剪椭圆，去掉在外墙线内侧的椭圆弧，得到外部分的椭圆弧，并将此椭圆弧向上移动 250。

(8) 从栏杆库中插入前面选择的栏杆图块至当前椭圆弧的一端点，并从立体视图下将此栏杆图块定义成一个新的图块，图块名自定义，注意图块的基点为底部的圆心。

(9) 使用 AutoCAD 菜单中【绘图】→【点】→【定数等分】命令，在命令行中按如下提示进行(注意：此处如果使用天正中的"路径排列"命令，将不能执行，因为椭圆弧不是多段线，也不是圆弧)：

命令：_divide

选择要定数等分的对象：　　　　　　//选择椭圆弧

输入线段数目或［块(B)］：b↙　　　　//选择选项参数"块(B)"

输入要插入的块名:a↙　　　　　　　　//输入图块名

是否对齐块和对象?[是(Y)/否(N)]＜Y＞:↙

输入线段数目:30↙

命令:

(11) 将椭圆弧向上移动 700,然后按室内栏杆中步骤(9)～(12)的方法执行(UCS 中改为沿 X 轴旋转),产生一椭圆弧环形的实体,结果如图 7.24 所示。

图 7.24　南面露台及栏杆

2. 北面露台及栏杆

北面的露台位于一层的车库之上,一层车库室内标高为－0.450m,而墙高为 3300mm,二层露台的板面厚度为 200mm,根据这些数据,我们进行的操作过程如下:

(1) 在平面图中绘制封闭多段线,如图 7.25 中点 P1 至 P6 构成封闭多段线。

(2) 将封闭多段线向下移动 450(@0,0,－450),并用 EXTRUDE 命令向下拉伸 200。

(3) 在点 P1 至 P4 之间绘制多段线,然后向内偏移 120 后,将两条多段线之间端点(即点 P1 与 P7 和 P4 与 P8,如图 7.26 所示)之间用直线连接,并使用多段线编辑 PEDIT 命令将两直线和两条多段线连接成一个封闭的多段线,PEDIT 的命令行执行方式如下:

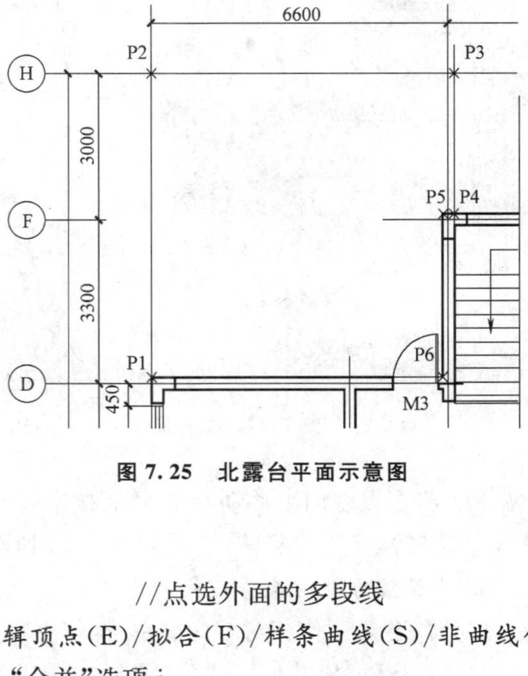

图 7.25　北露台平面示意图

命令:pe↙

PEDIT 选择多段线或[多条(M)]:　　　　　　　//点选外面的多段线

输入选项[闭合(C)/合并(J)/宽度(W)/编辑顶点(E)/拟合(F)/样条曲线(S)/非曲线化(D)/线型生成(L)/放弃(U)]:j↙　　　//输入"合并"选项 j

选择对象：找到 1 个

选择对象：找到 1 个，总计 2 个

选择对象：找到 1 个，总计 3 个　　　//依次找到两短直线和另一条多段线

选择对象：↙

4 条线段已添加到多段线

输入选项［闭合(C)/合并(J)/宽度(W)/编辑顶点(E)/拟合(F)/样条曲线(S)/非曲线化(D)/线型生成(L)/放弃(U)］：↙

命令：

(4) 将刚才生成的多段线用 EXTRUDE 命令拉伸高度 50 后，向下移动 450(@0,0,−450)；

(5) 在点 P1 至 P4 之间绘制多段线，然后向内偏移 60 后，向下移动 400(@0,0,−400)；

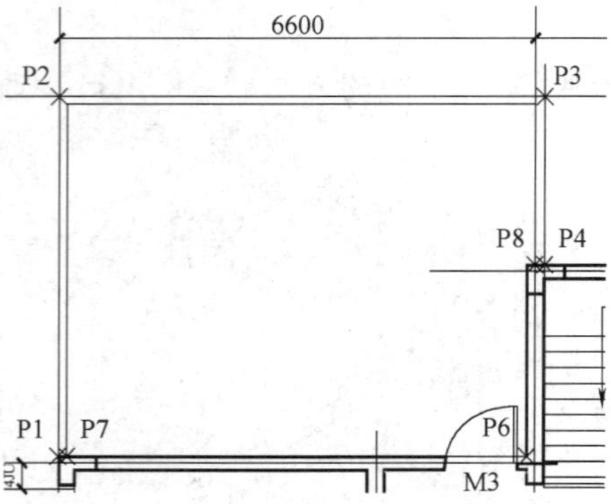

图 7.26　北露台平面示意图

(6) 使用南面露台中建立的栏杆图块，执行 AutoCAD 的菜单【绘图】→【点】→【定数等分】命令，其执行过程与前面的“南面露台与栏杆”中的步骤(9)相似，等分数目改为 54。(此处也可使用执行【三维建模】→【造型对象】→【路径排列】命令，在执行完成后，要将排列好的对象分解成单个图块)。

(7) 删除露台北面两角落的两个图块。

(8) 执行【三维建模】→【造型对象】→【栏杆库】命令，选中如图 7.27 所示的栏杆后双击，会出现一个对话框，将此对话框中的参数设置为图 7.28 所示样式后点击“应用”按钮，然后插入到北面露台的两个角落。

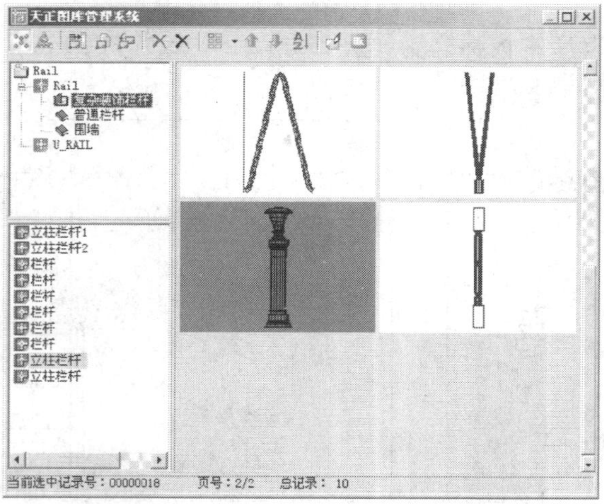

图 7.27　栏杆库

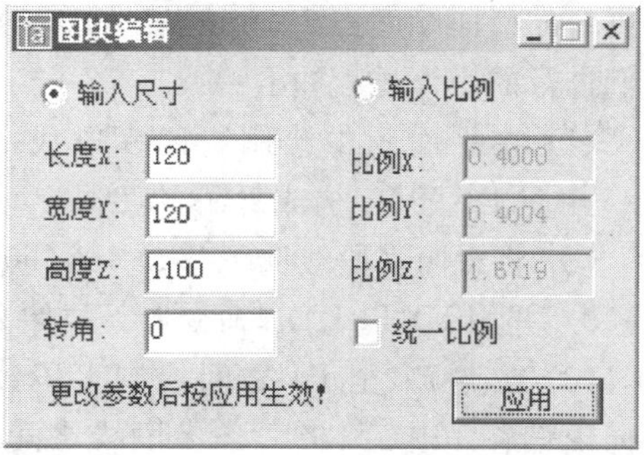

图 7.28　栏杆参数

(9) 将多段线向上移动 700，然后按室内栏杆中步骤(9)～(12)的方法执行(UCS 中改为沿 X 轴旋转)，产生一实体，结果如图 7.29 所示。

3. 北面露台处的台阶

此处的台阶制作相对较为简单，操作过程如下：

(1) 执行【楼梯其他】→【台阶】命令，在出现的对话框中，台阶样式选择“矩形阴角台阶”，

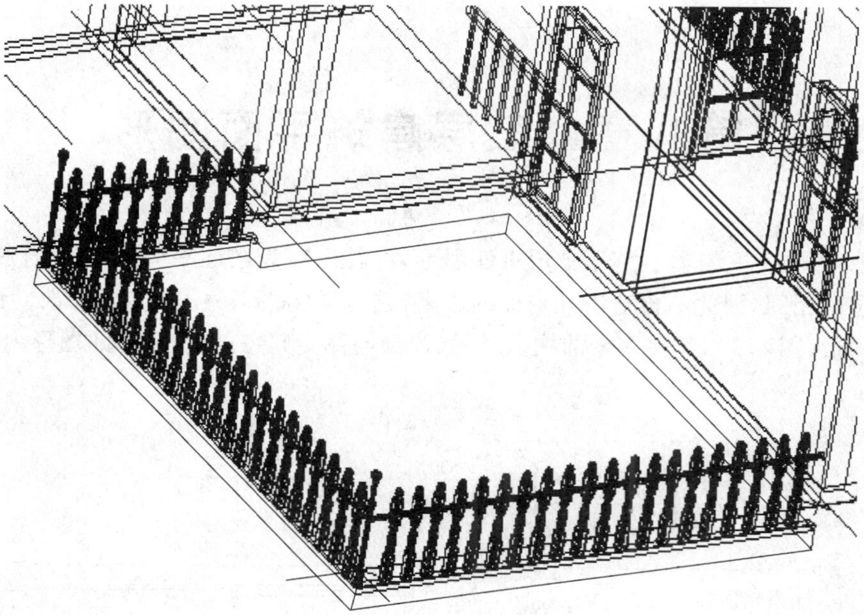

图 7.29　北露台及栏杆三维图

其他数据如图 7.30 所示。

(2) 点取图 7.31 中 P1 和 P2 两点，得到台阶（注意：如果两点次序不同，在执行台阶命令时要进行翻转）。

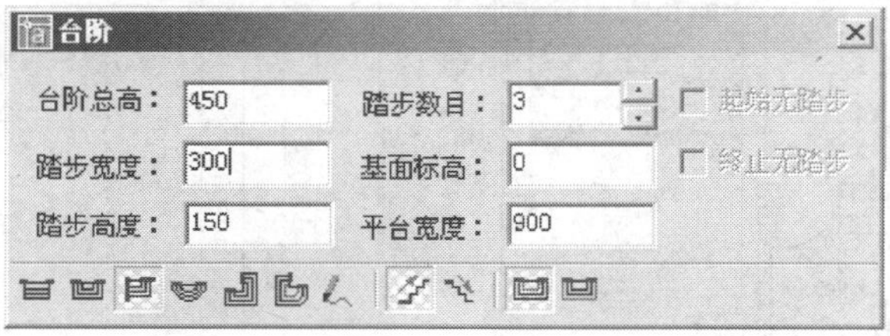

图 7.30　台阶参数

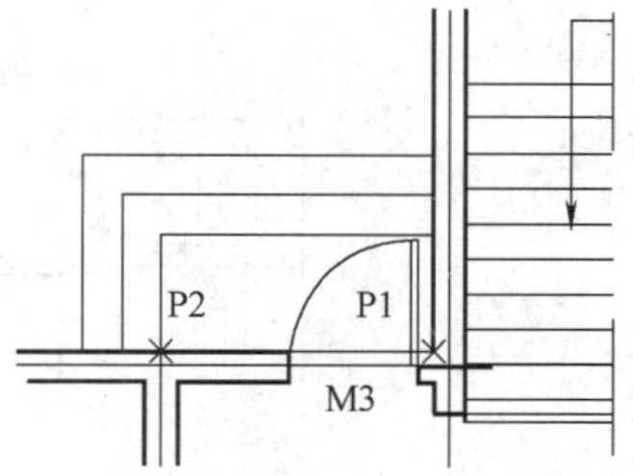

图 7.31　北露台处台阶平面示意

对于二层中的阳台上的图案，要求读者先用多段线，捕捉多个椭圆弧上的点及墙体外侧角点构成封闭对象后进行图案填充。填充后，选择图案按鼠标右键，执行“图案加洞”命令将文字处图案加洞。对二层其他处的图案图形、文字及室内其他内容，前面章节已有相关的操作说明，此处不再赘述，二层的三维效果图参见图 7.32。

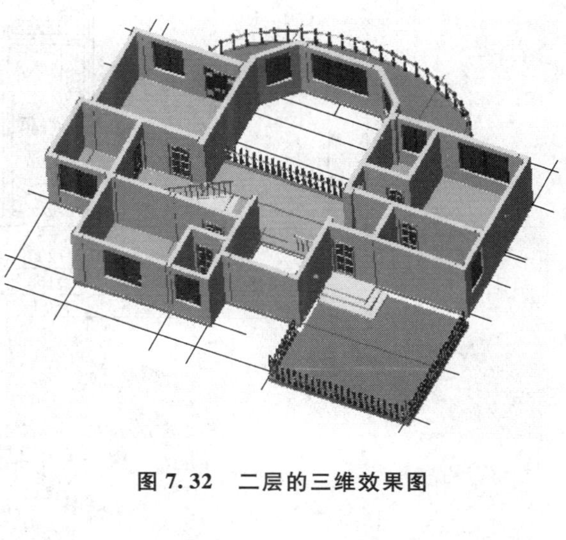

图 7.32　二层的三维效果图

第八章　三层建筑平面图形

与第七章的方法类同，利用第二层平面图形，将其另存为三层平面图形，由于三层的层高与二层的层高相同，因此不再对墙柱构件的层高（或高度、底高等）作相应的修改。读者可根据目标平面图形（图 8.1），删除多余的柱子，添加绘制墙体，删除三层中没有的图形内容。

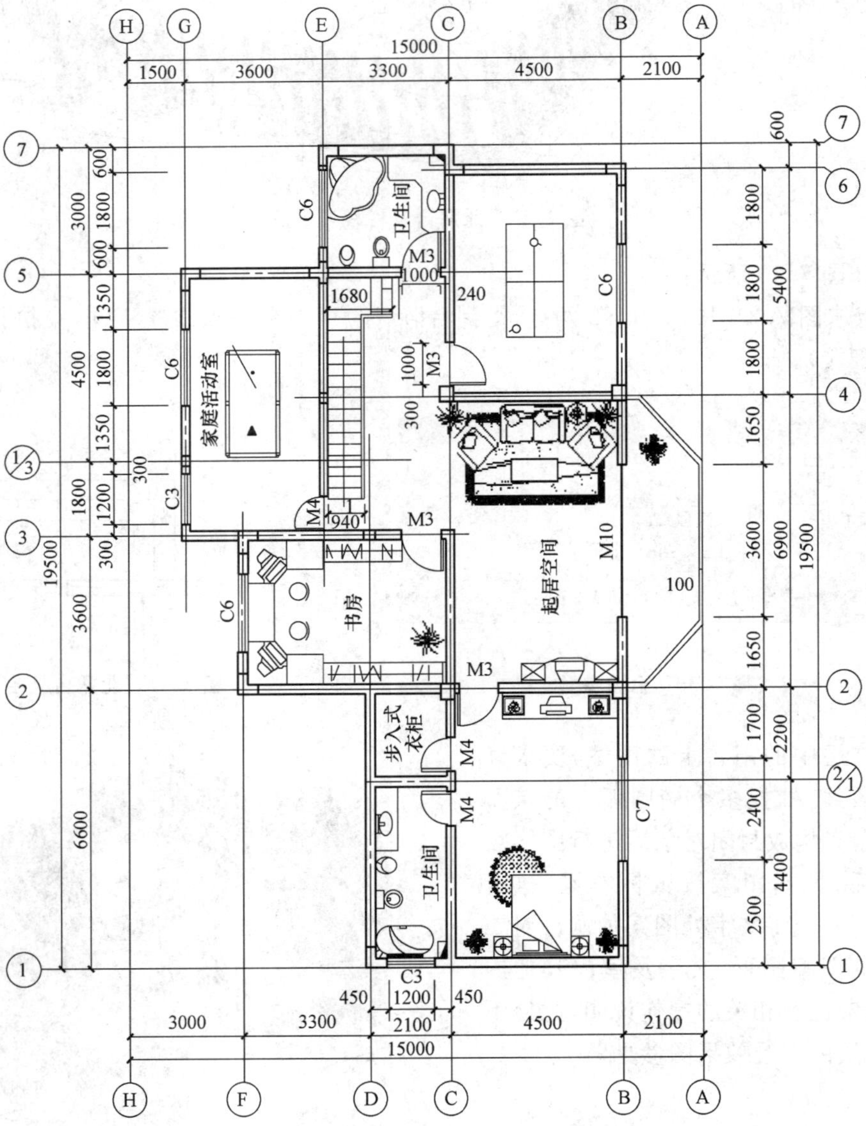

图 8.1　三层平面图

第一节　三层门窗及异形洞

一、墙体及常见门窗的绘制与添加

对应于目标图，如果在当前图形中没有墙体，则应先补绘好相应位置的墙体，然后再绘制门窗表 8.1、表 8.2，具体操作方法可参看前面已有的讲述。

表 8.1　门　表

编号	门宽	门高	门槛高	备注
M3	1000	2100	0	未注明处垛宽 120
M4	800	2100	0	垛宽 120 和垛宽 0
M10	3600	2500	0	四折推拉

表 8.2　窗　表

编号	窗宽	窗高	窗台高	备注
C3	1200	1800	900	
C6	1800	1800	900	
C7	2400	1800	900	

二、异形洞的绘制

在轴线 C 上，轴号 3 至轴号 4 之间的墙体上有一个异形洞，即异形洞 3060。其立面尺寸定义如图 8.2 所示。操作过程如下。

(1) 保证轴线 C 上轴号 3 和轴号 4 之间有墙体(墙宽为 240)，墙体高度为当前的层高，如果没有，要补绘墙体。

(2) 使用 AutoCAD 菜单【视图】→【三维视图】→【西南等轴测】命令，将图形放在三维之下观察(或在天正绘图区中按鼠标右键，在弹出的菜单中选择【视图设置】→【动态观察】，将图形转换至三维状态)，使要绘制门洞处的墙体处于最佳视图位置。

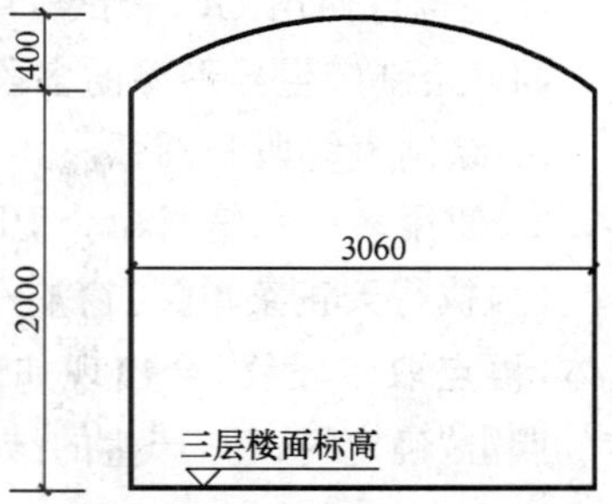

图 8.2　异形洞 3060 的尺寸定义

(3) 使用 UCS 命令，将坐标移动到门洞的左下角轴线与外墙体交点位置，并将坐标的 XY 平面贴到墙面上。

① 保证 AutoCAD 菜单【视图】→【显示】→【UCS 坐标】→【原点】前处于打钩状态。

② 执行如下命令。

命令：ucs↙

当前 UCS 名称：*世界* 输入选项

[新建(N)/移动(M)/正交(G)/上一个(P)/恢复(R)/保存(S)/删除(D)/应用(A)/？/世界(W)]<世界>：o↙

指定新原点 <0,0,0>：　　　//图 8.3 中 P1 点处

命令：ucs↙

当前 UCS 名称：*没有名称* 输入选项

[新建(N)/移动(M)/正交(G)/上一个(P)/恢复(R)/保存(S)/删除(D)/应用(A)/？/世界(W)]

<世界>：x↙

指定绕 X 轴的旋转角度 <90>：↙

命令：

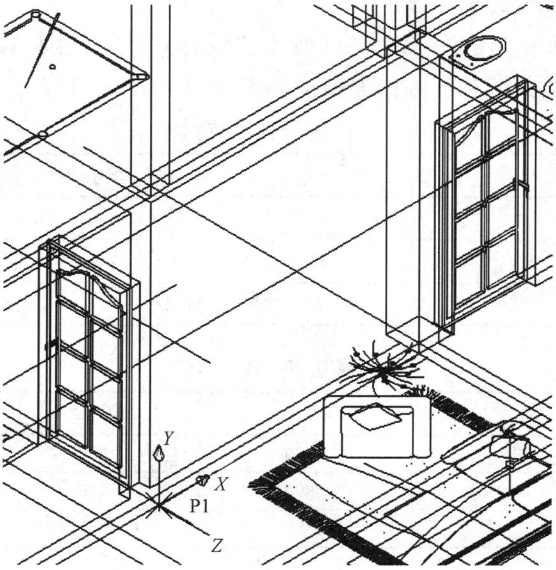

图 8.3　UCS 中 XY 面贴墙面

此处也可使用 UCS 命令，用 3P 方式将 UCS 坐标中 XY 面贴在墙面上。

(4) 绘制产生异形洞的多段线形状。

① 绘制直线段和圆弧。

② 使用多段线编辑命令 PE 将它们合并成一个封闭整体。

(5)执行天正菜单【门窗】→【异形洞】命令，根据命令行提示内容，先点取要产生异形洞的墙体，再点取多段线，会出现如图 8.4 所示的对话框，在此对话框中填入编号并点选“穿透墙体”，点击“确定”按钮，产生的结果平面着色后如图 8.5 所示。

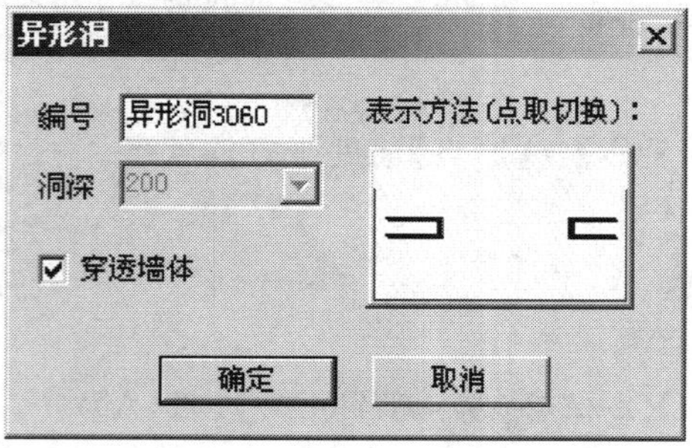

图 8.4　“异形洞”对话框

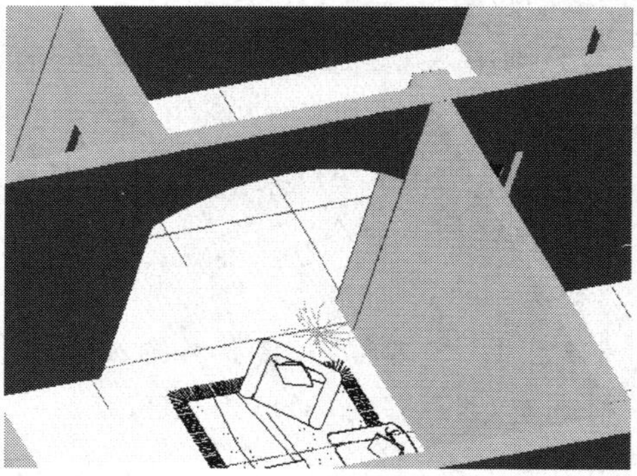

图 8.5　“异形洞”效果图

(6) 将坐标系还原。

命令：ucs ↙

当前 UCS 名称：*没有名称* 输入选项

[新建(N)/移动(M)/正交(G)/上一个(P)/恢复(R)/保存(S)/删除(D)/应用(A)/？/世

界(W)]

<世界>:W↙

命令:

第二节　阳台、地板及楼梯洞边栏杆

一、阳台绘制

根据目标图中的阳台为凸出式,从其折弯上有四个部位,因此在执行【楼梯其他】→【阳台】命令时,会出现如图 8.6 所示的对话框,在此对话框中,根据将要绘制的阳台特点,选择“任意绘制”方式,其余参数不变,然后按图 8.7 所示点的次序点击产生阳台,产生后的阳台效果见图 8.8 所示。

图 8.6　“绘制阳台”对话框

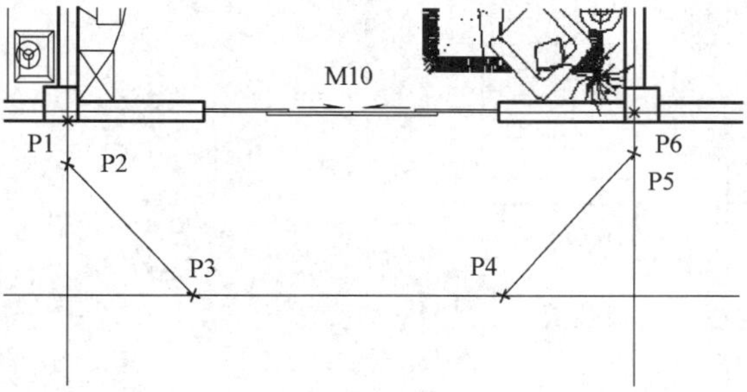

图 8.7　任意方式“绘制阳台”时的点击次序

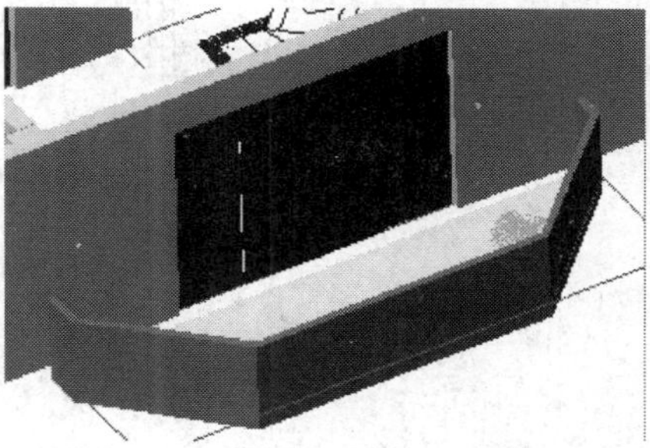

图 8.8　阳台效果图

二、地板

1. 生成地板

操作过程如下:

(1)执行天正菜单【房间屋顶】→【套内面积】命令。

命令:T71_TApartArea

请选择构成一套房子的所有墙体(或门窗):指定对角点:找到 47 个

//用鼠标框选住全部墙体

请选择构成一套房子的所有墙体(或门窗):↙　　//按回车或空格键

套内建筑面积(不含阳台)=171.612

是否生成封闭的多段线?[是(Y)/否(N)]<Y>:↙

自动保存到 C:\Documents and Settings\Administrator\Local Settings\Temp\黑白三层_1_1_4762.sv$ ...

命令:

执行完毕后,我们会发现在外墙体中线(异形柱部分不在墙体中线)产生了一个封闭的多段线。

(2) 编辑多段线。

由于轴号 C 上轴线 6 与轴线 7 之间的短墙因异形柱的创建而被删除,故在上一步生成的多段线时异形柱处有一个点被忽略,产生的多段线与外墙中线不完全一致,我们这时要对此多段线进行编辑修改,修改方法同第七章第三节的相关内容。

(3) 将产生的多段线向外偏移 120,与外墙一致。

(4) 使用 AutoCAD 三维之下的拉伸 EXTRUDE 命令,向下拉伸 150mm(与楼梯踏步高度相同),产生地板。

(5) 删除使用“套内面积”命令时产生的文字内容。

2. 楼梯处地板上洞口处理

(1) 绘制矩形。

如图 8.9 所示,楼梯处洞口位置为点 P1 与 P2 之间的矩形区域,P2 点即是由点 P3 所在的直线向上延长与墙体的交点。

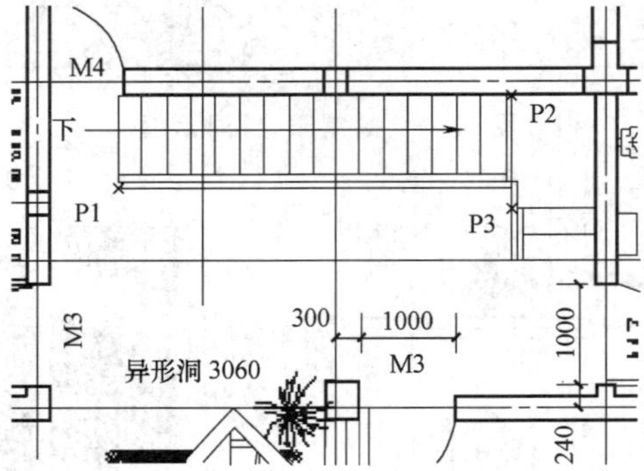

图 8.9 楼梯处地板上洞口位置

(2) 使用 AutoCAD 三维之下的拉伸命令,将矩形向下拉伸 150mm,产生一个实体。

(3) 使用布尔差集命令,用地板减去矩形产生的长方体,得到地板。

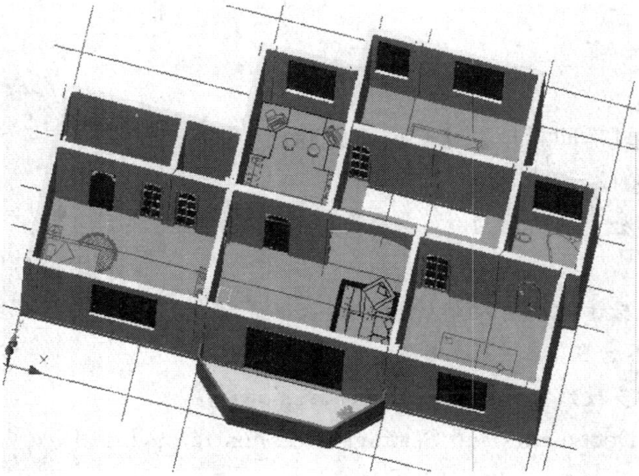

图 8.10 地板绘制后的效果

三、楼梯洞边处栏杆

二层楼梯扶手与三层栏杆是相连的，二层楼梯的栏杆是自动生成的，为了达到与三层的栏杆相同，可留待后面再去修改。三层楼梯洞口处栏杆的中线如图 8.11 所示，如果此中线不是一条多段线，我们要使用多段线编辑命令 PEDIT(或者 PE)将它们合并为一个多段线。下面进行栏杆的操作。

(1) 进入三维视图之下，建议使用东南等轴测视图，并调整至适当视觉位置。

(2) 将多段线向上复制一份备用，垂直向上距离为 900mm。

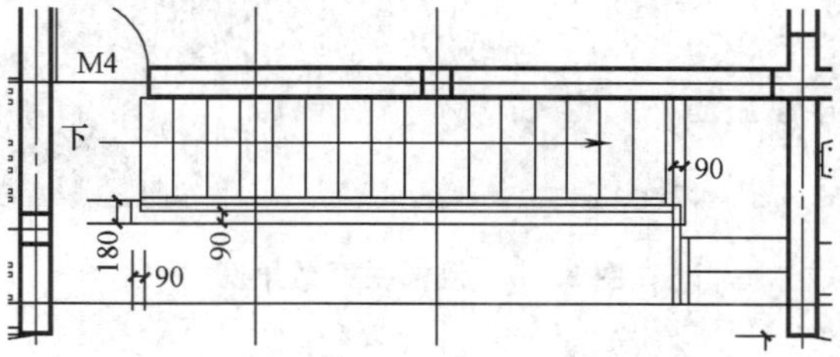

图 8.11　楼梯洞口处栏杆中线

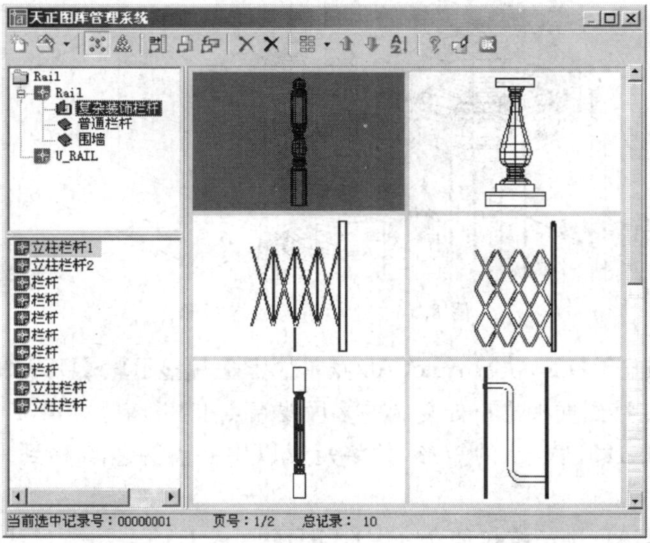

图 8.12　栏杆图块

命令：_copy

选择对象：找到 1 个　　//选择多段线

选择对象：↙

指定基点或位移：　　　//点取任一点作为基点

指定位移的第二点或 <用第一点作位移>：@0,0,900 ↙

指定位移的第二点：↙

命令：

(3) 使用天正菜单【图库图案】→【通用图库】，在打开的对话框中选择栏杆库，选择如图 8.12 所示的栏杆图块，插入到下面多段线中楼梯出口折弯处那一段的中点。

(4) 执行天正菜单【三维建模】→【造型对象】→【路径排列】命令，依次选择下面的多段线和刚才插入的图块，在出现的对话框中将“单元宽度”设置为 400，其余不变，点击“确定”按钮，得到如图 8.13 所示的结果。

图 8.13 楼梯栏杆效果图

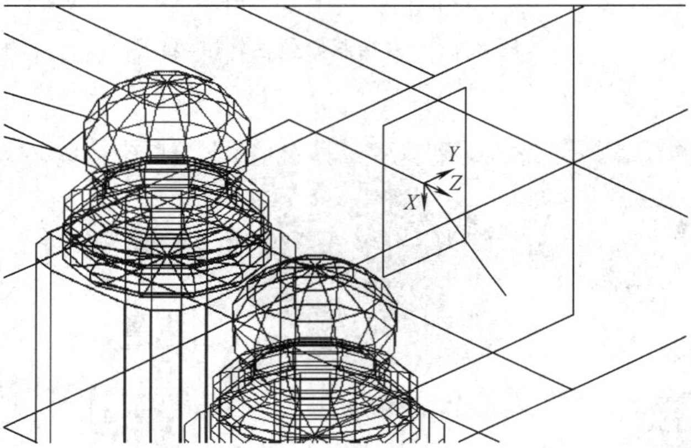

图 8.14 坐标系与放样矩形

(5) 将坐标原点显示打开，执行 AutoCAD 菜单【视图】→【显示】→【UCS 图标】→【原点】命令。

(6) 将坐标原点移到楼梯出口处复制的多段线端点上，并将坐标沿 Y 轴旋转 90 度。

(7) 绘制一个长 120、宽 60 的矩形，并将矩形以中心点为基点移到多段线的端点，如图 8.14 所示。

(8) 执行 AutoCAD 中三维拉伸命令 EXTRUDE(或 EXT)。

命令:EXTRUDE↙

当前线框密度： ISOLINES=4

选择对象:找到 1 个 //点取矩形

选择对象:↙

指定拉伸高度或［路径(P)］:p↙

选择拉伸路径或［倾斜角］: //点取多段线

命令:

(9) 将坐标系统还原为世界坐标系。

执行之后的结果如图 8.13 所示。

三层图形中还有图块的插入、文字与尺寸标注、图名标注等，这些内容前面已讲述，就留给读者自己完成。三层绘制结束后的整体效果如图 8.15 所示。

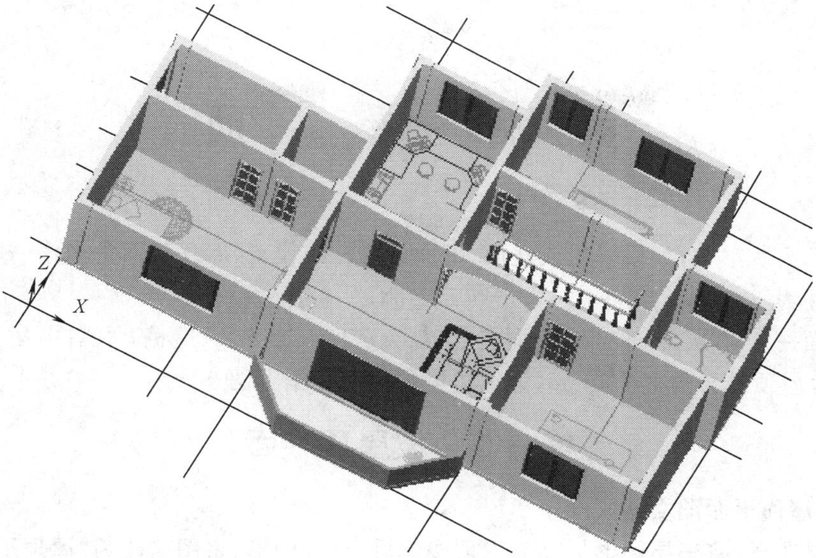

图 8.15　三层整体效果图

第九章 屋　　顶

在天正 7.5 版本中，如果要生成立面、剖面或者三维模型，屋顶平面是当作一层绘制的，它要求单独保存为一个 dwg 文件。

屋顶平面一般都从下面的外墙向外挑出一定的长度作为屋檐，本书中挑出的长度为 0.6m，其中含屋顶的天沟宽 200mm，详细边檐的尺寸数据见图 9.5。

第一节　坡屋顶平面

一、另存屋顶平面图文件

利用三层图形，将三层图形另存为屋顶文件后，打开图形，将图名改为“屋顶平面图”。

按照屋顶平面设计的要求，三屋平面图形中能在屋顶平面中保留的基本上没有，但为了生成屋顶平面时便于命令操作，保留了墙体中的全部外墙体，而将其余墙体、柱子、室内设施、楼

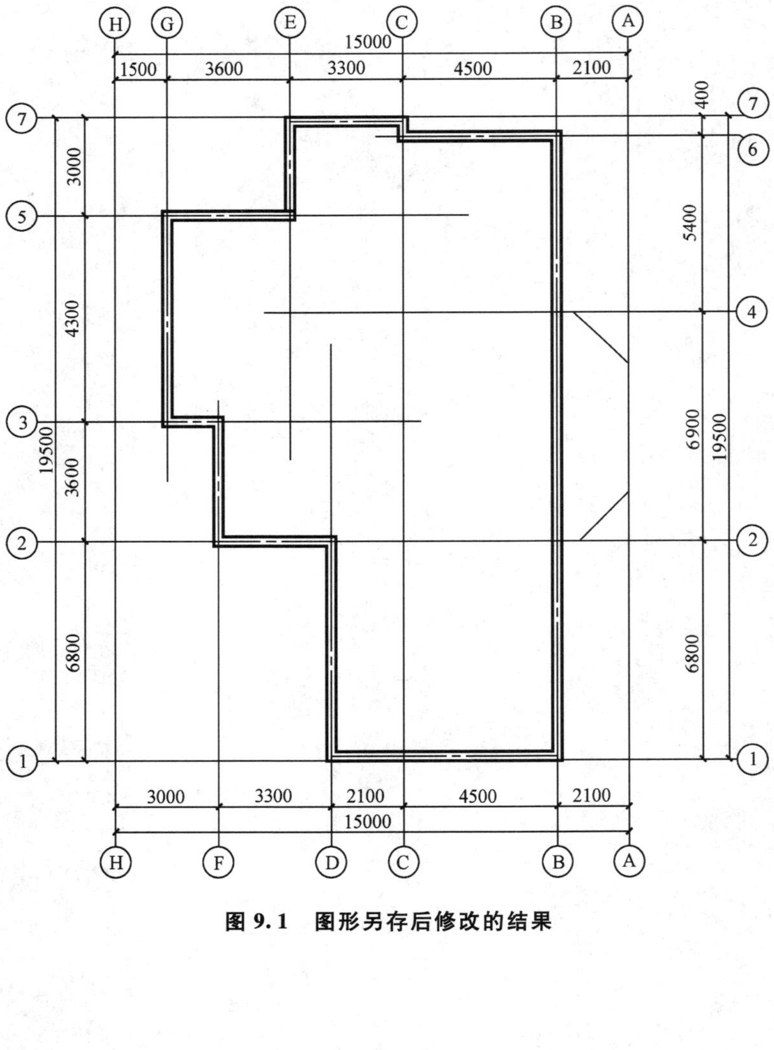

图 9.1　图形另存后修改的结果

梯等删除。

另外，在删除了异形柱后，使用绘制墙命令将原来因异形柱而删除的短墙给补上；将轴线标注的内容作相应的修改。其结果如图 9.1。

二、生成坡屋顶边界线

1. 生成屋檐挑出的边界封闭多段线

执行天正菜单【房间屋顶】→【搜屋顶线】命令，其操作过程如下。

命令：T71_TRoflna

请选择构成一完整建筑物的所有墙体(或门窗)：指定对角点：找到 12 个

请选择构成一完整建筑物的所有墙体(或门窗)：

偏移外皮距离＜600.0000＞：↙　　　　//屋檐挑出的长度为 0.6m

命令：

执行命令结束后，图上会沿外墙边线向外 600mm 处产生封闭多段线。

2. 利用生成的多段线，产生坡形屋顶边界线和屋檐边界线

使用 AutoCAD 中的偏移命令，将上面生成的多段线向内偏移 120mm 后，再向内偏移 200mm，分别产生两个封闭多段线，最内的封闭多段线为坡形屋顶边界线。

最后删除图中所有的墙体。

三、以“任意坡顶”命令生成坡屋面(此处介绍的是最简单的方法，实际立体要复杂许多)

需要生成的坡屋面是由多个坡度不同的坡屋面组成的复杂坡屋面，可以使用天正中的任意坡顶命令先生成相同坡度的屋面，然后再对对各坡屋面进行编辑，修改其坡度。

1. 生成任意坡顶

执行天正菜单【房间屋顶】→【任意坡顶】命令。

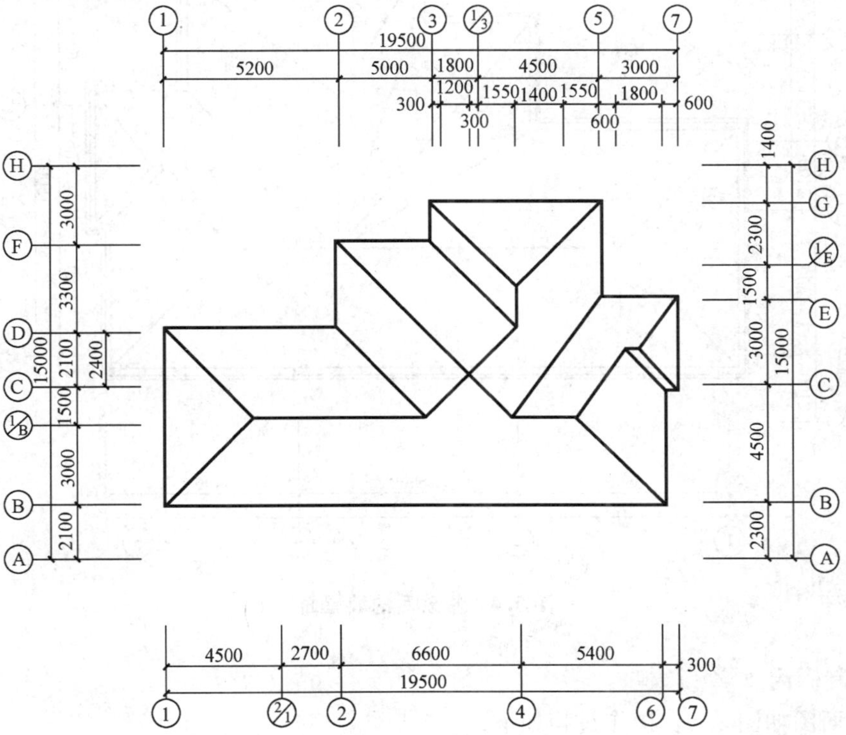

图 9.2　以“任意坡顶”命令生成的坡屋面

命令:T71_TSlopeRoof

选择一封闭的多段线<退出>:　　//选择最内的封闭多段线作为坡屋顶边界线

请输入坡度角 <30>:↙

出檐长<600.0000>:0 ↙　　//注意:本例是先确定屋檐边界线,后确定坡屋顶边界线

命令:

执行后的结果如图 9.2 所示。

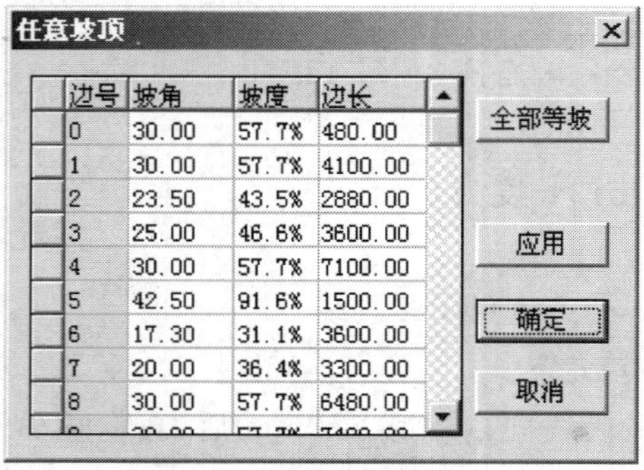

图 9.3　坡屋顶属性对话框

2. 对坡屋面的坡度进行编辑修改

从图 9.2 中,会看到"任意坡顶"命令生成的屋顶往往与设计要求有差距,在此,双击坡屋面对象,会出现一个如图 9.3 所示的对话框,在该对话框中,除了边长固定不让修改外,坡角和坡度都可作修改,如修改坡角时,因角度$=\tan^{-1}$坡度,坡度会自动进行相应的调整。

由于边号是系统自动产生的,本例中 0 边号为三层中的异形柱处的坡面,边号沿逆时针方向依次产生。本例中的坡角与边号对应的关系见表 9.1,修改后的结果见图 9.4。

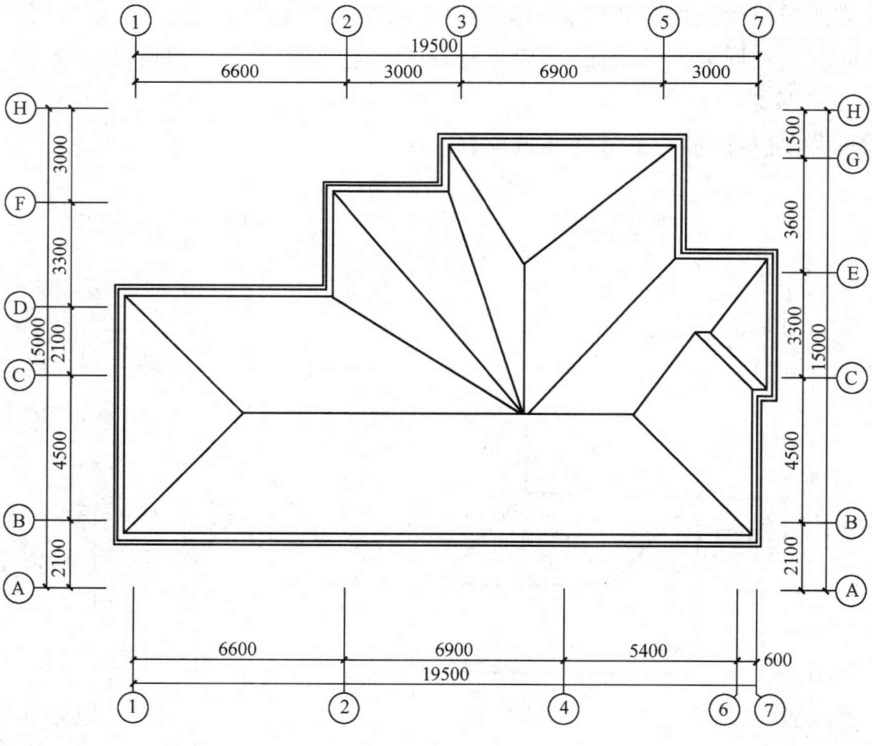

图 9.4　修改后的坡屋面

四、绘制檐沟

檐沟剖面图如图 9.5。操作过程如下:

(1) 绘制前,先将平面图视点或三维视点状态改为正立面视点状态,即在绘图区任一点按

鼠标右键，在弹出的菜单中选择【视图设置】→【正立面】。找到屋顶左边角点后，按图 9.5 的尺寸用多段线绘制檐沟封闭多边形，注意此时 XY 平面与当前视图面一致。

表 9.1

边号	坡角(°)	坡度(%)	边号	坡角(°)	坡度(%)
0	30.00	57.7	6	17.30	31.1
1	30.00	57.7	7	20.00	36.4
2	23.50	43.5	8	30.00	57.7
3	25.00	46.6	9	30.00	57.7
4	30.00	57.7	10	30.00	57.7
5	42.50	91.6	11	30.00	57.7

(2) 在动态观察下，将刚才绘制的封闭多段线调整至最佳视点，如图 9.6 所示，注意此时坐标系为世界坐标系，使用相对坐标方法将图 9.6 中有 P1 点标识的屋顶图中最外边封闭多段线向下复制或移动 370mm(@0,0,－370)至 P2 点处。

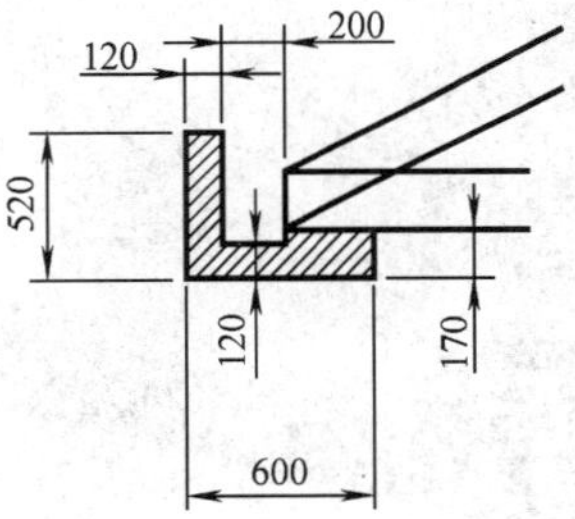

图 9.5　檐沟剖面图

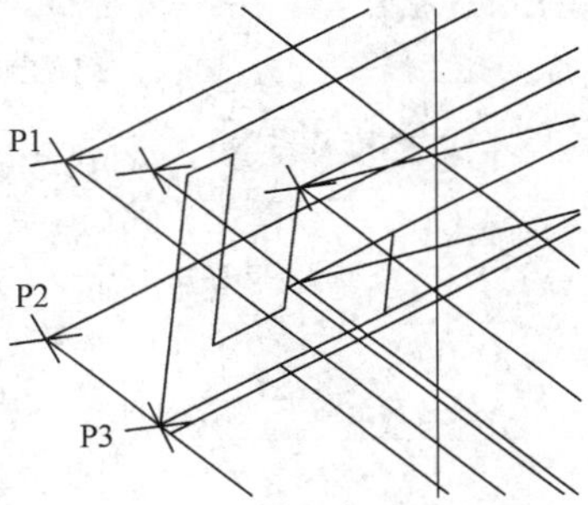

图 9.6　最佳视点下的封闭多段线

(3) 执行 AutoCAD 菜单【视图】→【显示】→【UCS 图标】→【原点】，使其前处于打钩状态，执行 UCS 命令。

命令：ucs ↙

当前 UCS 名称：* 世界 *

输入选项［新建(N)/移动(M)/正交(G)/上一个(P)/恢复(R)/保存(S)/删除(D)/应用(A)/? /世界(W)］＜世界＞：o ↙　　//点取图 9.6 中的 P3 处

指定新原点 ＜0,0,0＞：

命令：ucs ↙

当前 UCS 名称：* 没有名称 *

输入选项［新建(N)/移动(M)/正交(G)/上一个(P)/恢复(R)/保存(S)/删除(D)/应用(A)/? /世界(W)］＜世界＞：y ↙

指定绕 Y 轴的旋转角度 ＜90＞：↙

命令：

执行 UCS 命令完毕后如图 9.7 所示。注意，此步是关键性的一步，这是由将要使用的截面放样命令的特点所决定的，截面放样命令要求放样的路径(放样曲线)

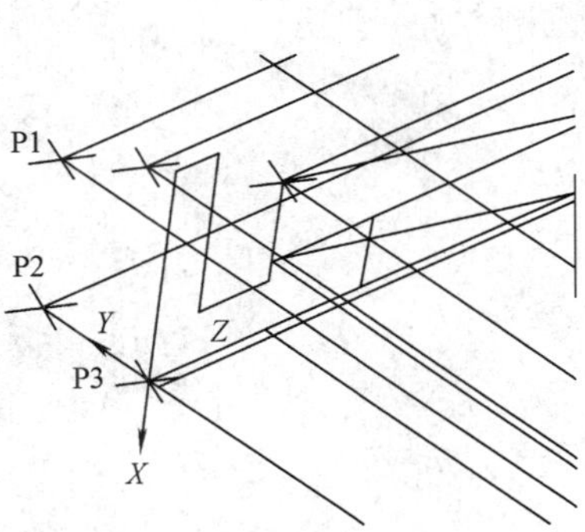

图 9.7　执行 ucs 命令后的状态

在 XY 平面内，放样的曲面与 XY 平面相垂直。

(4) 执行天正菜单【三维建模】→【体量建模】→【截面放样】命令。

命令：T71_TSolSweep

请选择放样路径曲线：　　//点取刚才向下复制或移动产生的封闭多段线

找到 1 个

请选择放样路径曲线：　　//空格或回车键

请选择放样截面曲线：　　//点取檐沟封闭多段线

请选取新的基点：　　//点取 P3 点

将轮廓旋转到位于平分面上。

命令：

在执行此命令过程中会出现如图 9.8 所示的对话框，要求执行过程中正确选择，并注意前面提到的坐标与截面和放样曲线之间的关系，否则将不能产生放样结果或放样结果错误。正确执行上述过程后的结果如图 9.9 和图 9.10 所示。

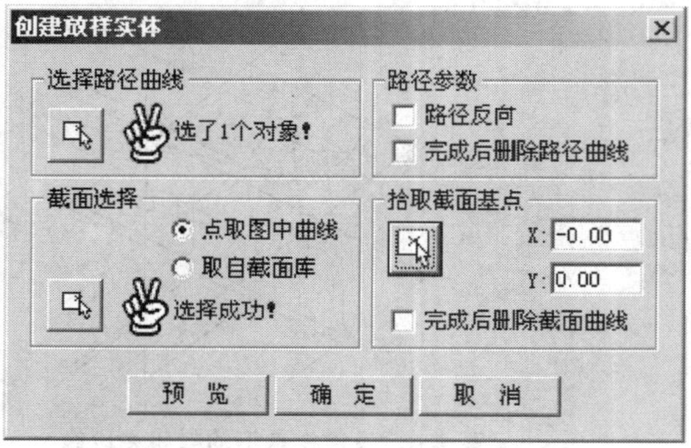

图 9.8　命令对话框

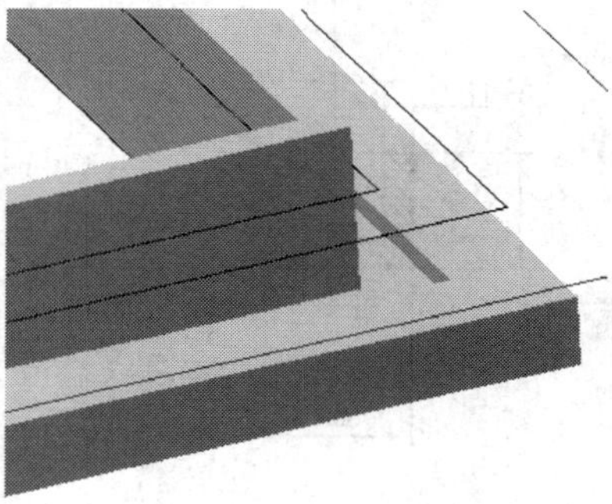

图 9.9　放样后的结果

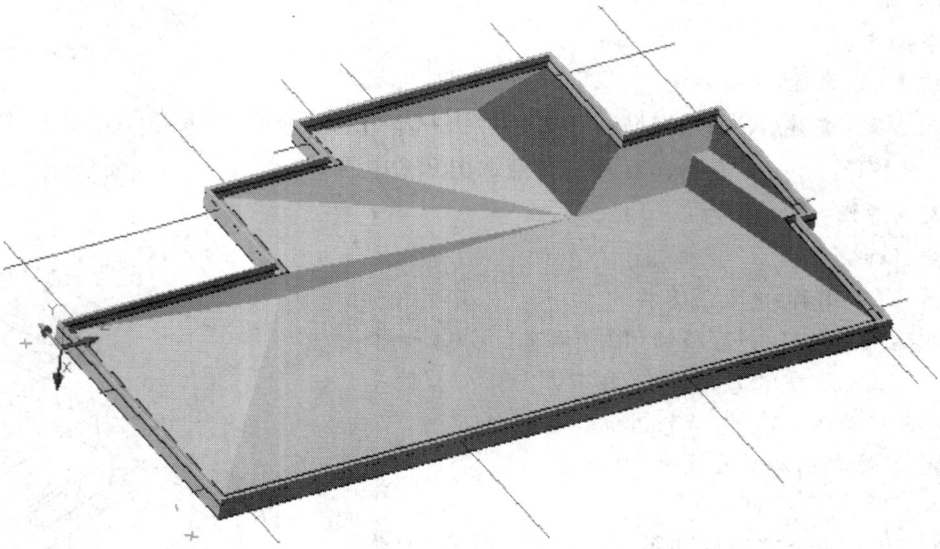

图 9.10　檐沟与屋顶整体效果图

第二节　标注及屋面图案填充

标注和屋面图案填充后的结果如图 9.11 所示(檐沟线为檐沟立体效果在平面的投影)。

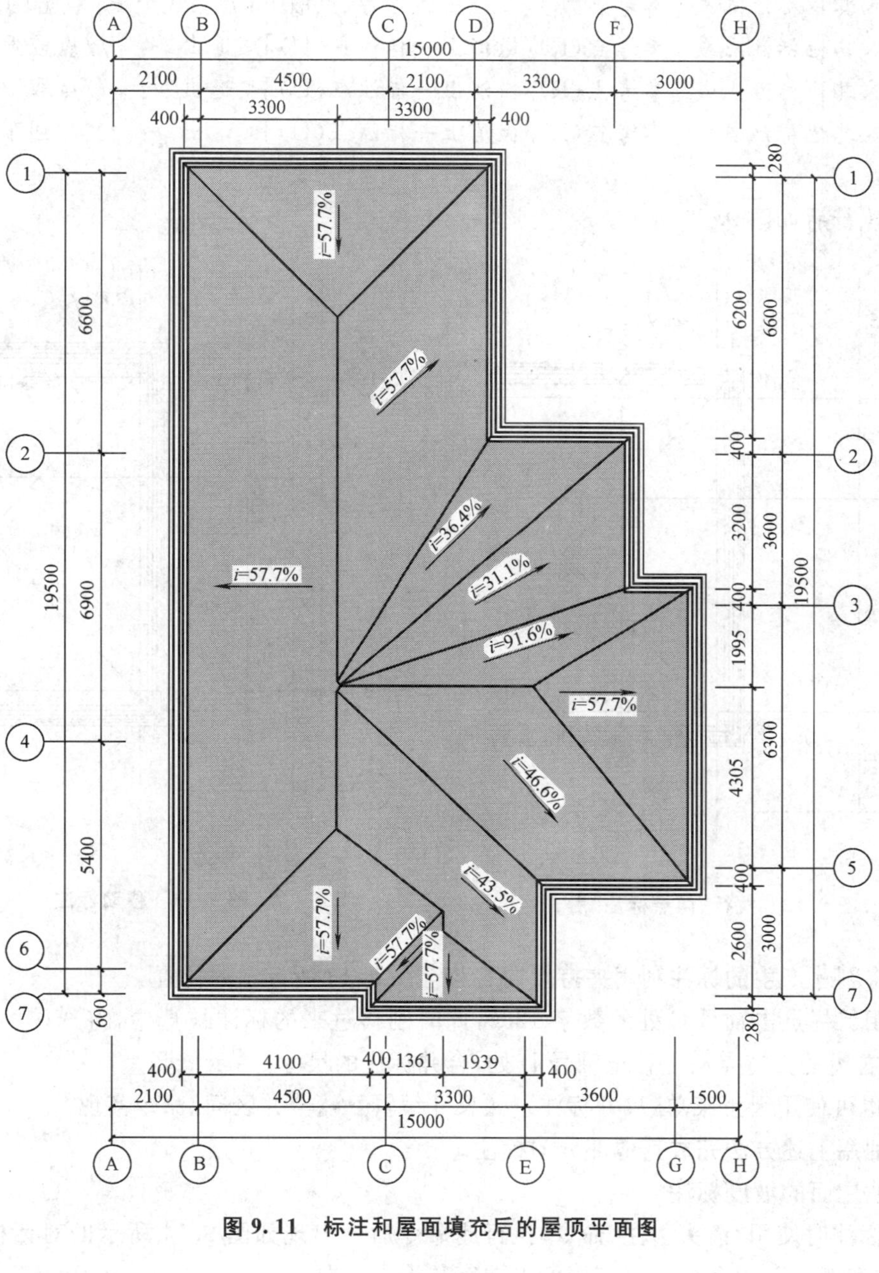

图 9.11　标注和屋面填充后的屋顶平面图

一、尺寸标注

尺寸标注方法操作如下。

(1) 轴网 DOTE 图层显示打开,如果未显示,则不能进行两点标注。

(2) 按 F8 保证正交状态打开,执行天正菜单【尺寸标注】→【两点标注】命令。

命令:T71_TDimTP

起点(当前墙面标注)或［墙中标注(C)］<退出>:　　　//P1 点

终点＜退出＞：　　　　　　　　//P2 点，要求 P1 与 P2 的连线必须与轴线相交

请选择不要标注的轴线和墙体：　　　　//回车或空格

选择其他要标注的门窗和柱子：　　　　//回车或空格

请输入其他标注点或［参考点(R)］＜退出＞：　//点取 P3 点，P3 至 P5 点击的次序可变

请输入其他标注点或［参考点(R)/撤消上一标注点(U)］＜退出＞：　//点取 P4 点

请输入其他标注点或［参考点(R)/撤消上一标注点(U)］＜退出＞：　//点取 P5 点

请输入其他标注点或［参考点(R)/撤消上一标注点(U)］＜退出＞：　　//回车或空格

命令：

此步执行后如图 9.12 所示。

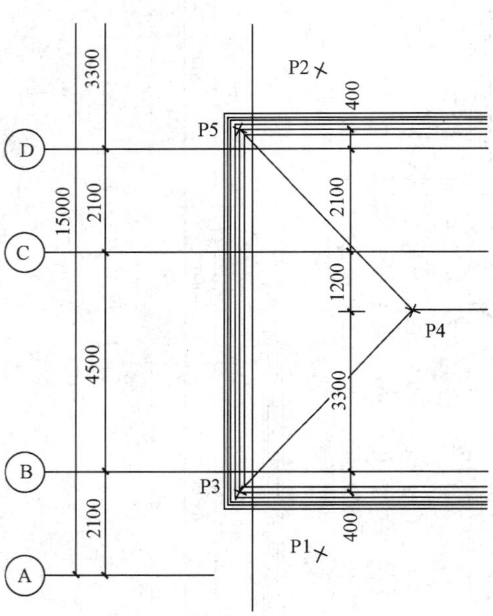

图 9.12　执行"两点标注"后

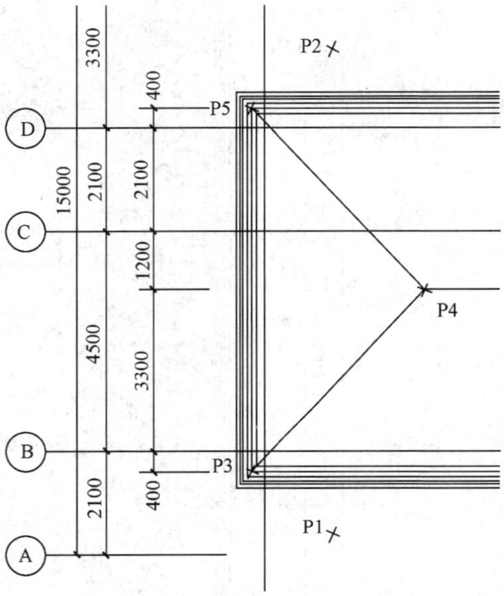

图 9.13　移动标注

(3) 将刚才产生的标注利用夹持点向右移至图 9.13 所标示的位置。

(4) 用鼠标点击轴号 C 处的数字 1200，此时刚移过来的标注被选中，将选中的标注位于轴号 C 处右边的夹持点向上移至轴号 D 处，合并标注的尺寸。

本处也可使用天正菜单【尺寸标注】→【尺寸编辑】→【合并区间】命令实现。

(5) 利用上述方法完成其他部分的标注。

二、坡屋面的坡度标注

坡度标注时使用"箭头引注"命令，执行此命令后会出现如图 9.14 所示的对话框，设置对齐方式为"齐线中"，用此命令可直接标出坡度与箭头方向。

标注内容参见图 9.11，标注出一个坡度后，可多个复制再作相应的修改。

在图 9.11 中的一些屋顶角落有圆，沿坡屋面的四周有天沟的坡向，其绘制过程留给读者自己完成。

三、坡屋面的图案填充

为了表示坡屋面的铺瓦方向，常在各坡面垂直于檐线填充图案。使用 AutoCAD 中的图案填充命令进行，注意填充时的角度调整。图案如图 9.15 所示，填充比例为 200，填充后效果

如图 9.11 所示。

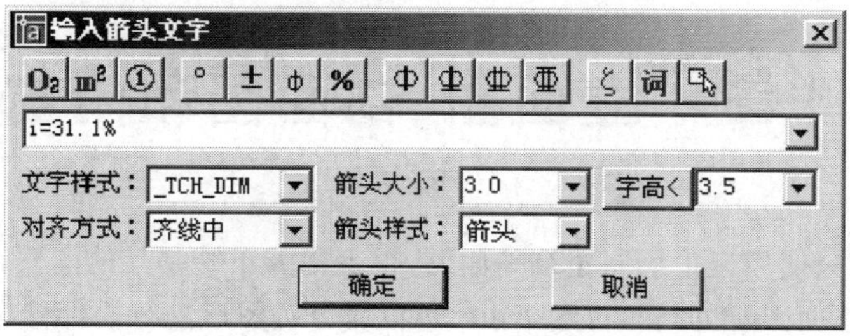

图 9.14 "箭头引注"命令对话框

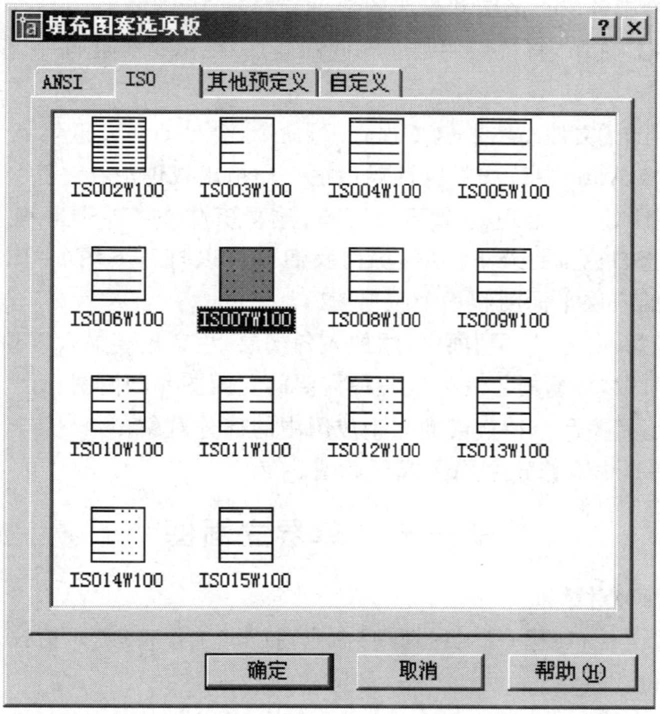

图 9.15 填充命令对话框

第十章　立面图、剖面图和门窗表

许多天正用户只使用天正绘制建筑平面图，很少用天正绘制其他图样，实际上画完平面图以后，用天正生成立面图、剖面图，再用 AutoCAD 命令对图形进行局部修改，比从零开始使用 AutoCAD 绘制要方便快捷得多。

用天正绘制立面图和剖面图，一般采用如下步骤。

(1) 使用天正绘制各层平面图和顶层图形。

(2) 在 AutoCAD 之下，将各层用某一相同的基点对齐，这样在同一基点上生成立体图形时上下对齐。

(3) 使用天正菜单【文件布图】→【工程管理】命令，会自动在天正菜单旁出现一个“工程管理”对话框，它可以像 AutoCAD 中的特性对话框一样拖出或停泊在一边。在此对话框中点击最上面的“工程管理”处，会出现一个下拉菜单，选择其中的“新建工程”项，新建一个名为“别墅 . tpr”的文件至自己的目录下。新建后，我们就可以打开下图的“图纸”项，在平面图中加入我们以前绘制的三层平面图和一个屋顶图。

(4) 在新建的工程中的“楼层”项中，添加入各楼层，注意也要加入楼顶屋面层。

(5) 在“楼层”项中，根据楼层表生成各种需要的立面图和剖面图。

(6) 根据需要用相关命令替换或插入生成图中的部分对象。

(7) 用 AutoCAD 命令修正立面图或剖面图。

第一节　单层立面图

一、设置工程管理对话框

使用天正菜单【文件布图】→【工程管理】命令，打开“工程管理”对话框，在引对话框中创建工程并进行相应的设置。

(1)如果第一次打开此对话框，会有一个“工程管理”的下拉式选项，否则是一个名称为“最近新建工程管理名”的下拉式选项。点击此处，会出现一个浮动菜单，点击其中的“新建工程”，新建一个名为“别墅”的工程。

(2)打开“别墅”工程管理对话框中的“图纸”选项面板，可见其中有平面图、立面图、剖面图等多种子项，选择其中的“平面图”子项，并在其上按鼠标右键，会弹出如图 10.1 所示的浮动菜单，执行“添加图纸”命令项，依次添加入前面保存的文件：“别墅一层 . dwg”“别墅二层 . dwg”“别墅三层 . dwg”“别墅顶层 . dwg”四个平面文件。

其余的平面图、立面图的添加方法与此类似。

二、生成单层立面图

(1) 双击打开刚才添加入平面图中的“别墅一层 . dwg”文件。

(2) 打开“别墅”工程管理对话框中的“楼层”选项面板，可见其中有一组工具按钮，执行左起第一个“选择标准层文件”按钮，会弹出“选择标准层图形文件”对话框，选择“别墅一层 . dwg”文件后按“打开”按钮，会在“楼层”选项面板中的列表项处自动添加上一行内容。在此

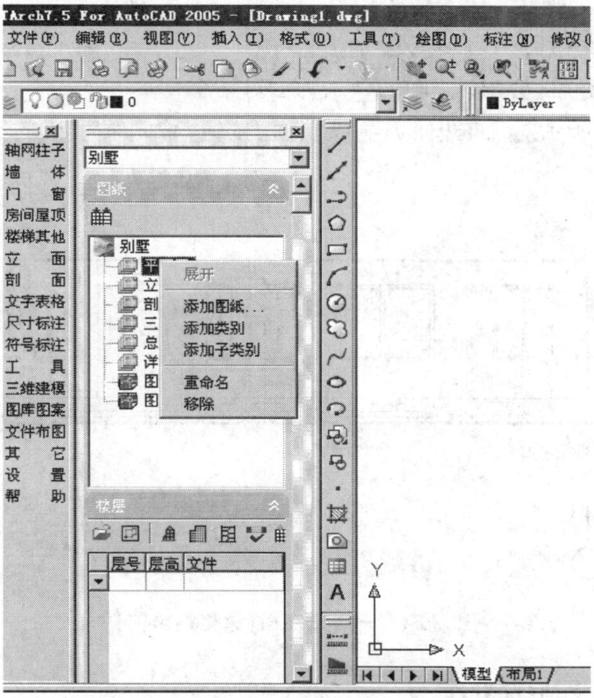

图 10.1　浮动菜单

行左边的按钮上按鼠标右键后，会弹出如图 10.2 所示的菜单项，可根据菜单项对此列表框中的内容进行相关操作。

(3) 执行“楼层”选项面板中左起第四个“建筑立面”按钮(或执行天正菜单【立面】→【建筑立面】命令)，会在命令行上出现如下操作提示及过程。

命令：T71_TBudElev

请输入立面方向或 [正立面(F)/背立面(B)/左立面(L)/右立面(R)]<退出>： F↙

请选择要出现在立面图上的轴线：找到 1 个

//点取轴线 1 下边的端点

请选择要出现在立面图上的轴线：找到 1 个，总计 2 个

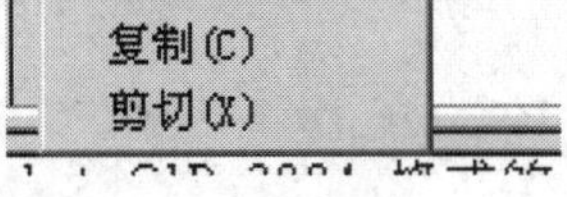

图 10.2　菜单项

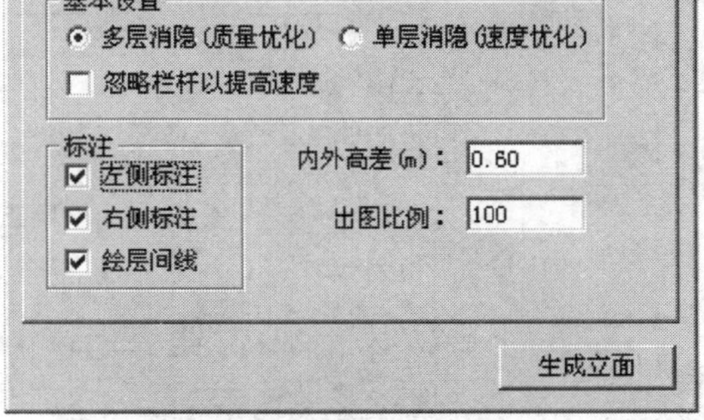

图 10.3　对话框

//点取轴线 7 下边的端点

请选择要出现在立面图上的轴线:↙

//按回车或空格键后,会出现如图 10.3 所示对话框

(6) 点击图 10.3 所示对话框中的"生成立面"按钮,输入要生成的文件名"一层正立面图.dwg"并保存文件。

图 10.4 一层正立面(深化编辑前)

三、建筑单层立面图后期处理

对生成的"一层正立面图.dwg"进行深化编辑修改。

(1) 将台阶两侧空白处垂直线段补充完整。

(2) 沿每个窗体绘制一个矩形,防止进行图案填充时对其有影响。

(3) 轴号添补,并添补尺寸标注。

(4) 进行图案填充,产生如图 10.5 所示的图形并保存。

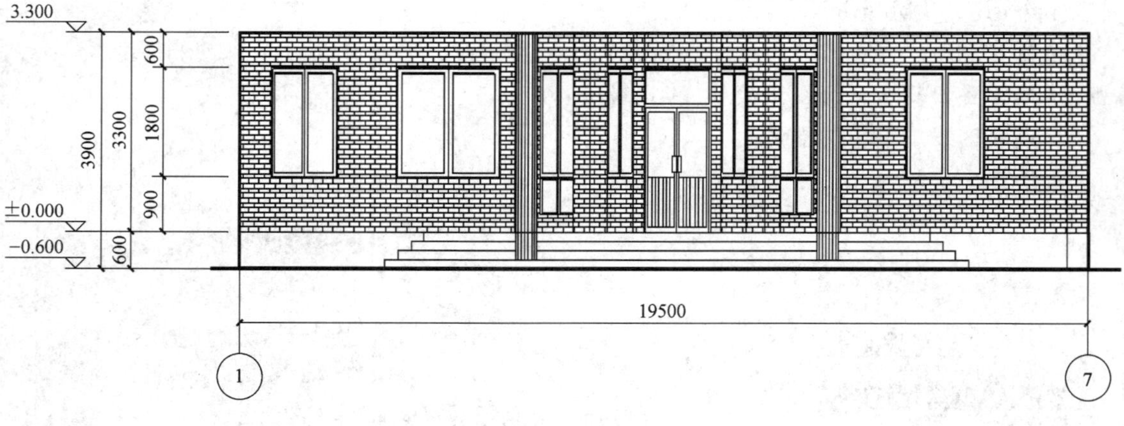

图 10.5 一层正立面(深化编辑后)

第二节 构件立面图

天正中的构件立面命令用于生成用天正命令插入的楼梯、门窗、阳台及从 AutoCAD 中拉伸产生的 ACIS 对象实体(长方体类组合产生的实体)等构件的立面图。

对于从 AutoCAD 中拉伸产生的非 ACIS 对象实体及曲面创建的建筑物构件使用天正中的构件立面命令时，不能生成相应的立面图，而应使用 AutoCAD 中的三视图及截面等方法实现立面图。

打开前面绘制的“别墅二层.dwg”文件，分别执行【立面】→【构件立面】命令，进行如下的操作。

(1)二层多跑楼梯的正立面图。

命令：T71_TObjElev

请输入立面方向或[正立面(F)/背立面(B)/左立面(L)/右立面(R)/顶视图(T)]<退出>:F↙

请选择要生成立面的建筑构件：找到 1 个　　　　//点取多跑楼梯

请选择要生成立面的建筑构件：↙

请点取放置位置：

命令：

执行结束后会产生如图 10.6 所示的正立面图。

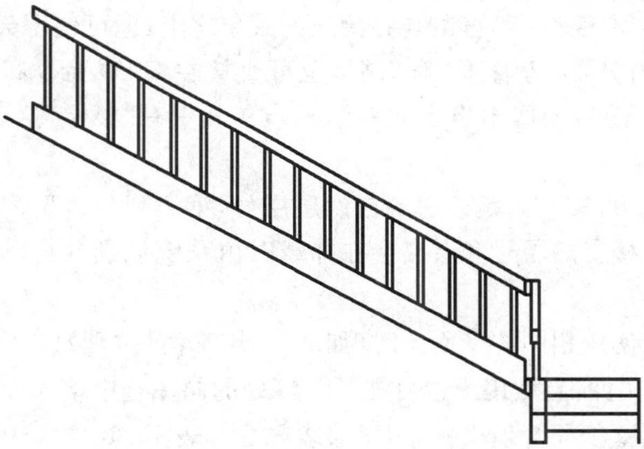

图 10.6　多跑楼梯正立面图

(2) 二层椭圆弧形露台(含该处门窗)正立面图。

命令：T71_TObjElev

请输入立面方向或[正立面(F)/背立面(B)/左立面(L)/右立面(R)/顶视图(T)]<退出>:F↙

请选择要生成立面的建筑构件：指定对角点：找到 54 个，总计 54 个　//正向框选

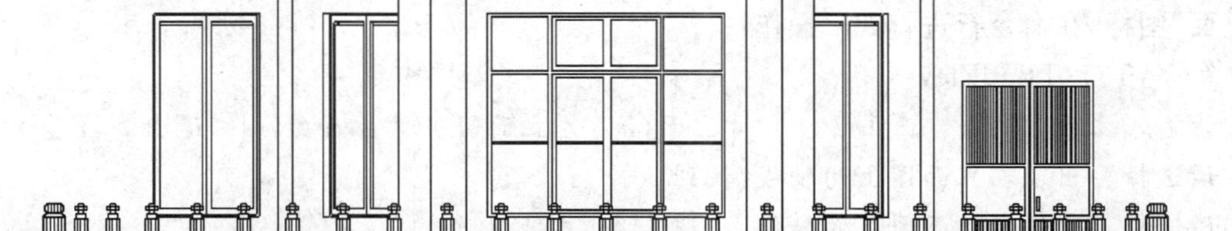

图 10.7　二层阳台正立面图(含此处门窗)

请选择要生成立面的建筑构件:↙

请点取放置位置:

命令:

执行结束后会产生如图 10.7 所示的正立面图。

在上两个图中的构件来看,天正对其本身的构件及 ACIS 对象实体能产生正确的构件立面图,而对于其中由圆沿路径用 EXTRUDE 命令拉伸产生的实体却不能正确产生正立面图。

第三节　单体建筑立面图

一、楼层表

天正中的建筑立面命令只根据楼层表中指定的平面图生成整座建筑的立面图,如楼层表为空,即使你点取了其他的任一建筑平面图,仍不会生成立面图,因此在使用建筑立面命令前必须先建立一个楼层表。

楼层表是生成立面图、剖面图、门窗总表的依据。

在 Tarch7.5 中,楼层表命令不再出现在天正的菜单之上,但可使用天正菜单中的【文件布图】→【工程管理】命令打开"工程管理"对话框(也可直接在 CAD 命令行中输入"LCB"(楼层表)或"GCGL"(工程管理)后按回车出现此对话框),在其中有"楼层"这一面板进行楼层方面的管理。

在"楼层"这个面板中,第 1 列是楼房的自然层层号,第 2 列是楼层的高度,第 3 列是各层对应的平面图文件名。楼层的层号和层高会在加载时由系统识别并自动填写,当然用户也可以自己设置。

如果有不同的楼层使用相同的平面图时(如 2～4 层都使用"别墅二层 . dwg"),建议在 2、3、4 层分别加入同一个文件,当然用户也可在"层号"处的同一行中填入"2-4"的格式。

本书此处制作的别墅工程管理文件中,楼层表内容见表 10.1。

表 10.1　楼层表

层号	层高	文件	层号	层高	文件
1	3300	别墅一层 . dwg	3	3000	别墅三层 . dwg
2	3000	别墅二层 . dwg	4	3000	别墅四层 . dwg

二、生成立面图

使用【立面】→【建筑立面】命令或用鼠标点击执行工程管理对话框中"楼层"面板中的"建筑立面"图标,在命令行进行如下操作:

命令:T71_TBudElev

请输入立面方向或[正立面(F)/背立面(B)/左立面(L)/右立面(R)]<退出>:F↙

请选择要出现在立面图上的轴线:找到 1 个

请选择要出现在立面图上的轴线:找到 1 个,总计 2 个

请选择要出现在立面图上的轴线:↙

命令:

执行结束后会产生如图 10.8 所示的正立面图。

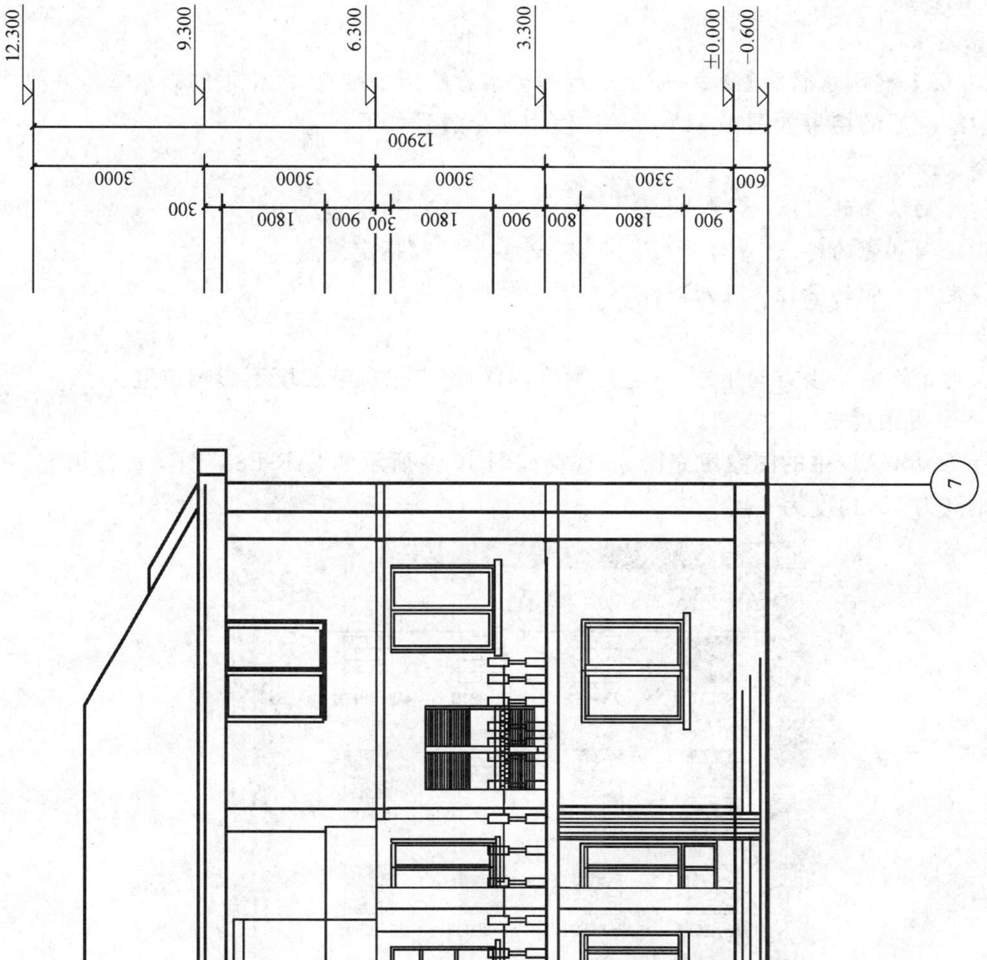

图 10.8　别墅正立面图(建筑立面命令后,未编辑修改前)

三、图形深化

1. 雨水管

用【立面】→【雨水管线】命令，通过给定的雨水管的两个端点，画铅垂的雨水管。在别墅正立面图中绘制后的结果如图 10.14 所示。使用命令过程如下。

命令：drain

请指定雨水管的起点[参考点(P)]<起点>：　　//指定起点

请指定雨水管的终点[参考点(P)]<终点>：　　//指定终点

请指定雨水管的管径 <100>：↙

命令：

雨水管始终沿铅垂方向生成，其起点影响位置，终点只影响长度不影响位置。

2. 屋面图案填充

执行 AutoCAD 中的图案填充命令，选择如图 10.9 所示的“AR-B88”图案进行填充，图案填充的比例为 50，角度为 0 度。

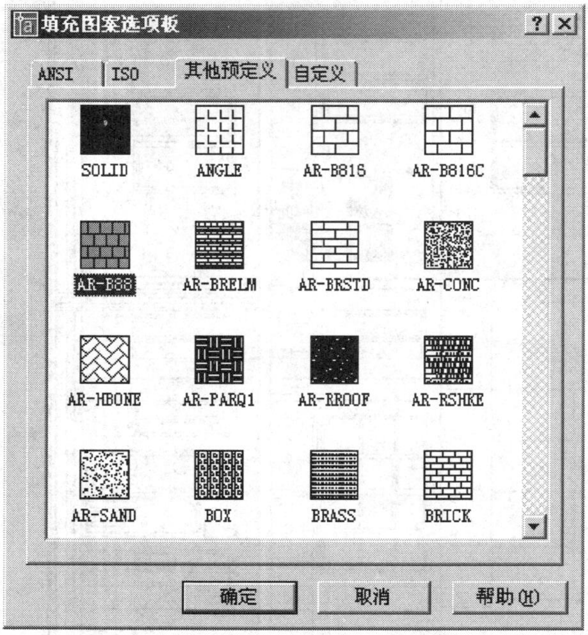

图 10.9　屋面填充的图案

3. 添加立面窗套

根据日常的图形，立面图中的窗户常带有窗台，我们可以使用天正菜单【立面】→【立面窗套】命令，依次对各个窗户添加上立面窗台。命令过程如下。

命令：elwct

请指定窗套的左下角点 <退出>：

请指定窗套的右上角点 <推出>：

命令：

命令执行过程中出现的“窗套参数”对话框的设置如图 10.10 所示，注意执行中鼠标点取位

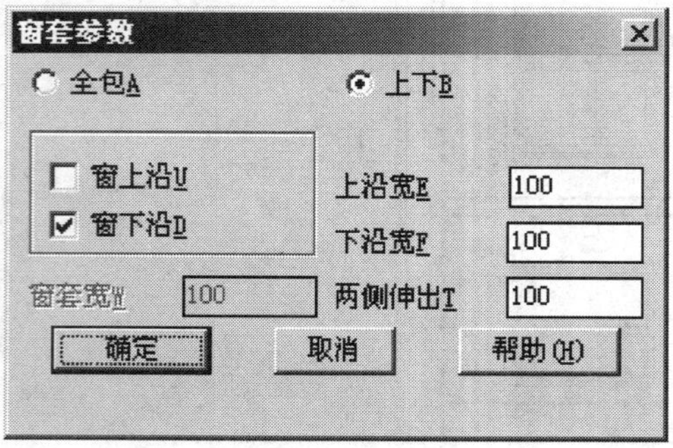

图 10.10　“窗套参数”对话框

置，其中的，“窗上沿”项不选中，“两侧伸出”参数项为100。

插入后，有个别的窗台需要调整长度，调整时使用夹持点方式。

4. 插入替换立面阳台

使用天正菜单【立面】→【立面阳台】命令，对三层的阳台进行插入图块，插入后将原来生成的阳台删除。插入命令过程如下。

命令：T71_TEBalLib

点取插入点[转90(A)/左右(S)/上下(D)/对齐(F)/外框(E)/转角(R)/基点(T)/更换(C)]<退出>：　　//点取适当位置

命令：

执行命令时会出现如图10.11所示的立面阳台图库对话框，选择图示中的阳台图块及右边的一个图块，插入结果如图10.14所示。

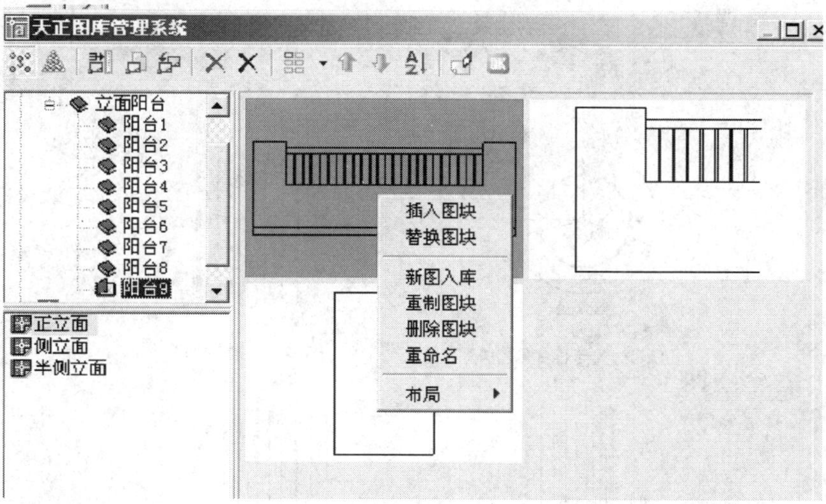

图10.11　图库“立面阳台”

当然，立面图中的图块也可进行替换，替换时先点取图块时按鼠标右键，弹出的浮动菜单如图10.11所示，选择其中的“替换图块”项，然后点取立面图中要替换的图块即可。

5. 图形剪裁

图形剪裁命令可以一次剪掉已选择定对象的指定区域内的所有图线，有较高的作图效率，尤其是指定的对象包括了图块时。

在此处，使用图形剪裁命令对立面图中一层柱子后的雨水管图块进行剪裁，如图10.12所示，执行过程如下。

命令：T71_Tclip

请选择被裁剪的对象：找到1个　　//点取雨水管管斗图块

请选择被裁剪的对象：↙　　//按空格或回车

矩形的第一个角点或[多边形裁剪(P)/多段线定边界(L)/图块定边界(B)]<退出>：

//点取P1点

另一个角点<退出>：　　//点取P2点

命令：

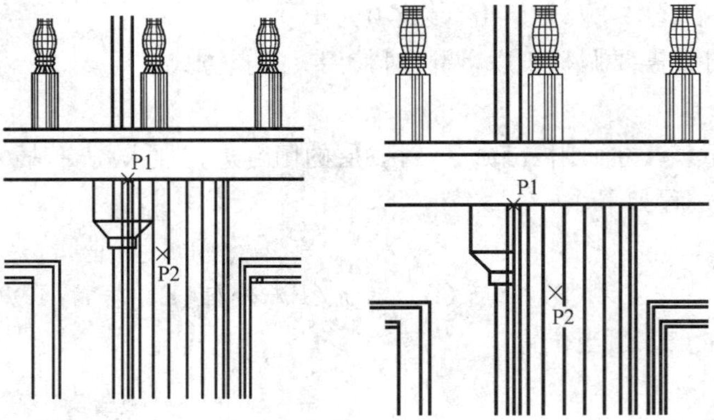

(a) 图形剪裁前　　(b) 图形剪裁后

图 10.12　图库图形剪裁

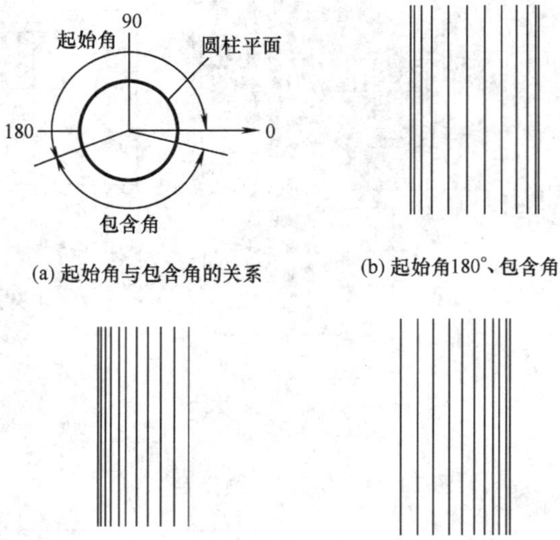

(a) 起始角与包含角的关系　　(b) 起始角180°、包含角180°

(c) 起始角180°、包含角60°　　(d) 起始角300°、包含角60°

图 10.13　“柱立面线”命令中起始角与包含角

6. 加粗轮廓线

天正菜单【立面】→【立面轮廓】命令用来在建筑物立面图的外轮廓上画一圈指定线宽的实线(不包括地坪线)。此命令的执行过程如下。

命令:T71_TElevOutline

选择二维对象:指定对角点:找到 13089 个

选择二维对象:↙

请输入轮廓线宽度(按模型空间的尺寸)<0>:10 ↙

成功的生成了轮廓线!

自动保存到 C:\Documents and Settings\Administrator\Local Settings\Temp\整体正立面图_1_1_2648.sv$ ...

命令:

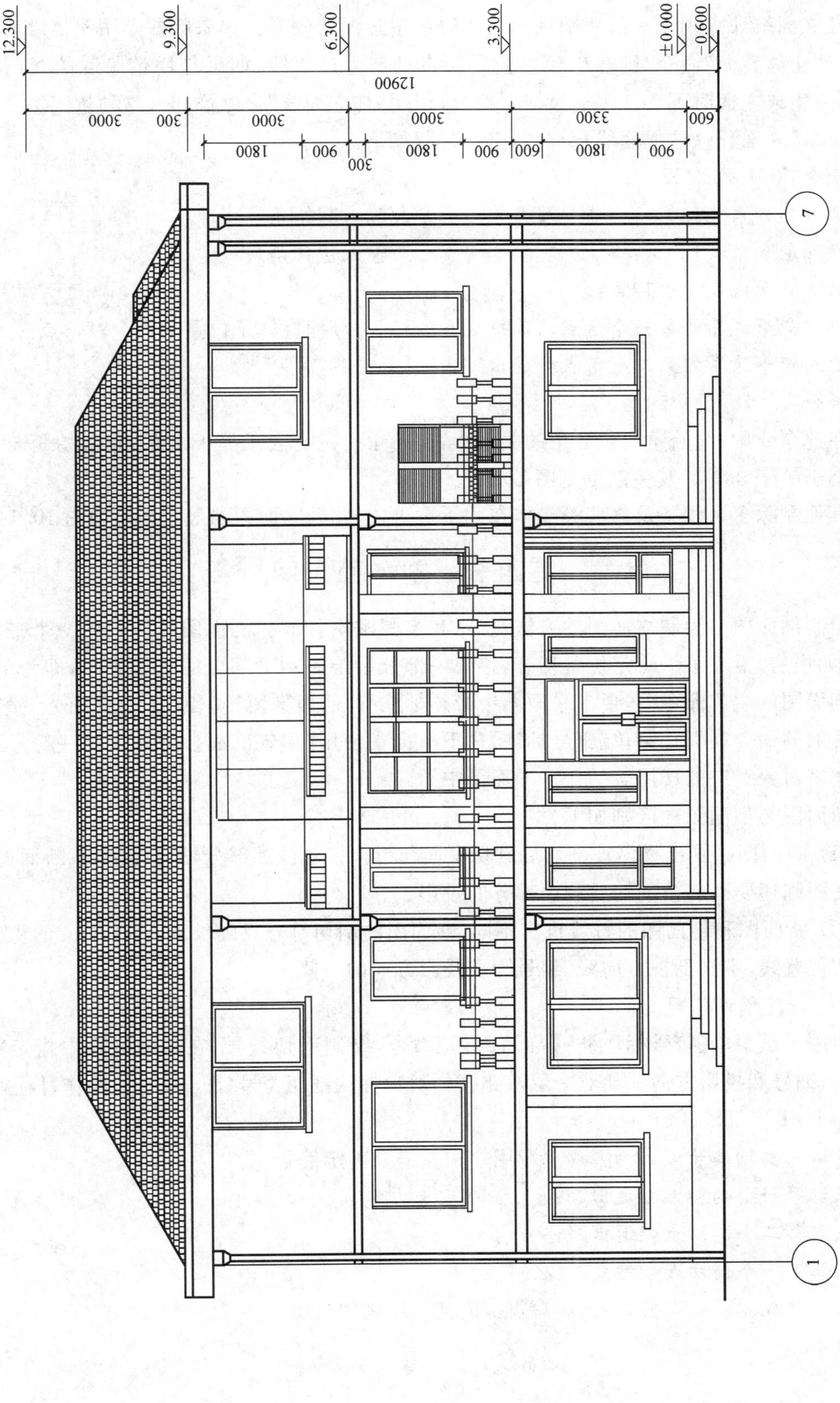

图 10.14　别墅正立面图(编辑修改后)

执行此命令后结果参见图 10.14。此命令如果不能成功生成外轮廓实线时，也可使用多段线命令，指定适当线宽后捕捉立面图上外轮廓上的点绘制产生。

7. 柱立面线

柱立面线命令用于在绘制圆柱形立面时产生过渡线效果。如果圆柱是用实体绘制产生且未执行“实体转面”命令，则在生成立面时会自动产生过渡线；如果是用带厚度的线产生的圆柱，则在生成立面时不会产生过渡线，就要求使用“柱立面线”命令添加入这种过渡关系。执行天正菜单【立面】→【柱立面线】命令的操作过程如下。

命令：T71_ZLMX

输入起始角<180>：　　　　　　　　//输入起始角

输入包含角<180>：　　　　　　　　//输入包含角

输入立面线数目<12>：↙

输入矩形边界的第一个角点<选择边界>：　　//捕捉柱子位置的两个对角点

输入矩形边界的第二个角点<退出>：

命令：

在此命令中，起始角与包含角的关系为：起始角一定要大于等于 180°，且起始角与包含角之和小于等于 360°。其关系可见图 10.13。

其他删除多余线条及修剪等操作在此不再讲述，此处立面图的最后结果如图 10.14 所示。

第四节　剖　面　图

绘制剖面图与绘制立面图的方法、思路和步骤基本相同。剖面图是假设用一个平面将建筑物（如楼房）沿着某一特定位置切开，移去一部分后绘制剩下部分的正投影图，即为剖面图。执行剖面图的生成命令前，要求平面图中必须标注有“剖面剖切”或“断面剖切”符号，生成这两个符号的的命令在天正菜单【符号标注】之下。但在使用【建筑剖面】命令时，这些符号可出现在该建筑对象对应的楼层表的任一平面图中。

断面图与剖面图的区别如下。

(1) 断面图只画出物体被剖切后剖切平面与形体接触的那部分，即只画出截断面的图形，而剖面图则还要画出被剖切后剩余部分的投影。

(2) 断面图和剖面图的符号也有不同，断面图的剖切符号只画长度 6～10mm 的粗实线作为剖切位置线，不画剖视方向线，编号写在投影方向的一侧。

一、标注剖切位置

使用天正菜单【符号标注】→【剖面剖切】命令，绘制剖切符号，在绘制过程中指定剖切位置、剖切编号和投影方向。如对一层双跑楼梯对象标注剖切符号(图 10.15)，操作过程如下：

命令：T71_TSection

请输入剖切编号<1>：↙　　//用户根据需要确定编号

点取第一个剖切点<退出>：

点取第二个剖切点<退出>：

点取下一个剖切点<结束>：↙

点取剖视方向<当前>：　//短折折向何处即朝何处看

命令：

二、生成构件剖面图

构件剖面命令用于生成当前标准层、局部构件或三维图块对象在指定剖视方向上的剖视图，在天正中主要是指用天正命令插入的楼梯、门窗及阳台的剖面图。

此处使用上面标出的剖切编号 1 生成楼梯构件的剖面图，结果如图 10.16 所示。执行【剖面】→【构件剖面】命令。

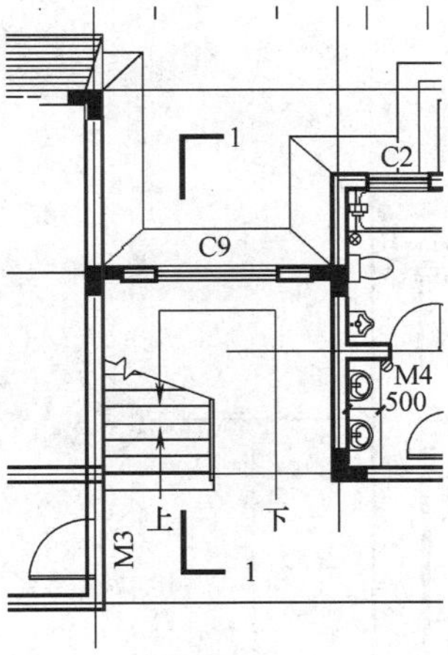

图 10.15 标注剖切位置

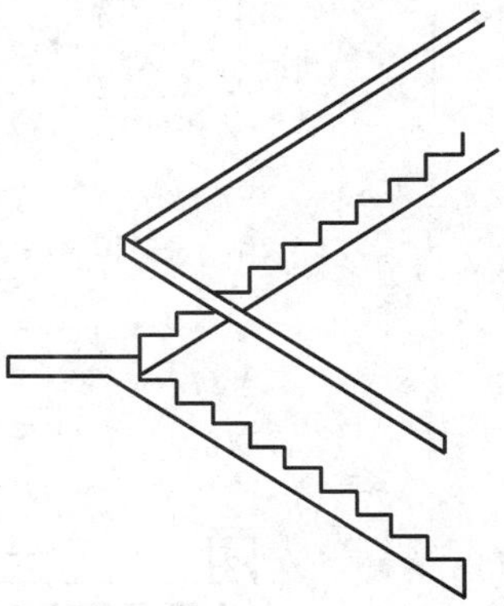

图 10.16 双跑楼梯剖面图

命令：T71_TObjSect

请选择一剖切线： //单击剖切编号 1

请选择需要剖切的建筑构件：找到 1 个 //选择双跑楼梯

请选择需要剖切的建筑构件：↙

请点取放置位置： //点取绘图区中适当位置

命令：

三、生成建筑剖面图

使用天正菜单【剖面】→【建筑剖面】命令生成剖面图时，与生成建筑立面图时的过程类同，也需要相对应的楼层表，且只是生成剖面图的基本框架，还有待用户进一步深化图形。此处还是使用上面的剖面编号 1，按原生成建筑立面图时的楼层表生成剖面图，结果如图 10.17 所示。

命令：T71_TBudSect

请选择一剖切线： //选择剖切编号 1

请选择要出现在剖面图上的轴线：找到 1 个 //选择 H 轴线

请选择要出现在剖面图上的轴线：找到 1 个，总计 2 个 //选择 A 轴线

请选择要出现在剖面图上的轴线：↙

//回车后，出现“剖面生成设置”对话框，点击“生成剖面”按钮

命令：

四、自己绘制剖面图

用天正中建筑剖面命令可以生成剖面图的基本框架，但如果生成的剖面图有较多错误，或用户想自己绘制剖面图，那我们可从零开始绘制标准层剖面图，检查确认无误后，将标准层阵列或多个复制，产生形状相同或相近的楼层的剖面图。

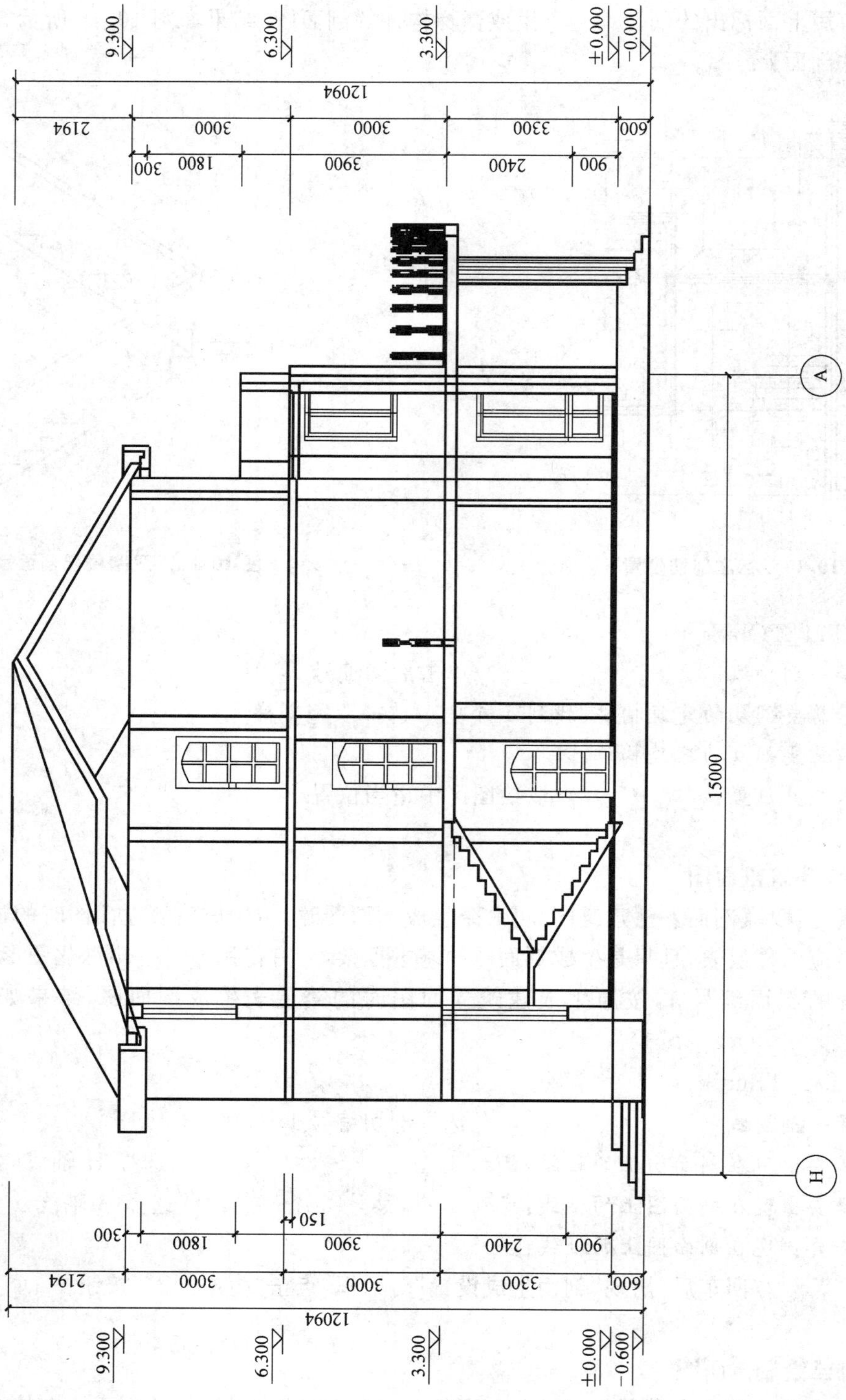

图 10.17 别墅 1-1 剖面图

自己绘制剖面图可按如下顺序进行。

(1) 绘制剖面视点上的轴网和剖面墙线。

(2) 绘制剖面门窗、阳台。

(3) 绘制楼梯和栏杆。

(4) 绘制剖断梁和楼板。

(5) 填充图案。

(6) 检查修改标准层。

(7) 复制或阵列标准层。

(8) 绘制屋顶、地坪等。

(9) 标注尺寸。

按照上述方法，来绘制一个如图 10.18 所示的多层住宅建筑剖面图。

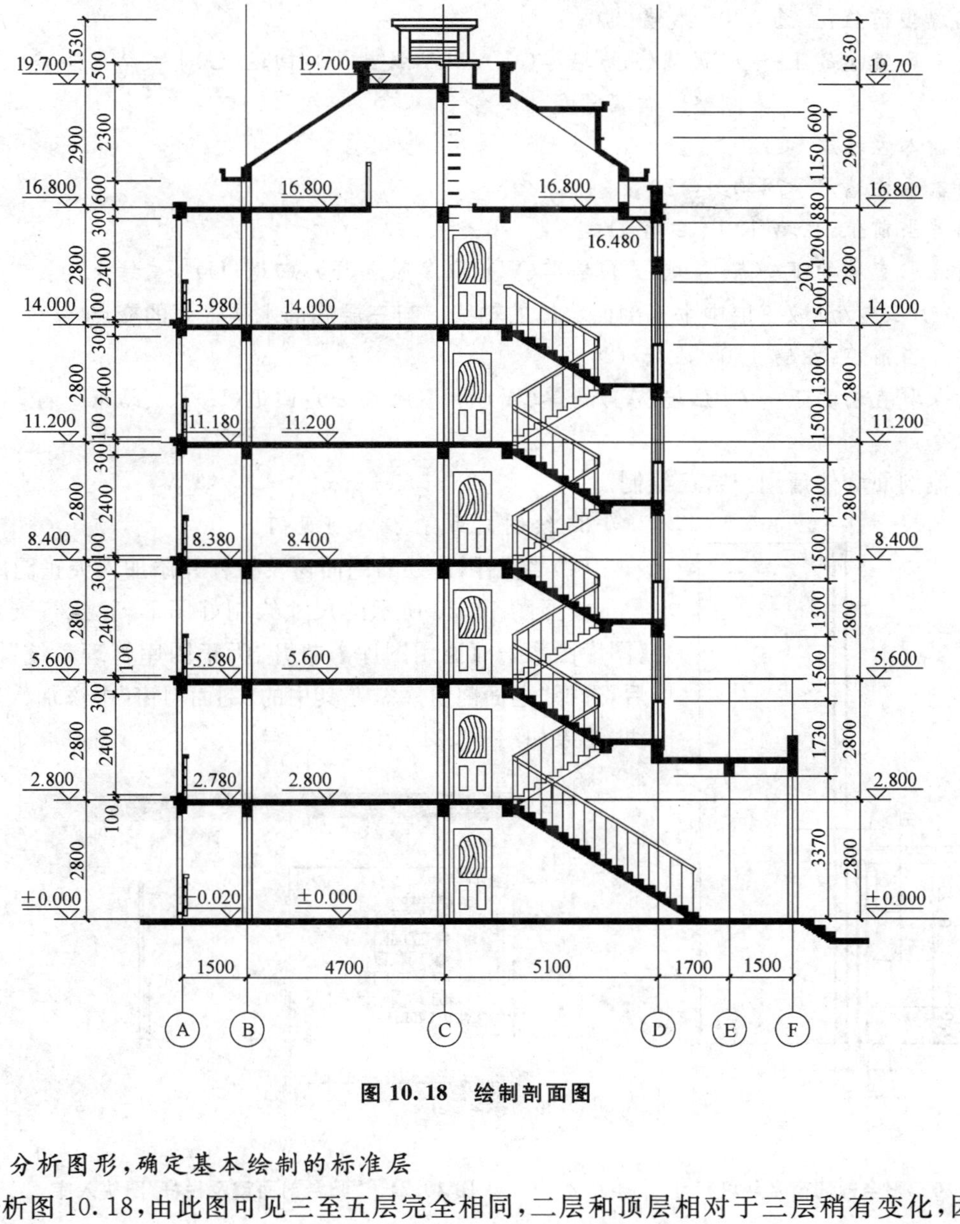

图 10.18　绘制剖面图

1. 分析图形，确定基本绘制的标准层

分析图 10.18，由此图可见三至五层完全相同，二层和顶层相对于三层稍有变化，因此选

图 10.19 轴网标注对话框

择三层作为标准层。

2. 绘制轴网和剖面墙

根据图 10.18 中尺寸绘制轴网，轴网中“下开”轴间距数据依次为轴号 A 至 F 之间的数据，“左进”轴间距为 2800，“左进”中“个数”为 6。标注轴号时使用天正菜单【轴网柱子】→【两点轴标】命令，会出现轴网标注对话框，其中内容设置如图 10.19 所示。

使用天正菜单【剖面】→【画剖面墙】命令，绘制三层中的 A 至 D 轴线上的剖面墙体。

命令：sdwall

请点取墙的起点(圆弧墙宜逆时针绘制)[取参照点(F)单段(D)]<退出>：

//点取三层中垂直剖面墙体的轴线上与三层顶部水平轴线的交点

墙厚当前值：左墙 120，右墙 240。

请点取直墙的下一点[弧墙(A)/墙厚(W)/取参照点(F)/回退(U)] <结束>：w↙

// 调整剖面墙宽度

请输入左墙厚 <120>：↙

请输入右墙厚 <240>：120↙

墙厚当前值：左墙 120，右墙 120。

请点取直墙的下一点[弧墙(A)/墙厚(W)/取参照点(F)/回退(U)] <结束>：

//点取三层中垂直剖面墙体的轴线上与三层底部水平轴线的交点

墙厚当前值：左墙 120，右墙 120。

请点取直墙的下一点[弧墙(A)/墙厚(W)/取参照点(F)/回退(U)] <结束>：↙

命令：

其他剖面墙体请用户自己绘制。

3. 绘制剖面窗、插入可见门

(1) 绘制阳台处的剖面窗及栏杆并添加入天正图库。

按照图 10.20 所示的尺寸绘制好图形，并执行天正菜单【图库图案】→【通用图库】，打开“天正图库管理系统”对话框后，选择“立面门窗库”，在其中的“剖面门窗”中添加入新的图块，结果如图 10.21 所示。

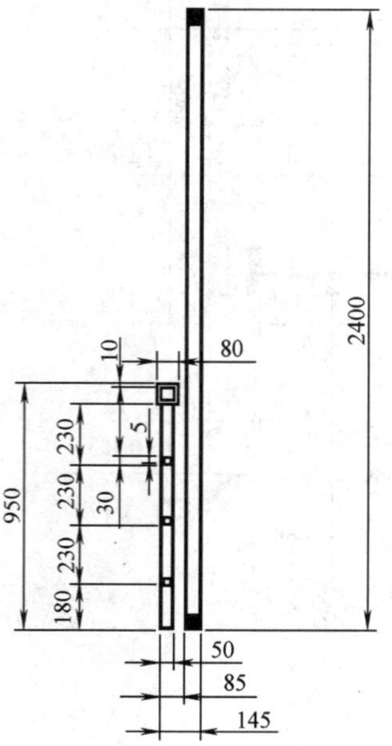

图 10.20 阳台剖面窗及栏杆尺寸

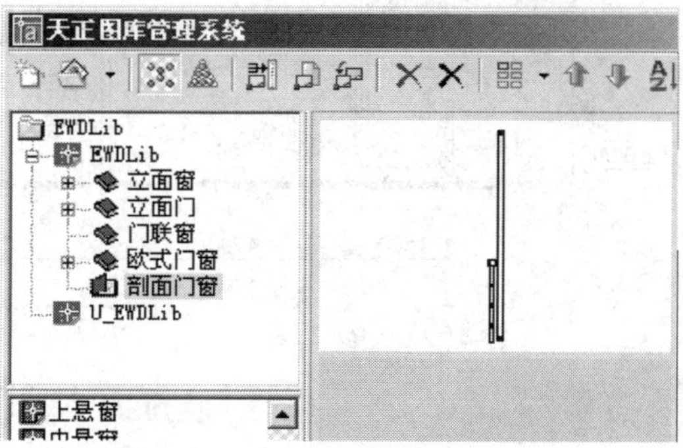

图 10.21 “阳台剖面窗及栏杆”图块入库

(2) 在三层处插入刚才绘制的阳台剖面窗及栏杆图块。

执行天正菜单【剖面】→【剖面门窗】命令，在出现的“剖面门窗样式”对话框中，点击图块后，会出现如图 10.21 所示的对话框，选择刚才绘制的图块后，按此命令执行过程中的参数项插入图块。

命令：T71_TSectWin

请点取剖面墙线下端或[选择剖面门窗样式(S)/替换剖面门窗(R)/改窗台高(E)/改窗高(H)]＜退出＞： //点击墙下端

门窗下口到墙下端距离＜900.0000＞：100 ↙

门窗的高度＜1500.0000＞：2400 ↙

2400

门窗下口到墙下端距离＜100.0000＞：*取消* //按键盘 ESC 键

命令：

将插入的剖面图块运用 AutoCAD 镜像命令后移至恰当位置。

(3) 插入可见门。

执行天正菜单【图库图案】→【通用图库】命令，选择“立面门窗库”下“立面门”中的相应的图块，插入到剖面图中，并要求门高为 2100，门与墙体之间的垛宽为 120。

4. 楼梯和栏杆

执行天正菜单【剖面】→【参数楼梯】命令，在弹出的对话框中设置如图 10.22 所示的参数，并选择三层轴号 C 处右下墙角作为插入点插入楼梯。

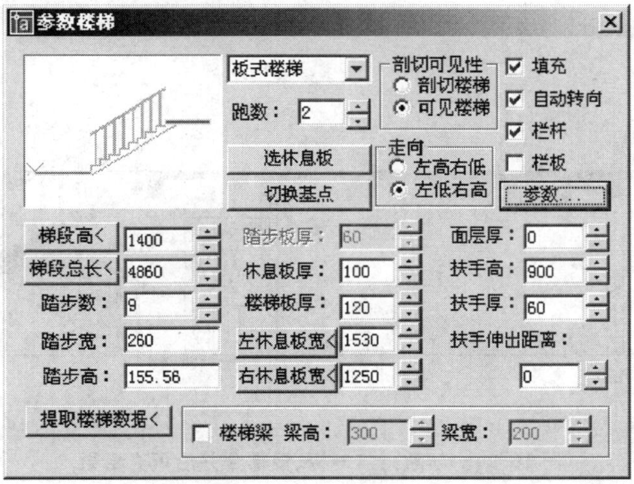

图 10.22 楼梯的参数设置(注意楼梯左下角有插入点标记)

5. 剖断梁和楼板

在绘制剖断梁时，有用户会发现在天正菜单【剖面】下有【加剖断梁】命令，但我们使用它之后，会发现使用它只是在 S_FLOOR 图层上绘制了一个给定尺寸的矩形，且它对于我们后面要进行的选定区域填充图案命令并没有多少优越之处，因此，本文只要求使用多段线方式构成封闭区域，产生剖断梁及楼板。剖断梁及楼板的尺寸数据见图 10.23 所示。

如果用直线进行绘制，要在绘制结束后使用多段线编辑 PEDIT 命令将各部分的剖断梁与地板、楼梯合并为整体，再运用图案填充命令对它们进行填充，填充结果如图 10.24 所示。

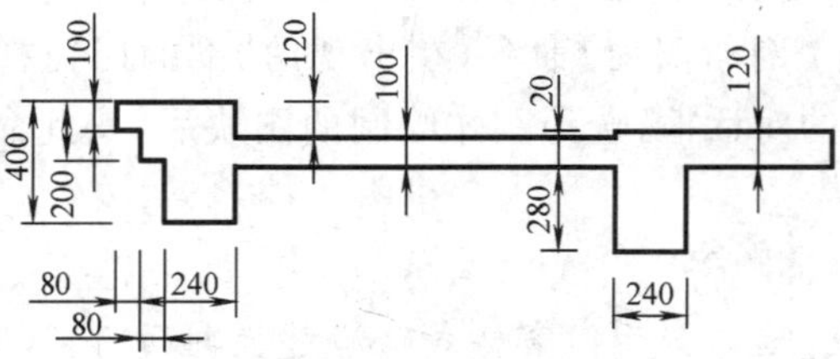

(a) 阳台处剖断梁及地板

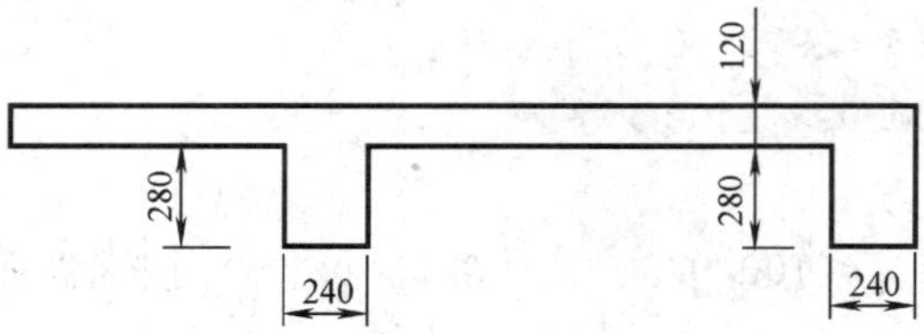

(b) 楼梯左侧剖断梁及休息平台

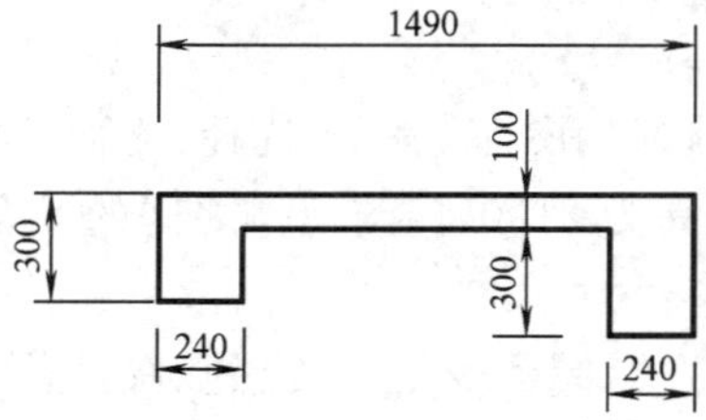

(c) 楼梯右侧剖断梁及休息平台

图 10.23　剖断梁数据尺寸

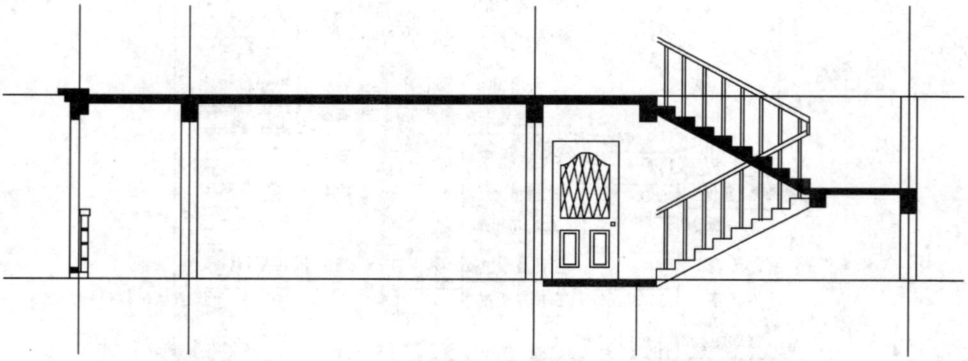

图 10.24　剖断梁与地板、楼梯合并后填充结果

6. 修改及复制

(1)将三层的所有内容向上复制，产生三至六层。对复制后的楼梯栏杆扶手进行连接，执行天正菜单【剖面】→【扶手接头】命令。在命令行中执行过程如下。

命令：t71_TConnectHandRail

请输入扶手伸出距离＜0.0000＞：↙

请选择是否增加栏杆[增加栏杆(Y)/不增加栏杆(N)]＜增加栏杆(Y)＞：Y↙

请指定两点来确定需要连接的一对扶手！选择第一个角点＜取消＞：

另一个角点＜取消＞：　　　　　　　　　//点取要产生连接处的上下两点

请指定两点来确定需要连接的一对扶手！选择第一个角点＜取消＞：↙

命令：

(2) 处理顶层的栏杆扶手。

将复制产生的六层上剖面的填充体及与之相连的楼梯和栏杆删除，此时可见六层处的楼梯扶手末端，在此末端处向左绘制 200 长的直线段，产生如图 10.25 所示图形。

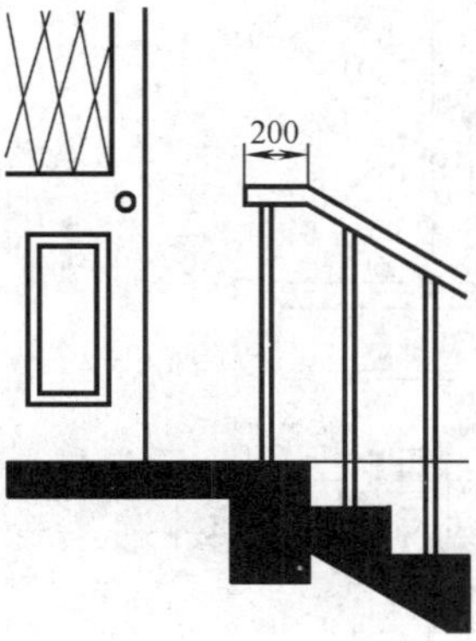

图 10.25　扶手末端

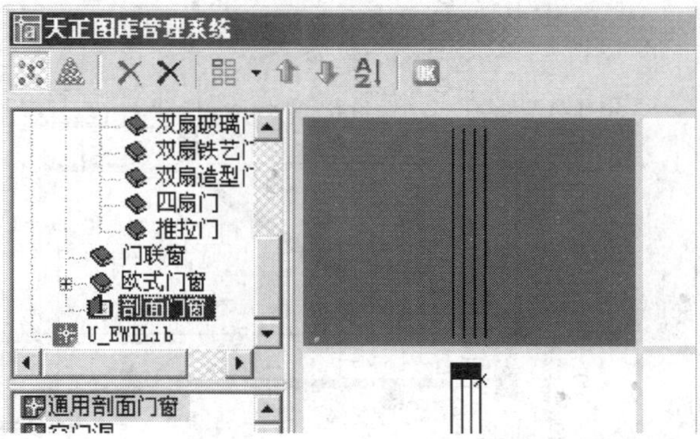

图 10.26　通用剖面门窗

(3) 绘制右休息平台处的剖面窗。

在绘制剖面窗之前，先将此处原来的墙体删除(因两休息平台之间为上下两段墙体)后，再使用天正菜单【剖面】→【画剖面墙】命令，设置左右墙厚均为 120mm，直接依次绘制二至六层之间该处的剖面墙体。

然后使用天正菜单【剖面】→【剖面门窗】命令，在出现的"剖面门窗样式"对话框中，点击图形，在出现的"天正图库管理系统"对话框中，选择如图 10.26 所示图形剖面，并在命令行中执行过程如下。

命令：T71_TSectWin

请点取剖面墙线下端或[选择剖面门窗样式(S)/替换剖面门窗(R)/改窗台高(E)/改窗高(H)]<退出>：　　　　　　//点取三层处的墙体

门窗下口到墙下端距离<900.0000>：↙

门窗的高度<1500.0000>：1500 ↙

1500　　门窗下口到墙下端距离<900.0000>：*取消*　　　//按键盘 ESC 键

命令：

做好一个后，进行多个剖面窗复制，复制时，注意要将剖面窗下面墙体上的一段横线一起选中。

在六层处复制的窗上方有一个 200×240mm 的剖断梁，梁上高方是一高 1200mm 的剖面窗，留给读者自己绘制。

7. 绘制屋顶

剖面屋顶的数据参见图 10.27，绘制时可先绘制填充的边框，再将各个边框的封闭线各自合并为一个多段线，最后用图案填充命令的"选择对象"方式填充入实体。图形中有标注数据的部分严格按数据绘制，个别无数据标出处可参看周围相近部分数据进行绘制。绘制完毕后，将屋顶部分创建成块，插入或复制到剖面图的相应位置。

8. 绘制底层及地坪

(1) 将三层的地板复制至一边，并对它进行修改，产生二层的地板及到达二层的楼梯，修改结果如图 10.28 所示。

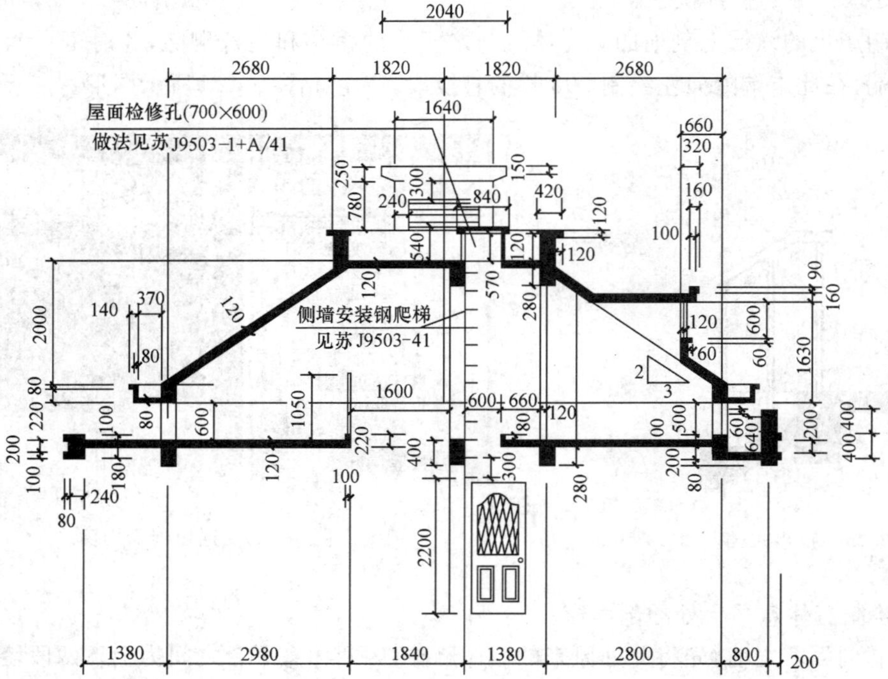

图 10.27　剖面屋顶数据尺寸

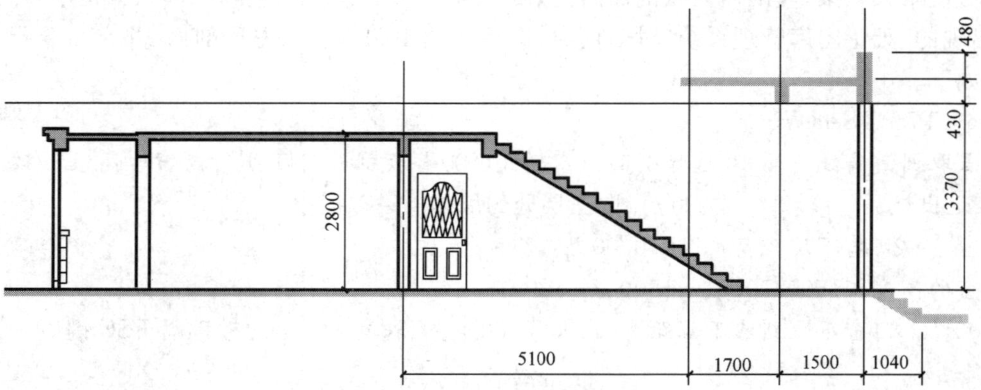

图 10.28　底层剖面数据尺寸

(2) 绘制底层的地板，单元入口处的台阶高度为 150mm，踏步宽 260mm；

(3) 绘制底层至二层间楼梯的扶手。

执行天正菜单【剖面】→【参数栏杆】命令，在出现的对话框中设置参数如图 10.29 所示，以楼梯右下角点为插入点。

(4) 将绘制完毕后的图形移至剖面图中。

(5) 二层处栏杆扶手的连接处理留给读者自己完成。

9. 标注

使用天正菜单【尺寸标注】→【逐点标注】命令，根据图 10.18 标注两侧的数据及文字内容。

第五节 门窗表及门窗入库

一、门窗检查

在实际作图中,由于门窗数目较多,难免会出现名称相同而门窗的平面或立面图形不同的情况。为了避免这种情况发生,天正在绘制同一个 dwg 文件时,会不让同名但不同图形的门窗插入,但在多个 dwg 文件组合而成的一套图中无法避免冲突,为此,天正建筑中提供了门窗检查命令,用它可以对楼层表中所列出的 dwg 文件中的已有门窗进行统计列表,显示有冲突的门窗,并能预览门窗的二维、三维样式。

执行天正菜单【文件布图】→【工程管理】命令,打开前面我们创建的“别墅”工程,在出现的楼层属性处,添加入同一工程中的各个平面图形,点击此处的“门窗检查”按钮,会出现如图 10.30 所示的对话框,如果存在冲突,则会在该对话框的“宽度”处出现“<冲突>”的文字提示。

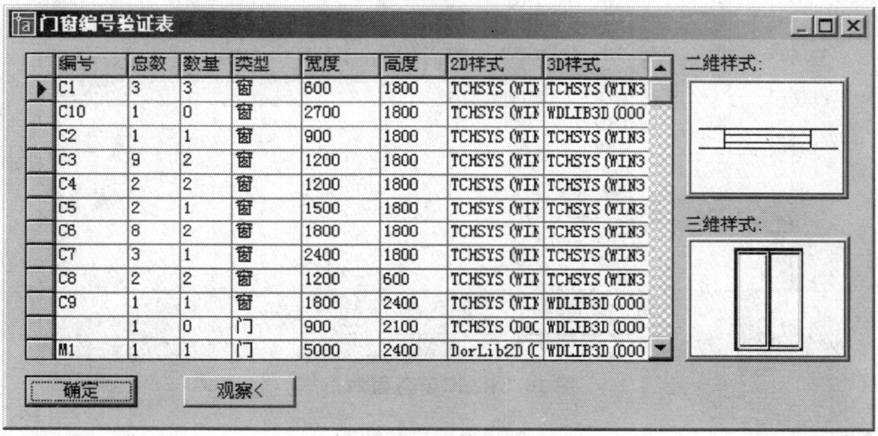

编号	总数	数量	类型	宽度	高度	2D样式	3D样式
C1	3	3	窗	600	1800	TCHSYS (WII	TCHSYS (WIN3
C10	1	0	窗	2700	1800	TCHSYS (WII	WDLIB3D (000
C2	1	1	窗	900	1800	TCHSYS (WII	TCHSYS (WIN3
C3	9	2	窗	1200	1800	TCHSYS (WII	TCHSYS (WIN3
C4	2	2	窗	1200	1800	TCHSYS (WII	TCHSYS (WIN3
C5	2	1	窗	1500	1800	TCHSYS (WII	TCHSYS (WIN3
C6	8	2	窗	1800	1800	TCHSYS (WII	TCHSYS (WIN3
C7	3	1	窗	2400	1800	TCHSYS (WII	TCHSYS (WIN3
C8	2	2	窗	1200	600	TCHSYS (WII	TCHSYS (WIN3
C9	1	1	窗	1800	2400	TCHSYS (WII	WDLIB3D (000
	1	0	门	900	2100	TCHSYS (DOC	WDLIB3D (000
M1	1	1	门	5000	2400	DorLib2D (C	WDLIB3D (000

图 10.30 门窗检查对话框

在此对话框中,可以选择某一个门窗所在的一行后,单击“观察”按钮,会在命令行处出现类似如下内容的提示。

命令:T71_TValidOP

观察第 1/3 个编号为'C1'的门窗 [列表查询(L)/返回(X)]<下一个>:L↙

DXF 名称:TCH_OPENING
对象句柄:2399
图层:WINDOW
颜色:随层
比例:100
对象句柄:2399
门窗类型:窗
门窗编号:C1
宽度:600.0000
高度:1800.0000
离地高度:900.0000
转角:90
洞墙面积比:0.252

观察第 1/3 个编号为'C1'的门窗 [列表查询(L)/返回(X)]<下一个>:↙

命令:

二、门窗表

在天正工程管理对话框的楼层面板中,点击其中的"门窗总表"按钮,会出现如图 10.31 所示的对话框,它自动统计当前工程图中所列在楼层表中的各图中所有的门窗,点击该对话框中的"确定"按钮,鼠标点在绘图区时会产生如表 10.2 所示的表格。

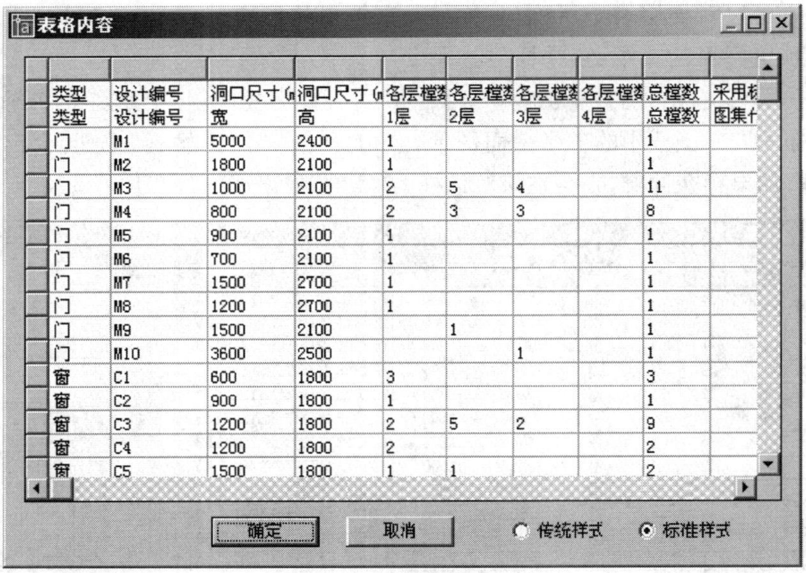

类型	设计编号	洞口尺寸(	洞口尺寸(	各层樘数	各层樘数	各层樘数	各层樘数	总樘数	采用标
类型	设计编号	宽	高	1层	2层	3层	4层	总樘数	图集代
门	M1	5000	2400	1				1	
门	M2	1800	2100	1				1	
门	M3	1000	2100	2	5	4		11	
门	M4	800	2100	2	3	3		8	
门	M5	900	2100	1				1	
门	M6	700	2100	1				1	
门	M7	1500	2700	1				1	
门	M8	1200	2700	1				1	
门	M9	1500	2100		1			1	
门	M10	3600	2500			1		1	
窗	C1	600	1800	3				3	
窗	C2	900	1800	1				1	
窗	C3	1200	1800	2	5	2		9	
窗	C4	1200	1800	2				2	
窗	C5	1500	1800	1	1			2	

图 10.31 门窗总表对话框

表 10.2 门窗总表

类型	设计编号	洞口尺寸(mm)		各层楼顶							备　注
		宽	高	1 层	2 层	3 层	4 层		图集代号	编号	
门	M1	5000	2400	1				1			
	M2	1800	2100	1			1				
	M3	1000	2100	2	5	4		11			
	M4	800	2100	2	3	3		8			
	M5	900	2100	1				1			
	M6	700	2100	1				1			
	M7	1500	2700	1				1			
	M8	1200	2700	1				1			
	M9	1500	2100		1			1			
	M10	3600	2500			1		1			
窗	C1	600	1800	3				3			
	C2	900	1800	1				1			
	C3	1200	1800	2	5	2		9			
	C4	1200	1800	2				2			
	C5	1500	1800	1	1			2			
	C6	1800	1800	2	2	4		8			
	C7	2400	1800	1	1	1		3			
	C8	1200	600	2				2			
	C9	1800	2400	1				1			
	C10	2700	1800		1			1			
	MD	1000	2100	1				1			
	3060	3060	2400			1		1			

点取刚才生成的门窗表，可以见其左上角和右下角各有一个夹持点，鼠标停留在左上角时可见提示信息“移动表格”，鼠标停留在右下角时可见提示信息“角点缩放”，其余还有调整列宽的夹持点。这样，可以通过这些夹持点的移动来修改表格宽度。

对于表格中的内容，可以通过双击要编辑的位置（无论此处是否有文字），均会出现文字输入样式；也可通过在表格线上双击鼠标左键，天正中会弹出如图 10.32 所示的对话框，在此对话框中，可根据需要进行相应的连续性的编辑修改。

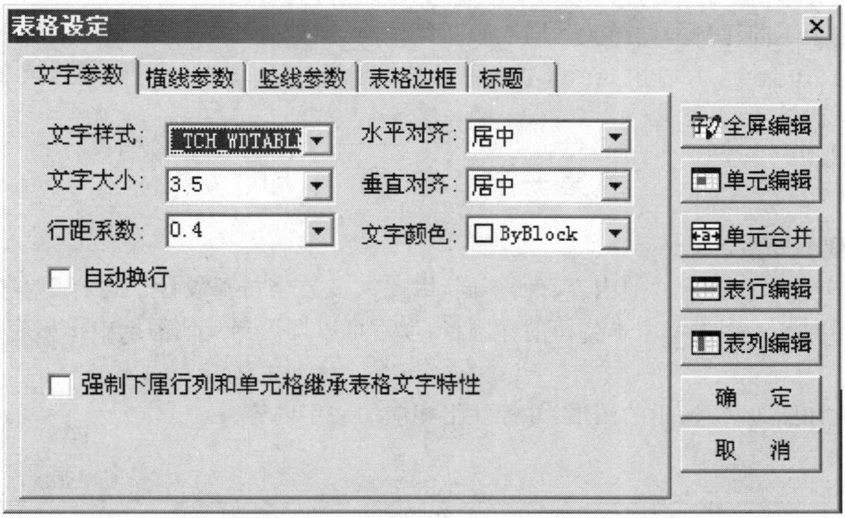

图 10.32　“表格设定”对话框

三、建立新的门窗样式并入库

飘窗在前一段时间的住宅设计中比较流行，低窗台的飘窗在老上海的花园小洋房中经常可以见到，既美观又实用。

在建筑中，目前设计的飘窗“探”出楼外部分不得大于 600mm；寒冷地区及夏热冬冷地区不应设置飘窗，尤其是北向窗台。飘窗三面是玻璃，而系统提供的二维凸窗向外挑出的距离是固定的，它不能满足我们在平面图纸上设定的需要，这就要求重新绘制出新的二维窗的样式并将它保存入库，以便以后反复调用。其制作过程如下。

1. 利用“门窗原型”进行编辑

将二层平面图中南面左边卧室的窗户 C7 做成飘窗，以此为例。则先打开二层平面图，再执行天正菜单【门窗】→【门窗工具】→【门窗原型】命令，点取 C7 窗户，会自动打开一个名为“_op2d_tem.dwg”的文件，其中出现将要编辑的内容。

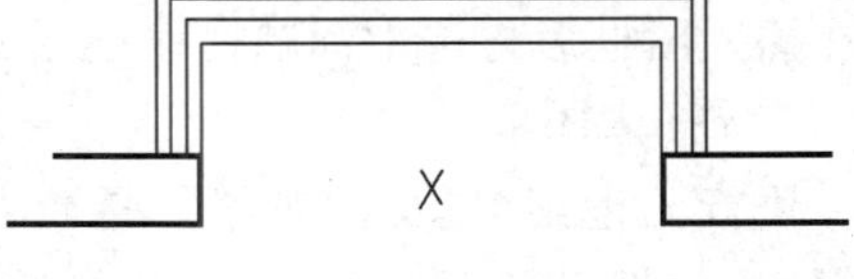

图 10.33

在不改变图层的情况下，将窗户向外移动 600mm，绘制窗户结果样式如图 10.33 所示。

2. 将编辑后的门窗执行“门窗入库”

执行天正菜单【门窗】→【门窗工具】→【门窗入库】命令，天正建筑系统会自动地将所绘制的窗门添加到二维门窗图库之中。

3. 插入刚才绘制的窗户，注意窗子的编号不能再用刚才的“C7”。

第十一章 文件布图

绘制工程图的目的是进行施工和交流，这就需要将图纸打印出来。在打印单图时相对好处理，但将多个不同比例的详图放到同一张图纸中时，就要进行比例的处理。另外，天正中没有专门提供打印命令，需要用 AutoCAD 中的打印命令打印图形。下面通过实例介绍布图方法。

第一节 单图打印

一、创建标题栏

由于各个公司在标题栏的内容有所不同，因此大多数公司都设计了适合于本公司的标题栏，复制使用即可。创建一个本公司的标题栏，以后可以调用到其他图纸中作相应的修改。举例如下。

(1)创建如图 11.1 所示的图形，并标注上相应的文字内容。

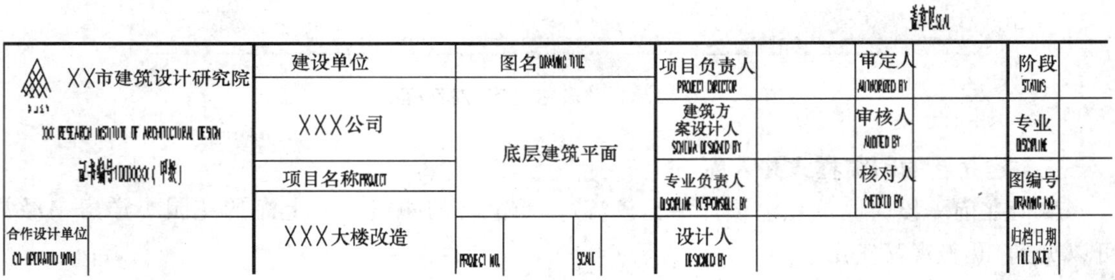

图 11.1 标题栏举例

(2)执行天正菜单【图库图案】→【通用图库】命令，在出现的对话框中，点取“打开图库”按钮右边的下拉箭头，选择“图框库”后，在出现的内容中选择“普通标题栏”。

(3)将刚才创建的标题栏缩小 100 倍后(因插入图框时默认比例为 100，如此时不缩小，也可在插入图框后再选中标题栏缩小)入库。

二、插入图框

执行天正菜单【文件布图】→【插入图框】命令，会出现如图 11.2 所示的对话框，在此对话框中，根据目标图纸的大小，选择适当图幅。本处根据别墅图形大小，选择 A2 图幅，标题栏选择我们创建的标题栏，比例为 100，选择完毕后点击“插入”按钮，将图框插入到目标图中。如果前面自己创建的标题栏未缩小，则此时插入后标题栏较大，要将其缩小 100 倍。分解刚才插入的图框中的标题栏后，方可对其中的文字内容进行编辑。请用户对其中的文字作适当修改。

三、布局旋转

有时，打印输出图形时要将图形旋转一个角度，如逆时针旋转 90 度，则在选择要旋转的内容后，执行天正菜单【文件布图】→【布局旋转】命令，将相关图形内容进行旋转处理。

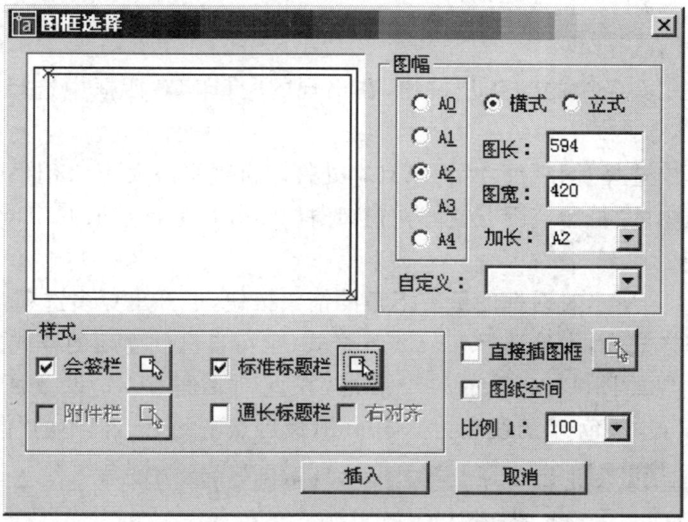

图 11.2　“图框选择”对话框

与使用 AutoCAD 中的旋转命令的不同之处在于：使用天正命令标注的数字或文字在执行 AutoCAD 旋转命令后，仍然为水平方向标注，而不跟随图形旋转。

四、建立打印样式

1. 添加打印机或绘图仪

双击 windows 控制面板中的“添加打印机”图标，按照提示添加入打印机，如果没有打印

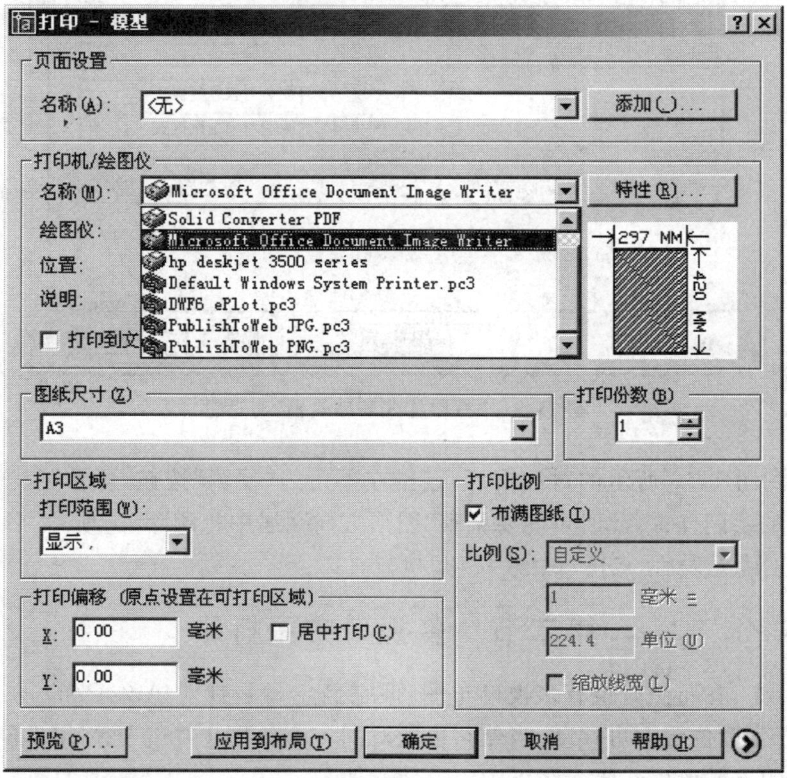

图 11.3　“打印”对话框

机，可任意添加入一款打印机或绘图仪。

2. 设置打印样式

(1) 双击标准工具条中的“打印”按钮，在出现的“打印”对话框中选择打印机名称，如图 11.3 所示。

(2) 在对话框中选择“图纸尺寸”为 A3(本处打印机纸张最大为 A3 样式)。

(3) 在对话框中的“打印范围”选择为“窗口”样式，并用鼠标点取 CAD 绘图区中要打印图框的两对顶角的点。

(4) 点击图 11.3 所示对话框的最右下角的箭头按钮，展开出更多选项。

(5) 选择打印样式表，本处选择 acad.ctb 样式(也可自己创建新的样式)，然后点击其右边的“编辑”按钮，出现如图 11.4 所示的对话框，在此对话框中，先设置所有颜色的线宽为 0.35mm，再单独设置“颜色 7”的线宽为 0.50mm，最后点击此对话框中的“保存并关闭”按钮。

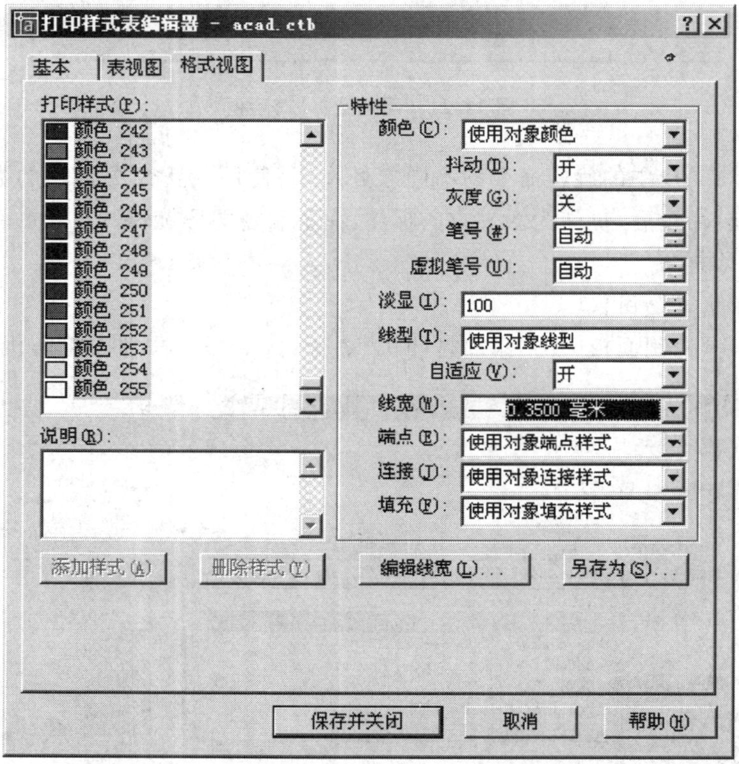

图 11.4 “打印样式表编辑器”对话框

(6) 返回到图 11.3 所示的对话框后，点击左下角的“预览”按钮，可预览我们将要输出的图形在图纸中的绘制样式(此时可能要调整“图形方向”“居中打印”等选项)。

(7) 设置正确无误后，点击“确定”按钮，执行打印。

第二节 多视口布图打印

AutoCAD 中，在布图时也有多视口布图，但它们主要是针对 AutoCAD 的三维模型而建立的，且视口产生后位置不可移动，当然它也能对同一个绘图区中将要打印不同的图形部分，利用缩放视口的方式形生在同一张纸中。

但在天正中，绘图区采用的虽然也是多视口方式，但这种视口是可以随心所欲地移动的。

使用多视口布图时，打印内容也要先在同一个图形文件的模型区域中绘制好或产生好，对于出图的比例则可在不同视口中进行调整。

一、在图纸空间(布局)上显示出要打印的图形内容

本节以别墅二层平面图及二层中的双跑楼梯图形为例。

(1) 在模型空间中，即绘图区中，使用天正菜单【工具】→【其他工具】→【图形切割】命令，将别墅工程中二层平面图中的楼梯复制在同一个绘图区中，并在切割后的图形中添加适当的标注内容，如图 11.5 所示。

(2) 进入布局 1，在当前布局中按鼠标右键弹出浮动菜单(图 11.6)，选择"定义视口"，系统会自动跳转到模型窗口(即模型绘图区)，在此处选择将要在矩形视口中出现的图形，矩形视口选择完毕后，会在命令行中出现"图形的输出比例 1:＜100＞:"，用户可根据需要调整比例；对出现在布局中的视口大小，用户可通过拖动夹持点来改变。

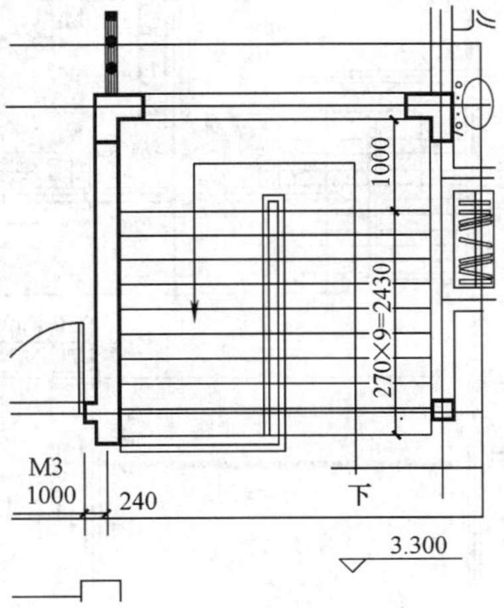

图 11.5 "图形切割"命令下的图形

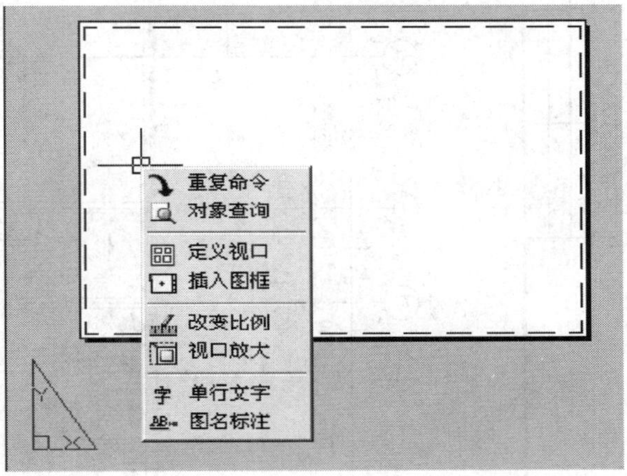

图 11.6 在"布局"中弹出天正浮动菜单

(3) 在布局中，再次按鼠标右键，同样选择弹出的浮动菜单中的"定义视口"，产生另外一个视口及视口中将要打印图形部分的比例后，将视口点在布局中的恰当位置。

(4) 在布局中，对相应的视口加入文字标注。

(5) 在布局中，又一次按鼠标右键，选择"插入图框"，插入恰当的图框。

(6) 选择打印机，打印图形，方法见本章第一节，预览的结果如图 11.7 所示。

本书使用的部分目标图形请参见附录 2 图 13.1 至图 13.5，请读者自己对照前面的做法多加练习并灵活运用。

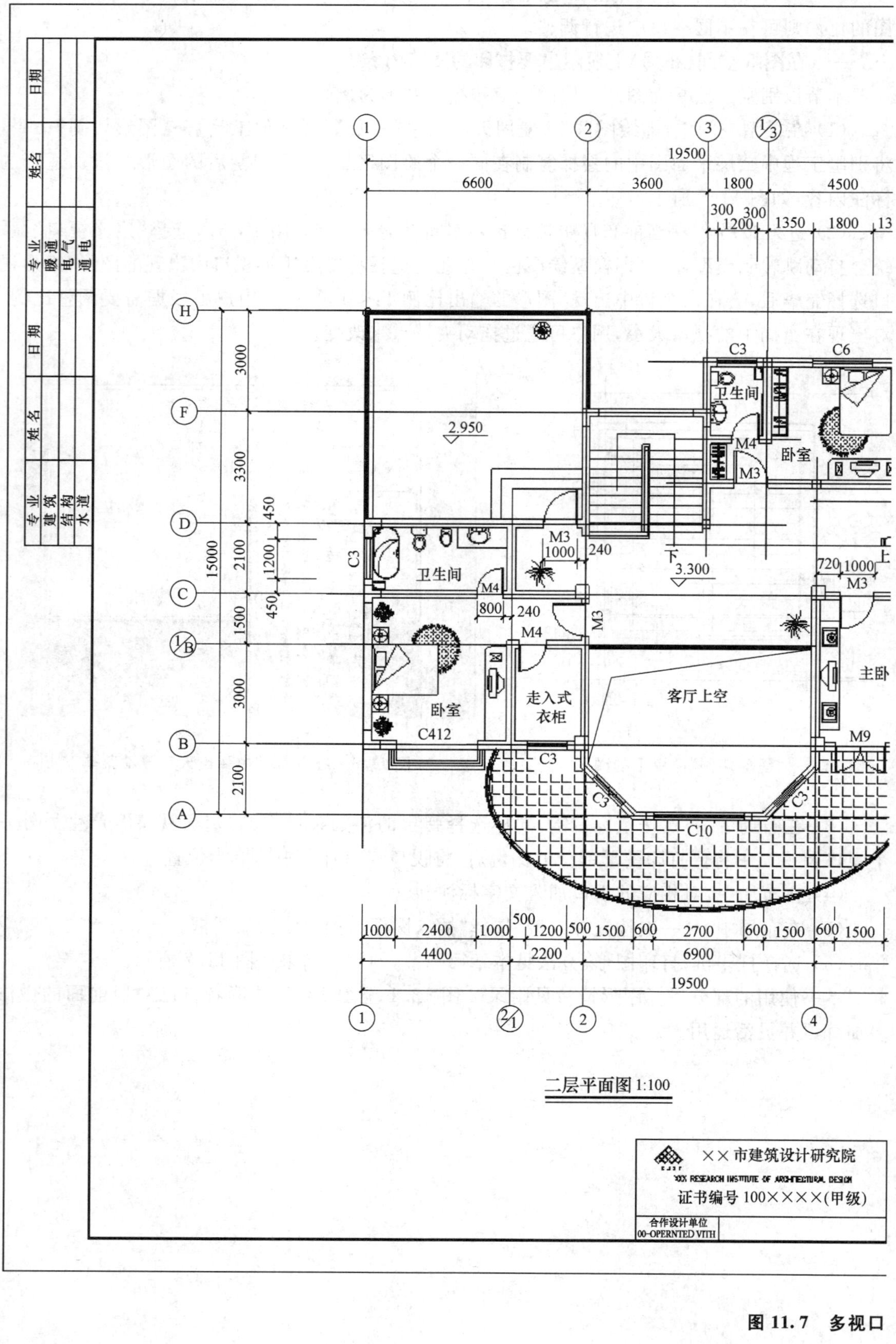
专业
建筑
结构
水道
姓名
日期
专业
暖通
电气
通电
姓名
日期
二层平面图 1:100
卫生间
卧室
走入式
衣柜
客厅上空
主卧
××市建筑设计研究院
XXX RESEARCH INSTITUTE OF ARCHITECTURAL DESIGN
证书编号 100××××(甲级)
合作设计单位
00-OPERNTED VITH

图 11.7 多视口

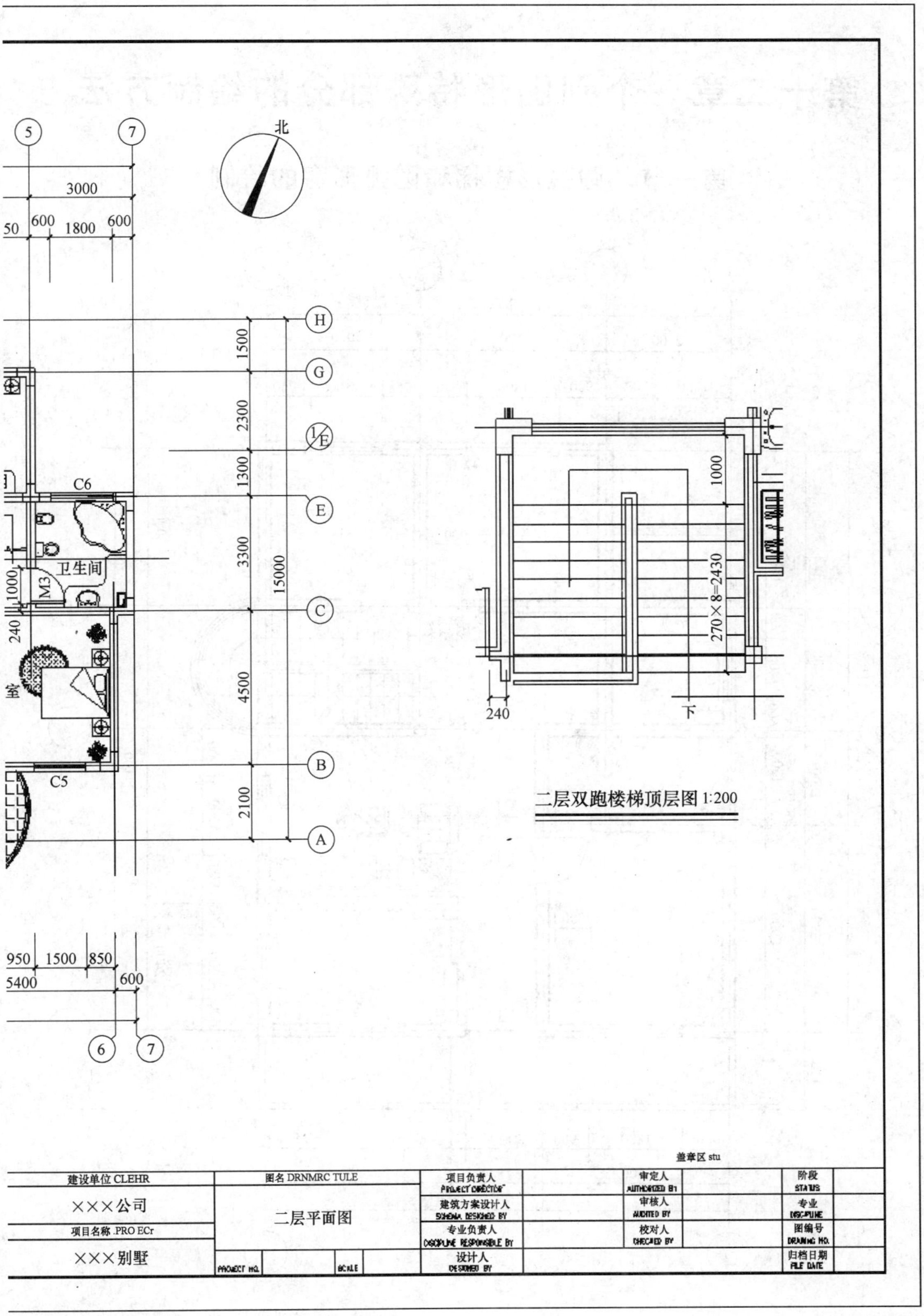
北
3000
600
1800
600
H
G
1/E
E
C
B
A
1500
2300
1300
3300
4500
2100
15000
C6
C5
卫生间
M3
1000
240
室
950
1500
850
5400
600
5
7
6
7
1000
270×8=2430
240
下
二层双跑楼梯顶层图 1:200
盖章区 stu
建设单位 CLEHR
×××公司
项目名称 .PRO ECr
×××别墅
图名 DRNMRC TULE
二层平面图
项目负责人
建筑方案设计人
专业负责人
设计人
审定人
审核人
校对人
阶段
专业
图编号
归档日期

打印图形

第十二章　个别图形特殊部分的绘制方法

第一节　圆弧形楼梯和圆弧形窗的绘制

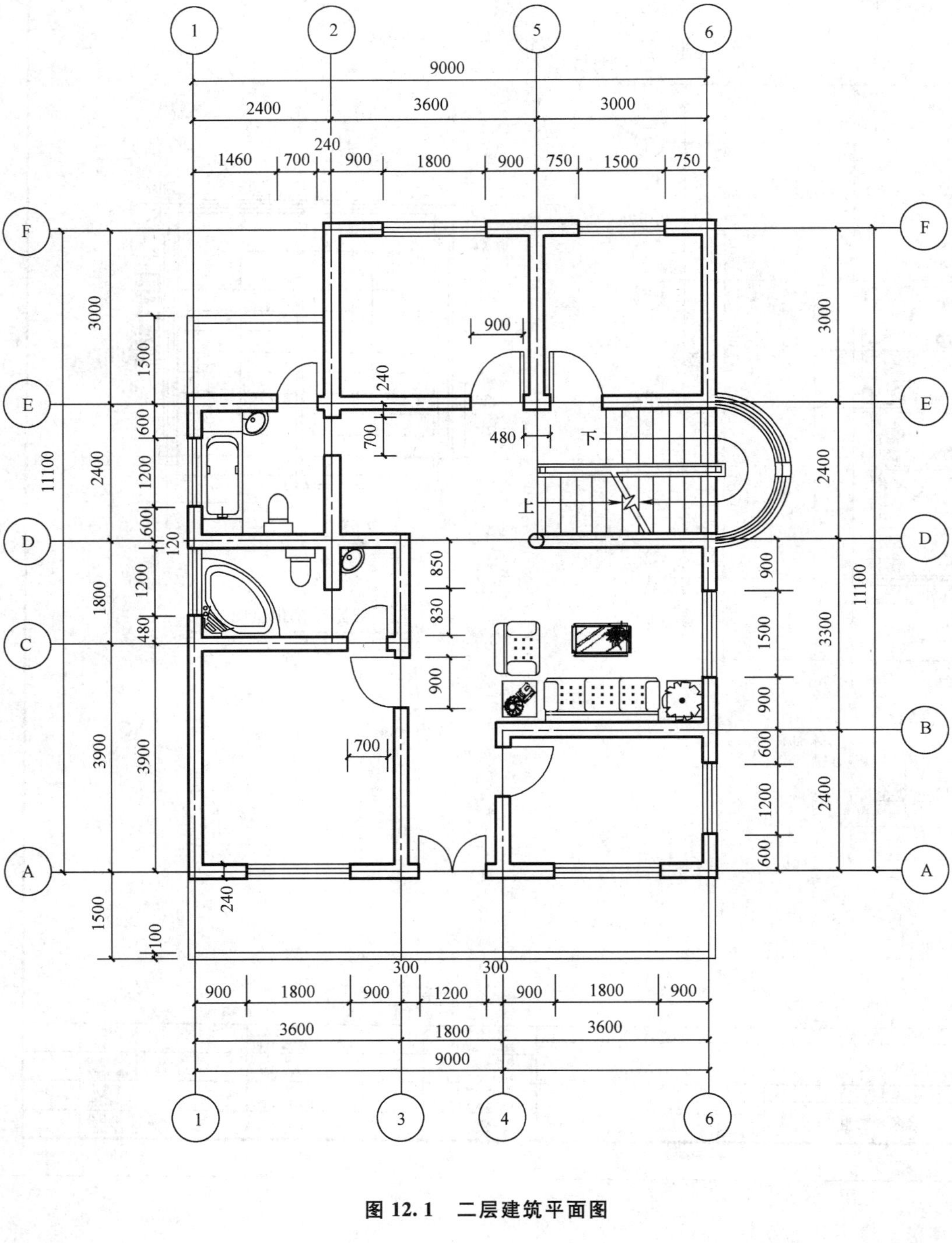

图 12.1　二层建筑平面图

本节目标图如图 12.1 所示。本节的目标是绘制圆弧形楼梯、圆弧形墙体和圆弧形窗，其他部分请读者自己完成。本图为二层建筑平面图，楼层层高为 3m。

一、圆弧形楼梯

此图中圆弧形楼梯是双跑楼梯，其设置数据见图 12.2 所示。楼梯的宽度设置为 2400-240（两个半墙宽之和）=2160mm，台阶的数目见图所示，休息平台的宽度设置为 0.1，当然，读者也可设置成其他一些较小的数据。

插入楼梯时，要先将楼梯处轴线 D、E 间的墙体删除，然后执行天正菜单【楼梯其他】→【双跑楼梯】命令，在出现的如图 12.2 所示对话框中改变相关的参数，再点击“确定”按钮，在轴线 6 与轴线 E 相交处的外墙角点击插入。

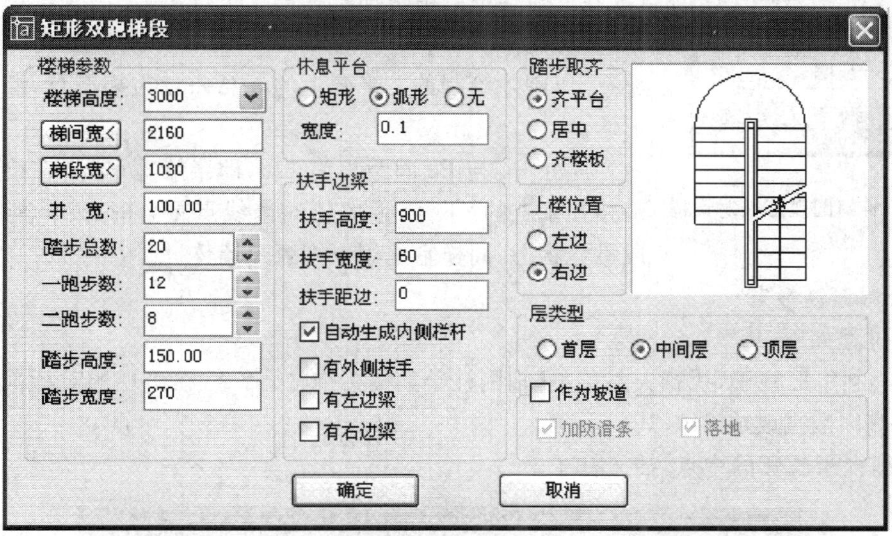

图 12.2　弧形双跑楼梯参数

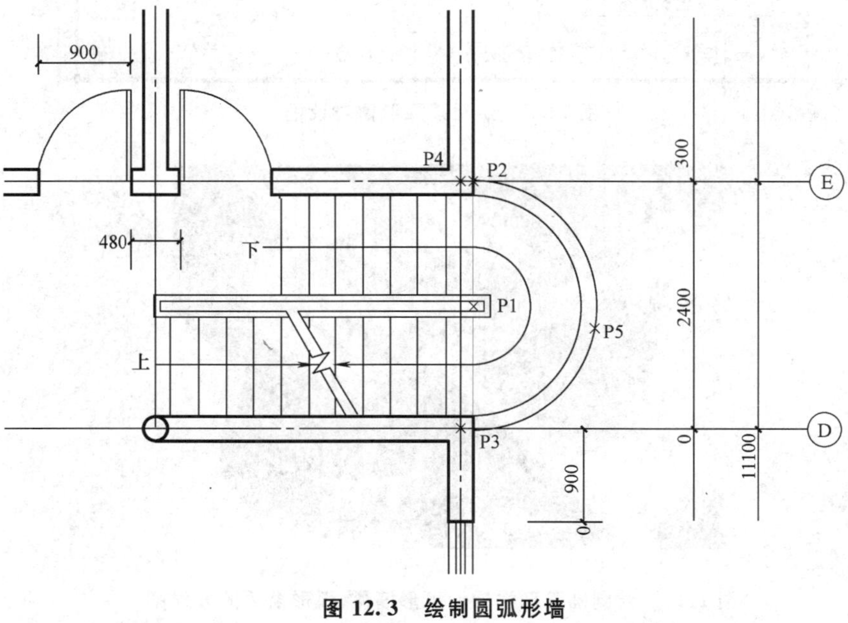

图 12.3　绘制圆弧形墙

二、圆弧形墙体和圆弧形窗

图 12.4　绘制圆弧形墙对话框

1. 绘制圆弧形墙体

绘制过程如下：

(1) 如图 12.3 所示，以楼梯的梯井中点 P1 处为圆心，P1 至 P2 的距离为半径绘制圆，将左半圆修剪去，保留右半圆。

(2) 利用“特性匹配”按钮(即格式刷按钮)，将右半圆弧变成中轴线图层。

(3) 执行天正菜单【墙体】→【绘制墙体】命令，出现如图 12.4 所示的“绘制墙体”对话框，设置其绘制方式为“绘制弧墙”(即在此对话框的最下面选择第二个按钮)。

(4) 以图 12.3 所示的 P3、P4 两点分别为圆弧的起点和终止点，以刚才绘制的右半圆上的任意一点为第三点，绘制得到弧形墙。

此处 P4 与 P2 间距离为 120，即半墙宽，这是在绘制墙体中两相互垂直的“丁”字形墙体间基线点重合时，墙体能自动修剪成最佳状态，同样它也用于圆弧形墙体。

2. 绘制圆弧形窗

绘制过程如下：

(1) 绘制矩形柱子，执行天正菜单【轴网柱子】→【标准柱】命令，在出现的对话框里将柱子的纵向和横向数据改成 240，其余不变。

(2) 捕捉半圆弧的中点，插入柱子。

图 12.5　绘制圆弧形窗对话框

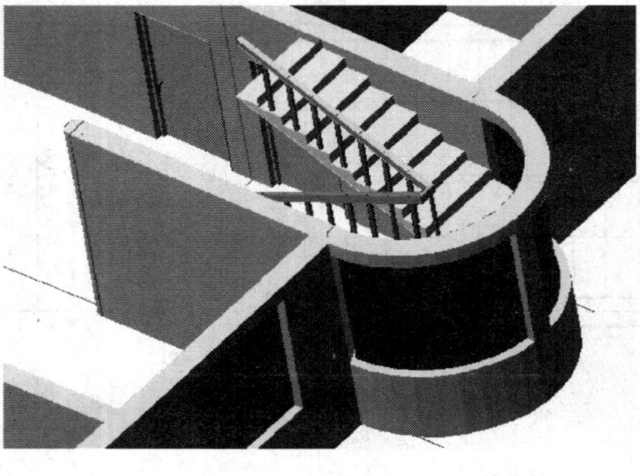

图 12.6　绘制圆弧形楼梯和弧形墙体、弧形窗后的效果图

(3) 移动柱子,使柱子的右上角点与水平方向上柱子与圆弧形墙的交点重合。

(4) 此时点击圆弧形墙体,会发现原来一个圆弧形墙体在插入柱子后被等分成两段弧形墙。

(5) 执行天正菜单【门窗】→【门窗】命令,在出现的对话框中,点取最下面一行的"插弧窗"按钮,会出现如图 12.5 所示的对话框,设置其中的参数如图 12.5 所示。

(6) 选择两轴线间等分插入方式,插入两个弧形窗,此部分整个立体效果如图 12.6 所示。

第二节　多跑楼梯的绘制

本节目标图如图 12.7 所示。本节的目标是绘制多跑楼梯,其他部分请读者自己完成。本图为一层建筑平面图,楼层层高为 3m,柱子长宽为 600×600mm,墙宽 240mm。

一、多跑楼梯

此图中有双跑楼梯和多跑楼梯,本节只讲多跑楼梯的绘制。绘制过程如下。

(1) 执行天正菜单【楼梯其他】→【多跑楼梯】命令,在出现的如图 12.8 所示的对话框里,将"楼梯宽度"改成 1300,初始时为"中间层",其余不变。

(2) 点击图 12.8 所示对话框中的"确定"按钮后,正交状态下,在要插入楼梯附近点下任意一点,然后拖动鼠标向左一小段距离,此时会出现如图 12.9 所示的提示,"5/20"表示总共为 20 级楼梯,目前光标所在位置已达到第五级楼梯,在此时点击鼠标左键。

(3) 依此方法,按如图 12.10 所示楼梯的其余夹持点处移动光标方向并点击鼠标左键,此图为三段楼梯六个夹持点(不含剖切位置处的两个夹持点)。

(4) 将所绘的楼梯移动到轴号 2 和轴号 B 相交处的墙角。

(5) 打开查询工具条,执行"距离"命令(也可在命令行上直接输入"dist"命令),查询如图 12.11 所示的两点间垂直方向距离。

命令:di↙

DIST 指定第一点:　　//点取 P1 点

指定第二点:　　　　//点取 P1 点

距离= 919,XY 平面中的倾角 = 281,　与 XY 平面的夹角 = 0

X 增量=180,　Y 增量 = -901,　Z 增量 = 0

命令:

此处"Y 增量"显示的数据为读者所绘制的实际情况而定的数据。

(6) 在正交状态下,将如图 12.10 所示的最下面的三个夹持点依次向下移动刚才量取的 Y 增量数据,本例向下移动 901。

(7) 将如图 12.10 中所示的剖切位置处上面的夹持点移动到如图 12.11 所示的 P3 处,同样将剖切位置处下面的夹持点移动到 P4 处。

(8) 用鼠标双击多跑楼梯,在出现的对话框中选中"首层的""有左扶手"项后,点击确定按钮。

(9) 请读者自己在楼梯处绘制一个箭头,并标注文字"上"。

至此多跑楼梯制作完毕。

请读者自己总结多跑楼梯的段数与鼠标点击时产生的夹持点的对应关系。

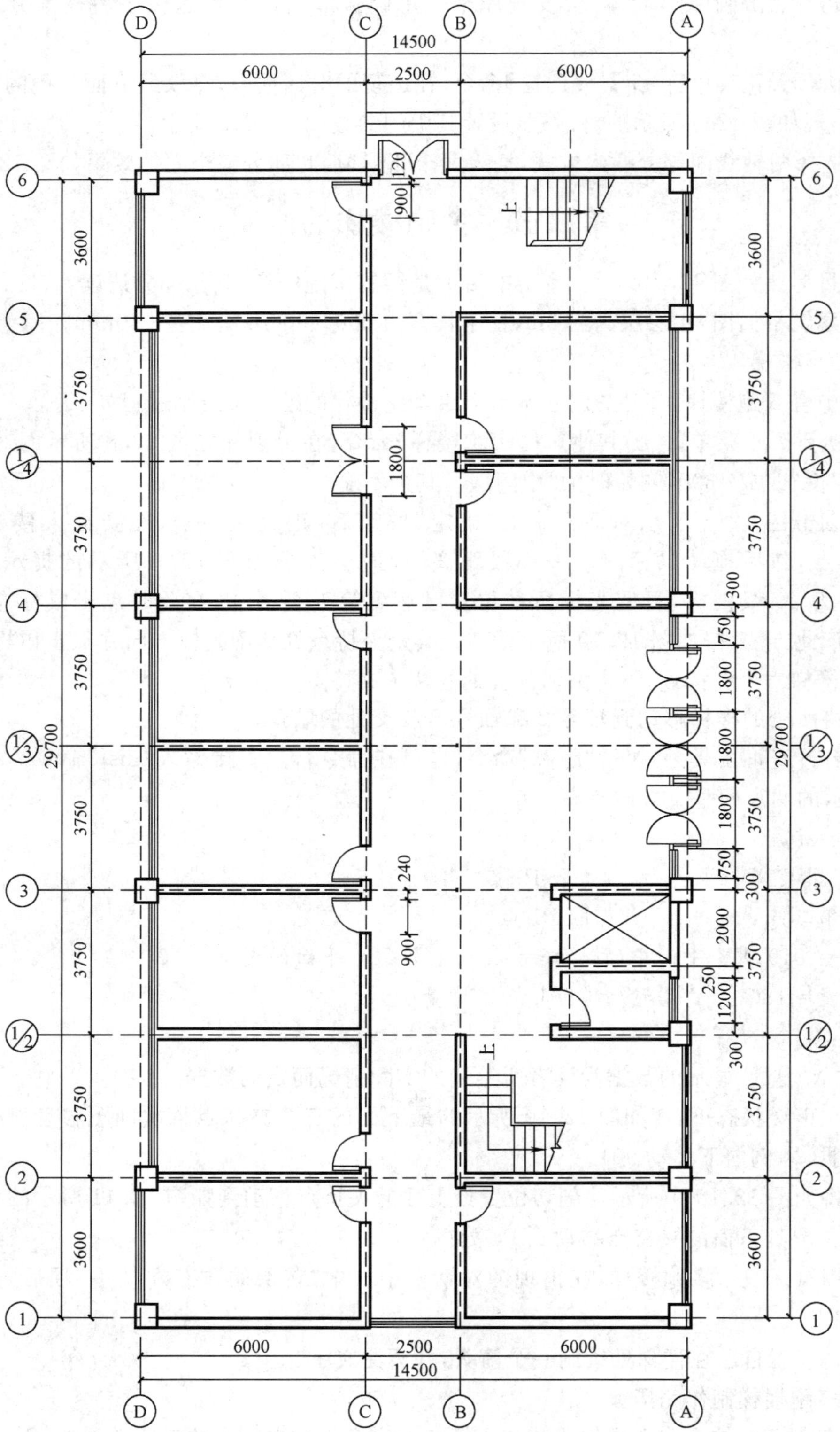

图 12.7 一层建筑平面图

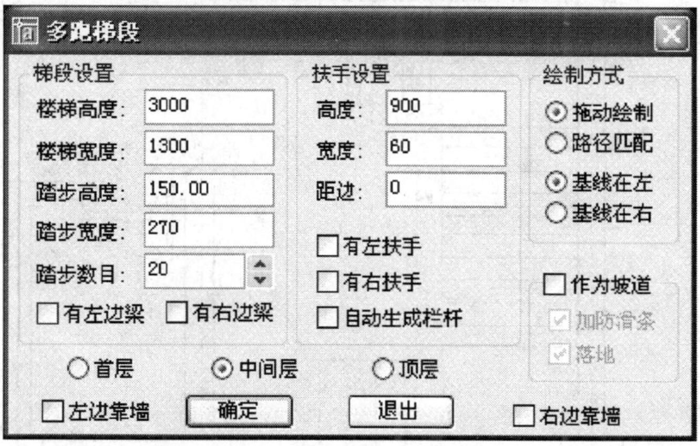

图 12.8　多跑楼梯参数

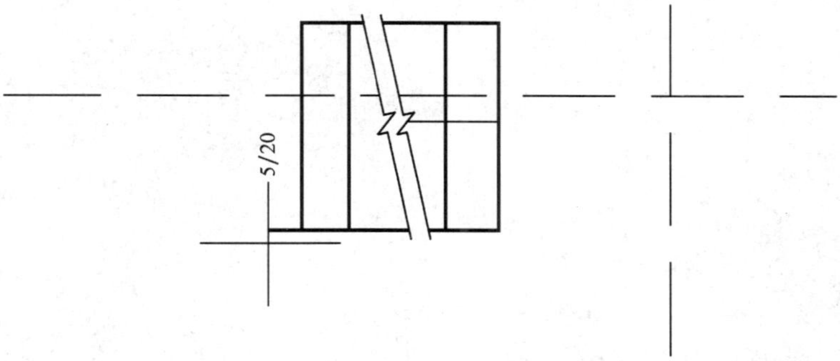

图 12.9　多跑楼梯绘制过程中的提示信息

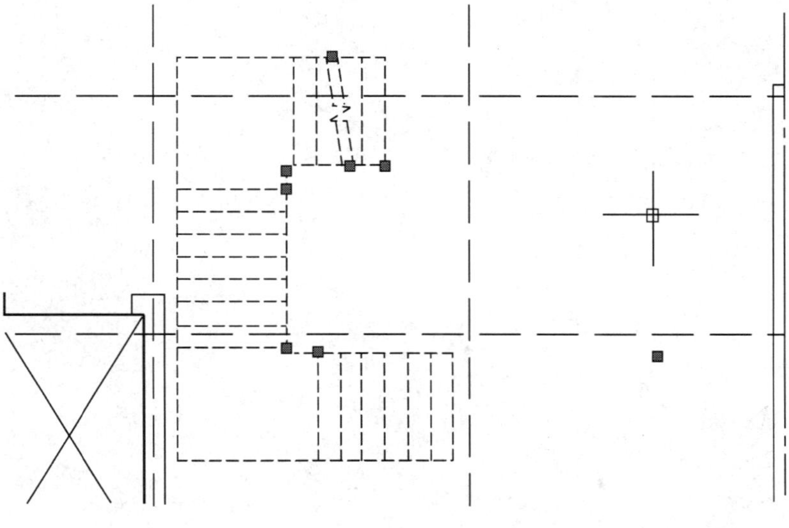

图 12.10　多跑楼梯中的夹持点

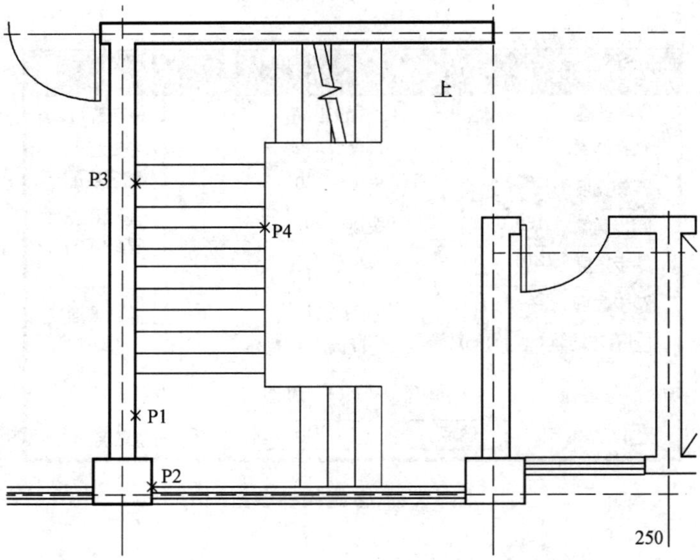

图 12.11 多跑楼梯中的夹持点

附　录

本书附录中的图形分成三个部分：

第一部分为图 13.1 至图 13.5，它是本书第三章至第十一章所讲述的三层别墅对应的图形。

第二部分为图 13.6 至图 13.14，它为一套实际工程图，它可用于读者练习所学的天正建筑软件。

第三部分为图 13.15 至图 13.21，它是第二部分图形所对应的结构工程图，用于读者深化学习使用。

图形绘制方面，只有在大量练习之上才能够对软件的使用方法技巧有深切的体会，在此建议读者多加练习，勤于思考并多想方法技巧和绘制的可能性，长期坚持定会有质的飞跃。

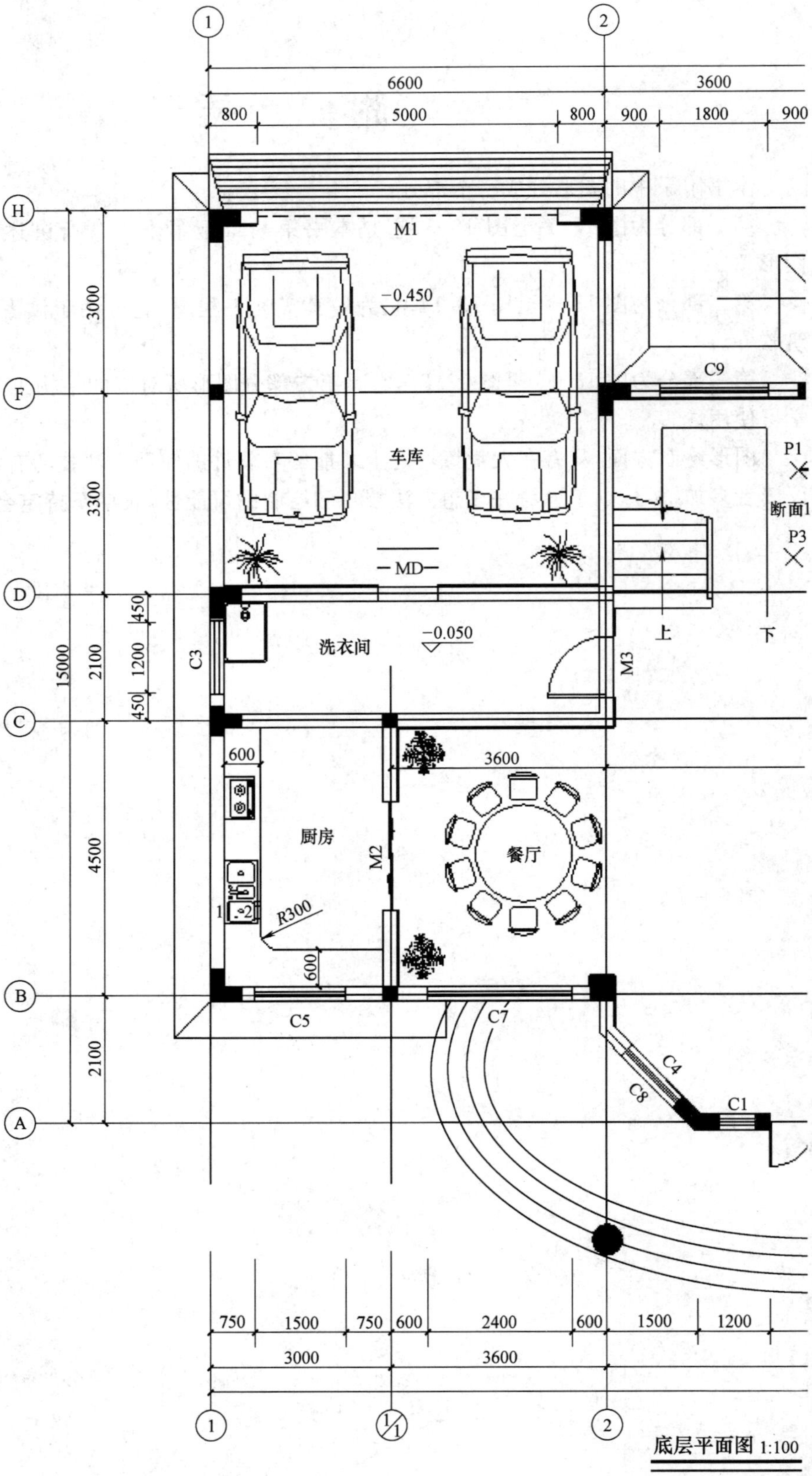

1
2
6600
3600
800
5000
800
900
1800
900
H
F
D
C
B
A
M1
−0.450
3000
3300
15000
2100
4500
2100
450
1200
450
C9
P1
断面1
P3
车库
MD
上
下
洗衣间
−0.050
C3
M3
600
3600
厨房
M2
餐厅
R300
600
C5
C7
C4
C8
C1
750
1500
750
600
2400
600
1500
1200
3000
3600
1
1/1
2
底层平面图 1:100

图 13.1 底层平面

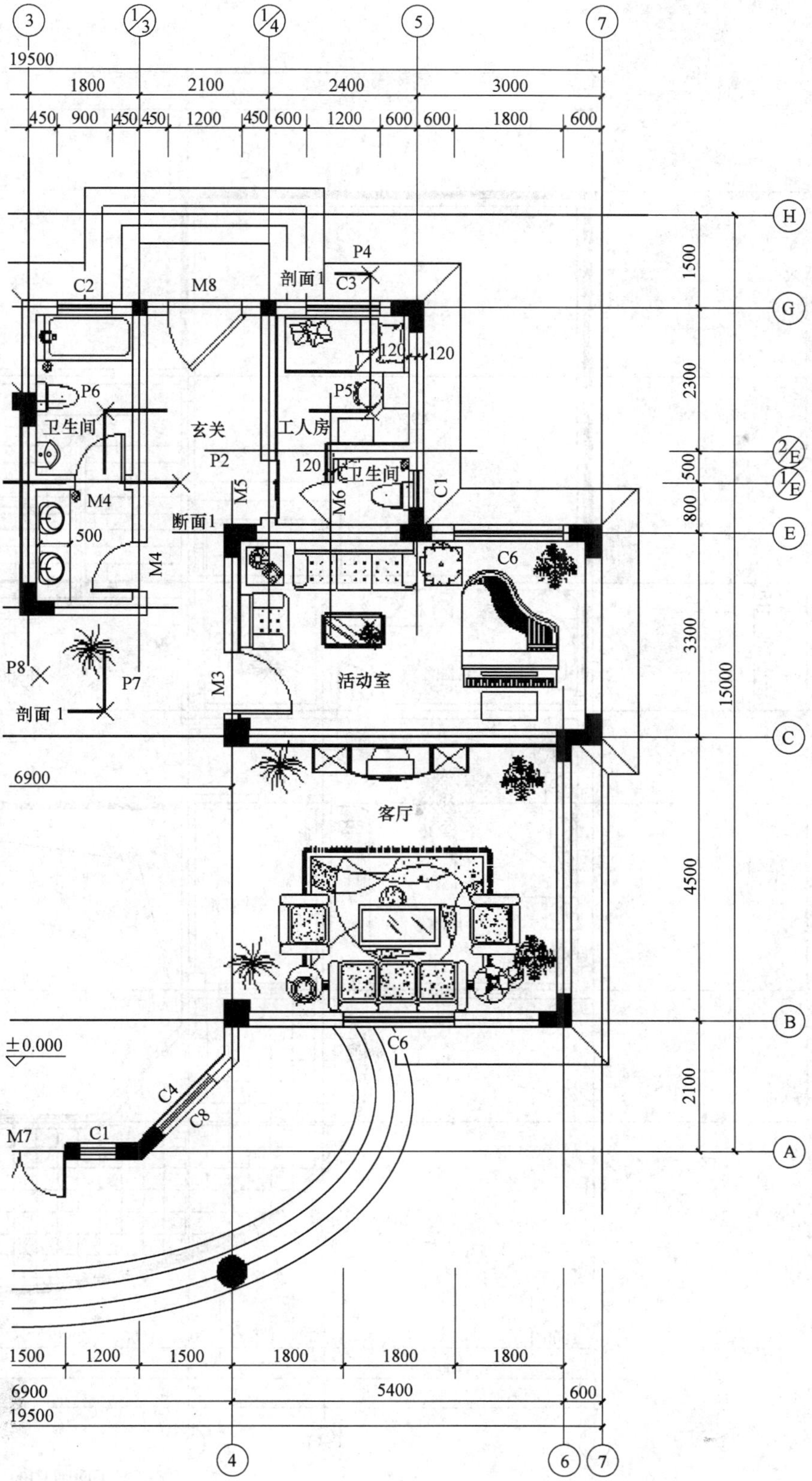
3
1/3
1/4
5
7
19500
1800
2100
2400
3000
450
900
450
450
1200
450
600
1200
600
600
1800
600
H
G
2/E
1/E
E
C
B
A
1500
2300
500
800
3300
4500
2100
15000
C2
M8
剖面1
P4
C3
120
120
P6
卫生间
玄关
工人房
P5
P2
120
卫生间
C1
M4
M5
M6
断面1
500
M4
C6
M3
活动室
P8
P7
剖面 1
6900
客厅
±0.000
C6
C4
C8
M7
C1
1500
1200
1500
1800
1800
1800
6900
5400
600
19500
4
6
7

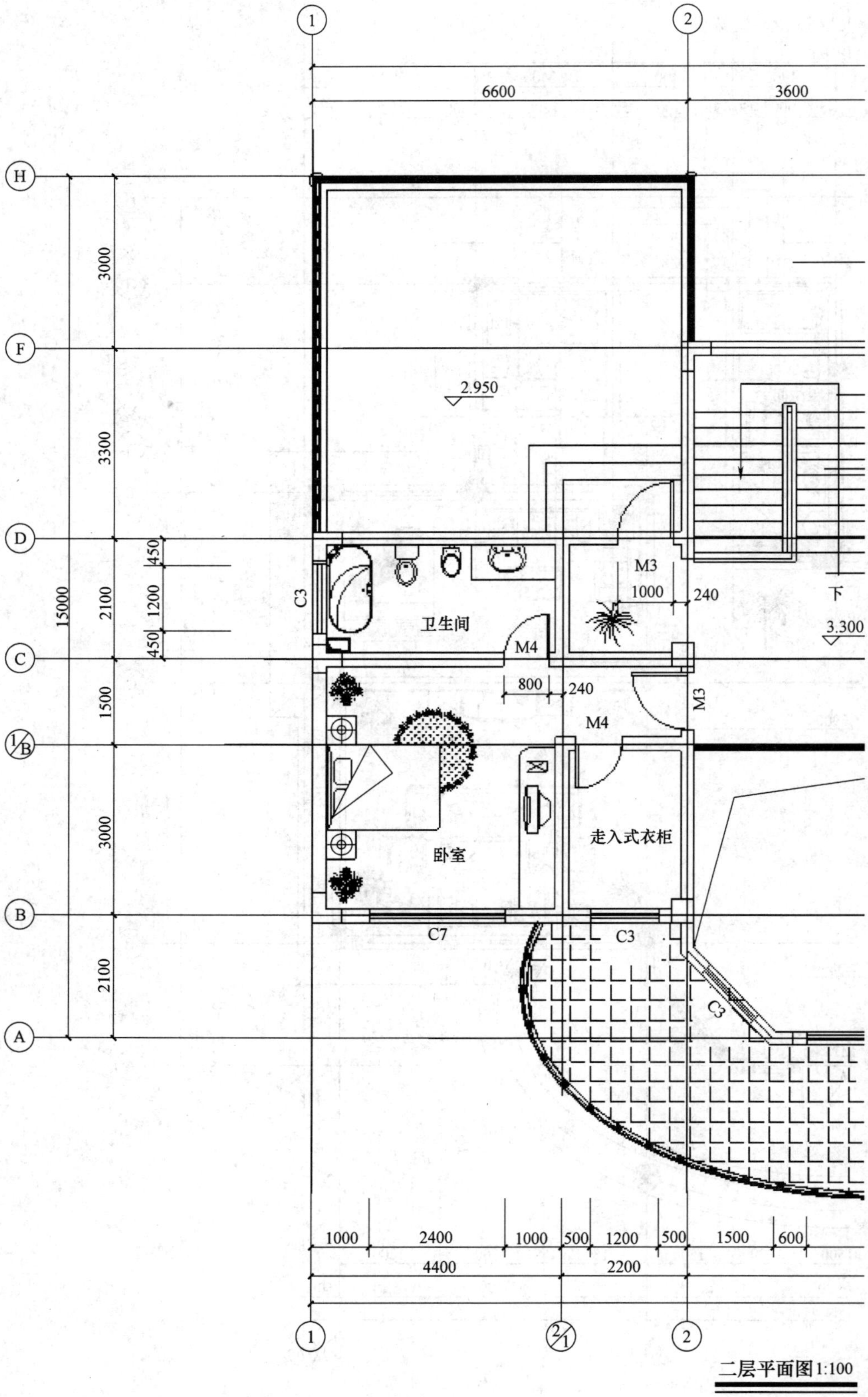
1
2
6600
3600
H
F
D
C
1/B
B
A
3000
3300
2100
1500
3000
2100
15000
450
1200
450
2.950
C3
卫生间
M4
M3
1000
240
下
3.300
800
240
M4
M3
走入式衣柜
卧室
C7
C3
C3
1000
2400
1000
500
1200
500
1500
600
4400
2200
1
2/1
2
二层平面图1:100

图 13.2　二层平面

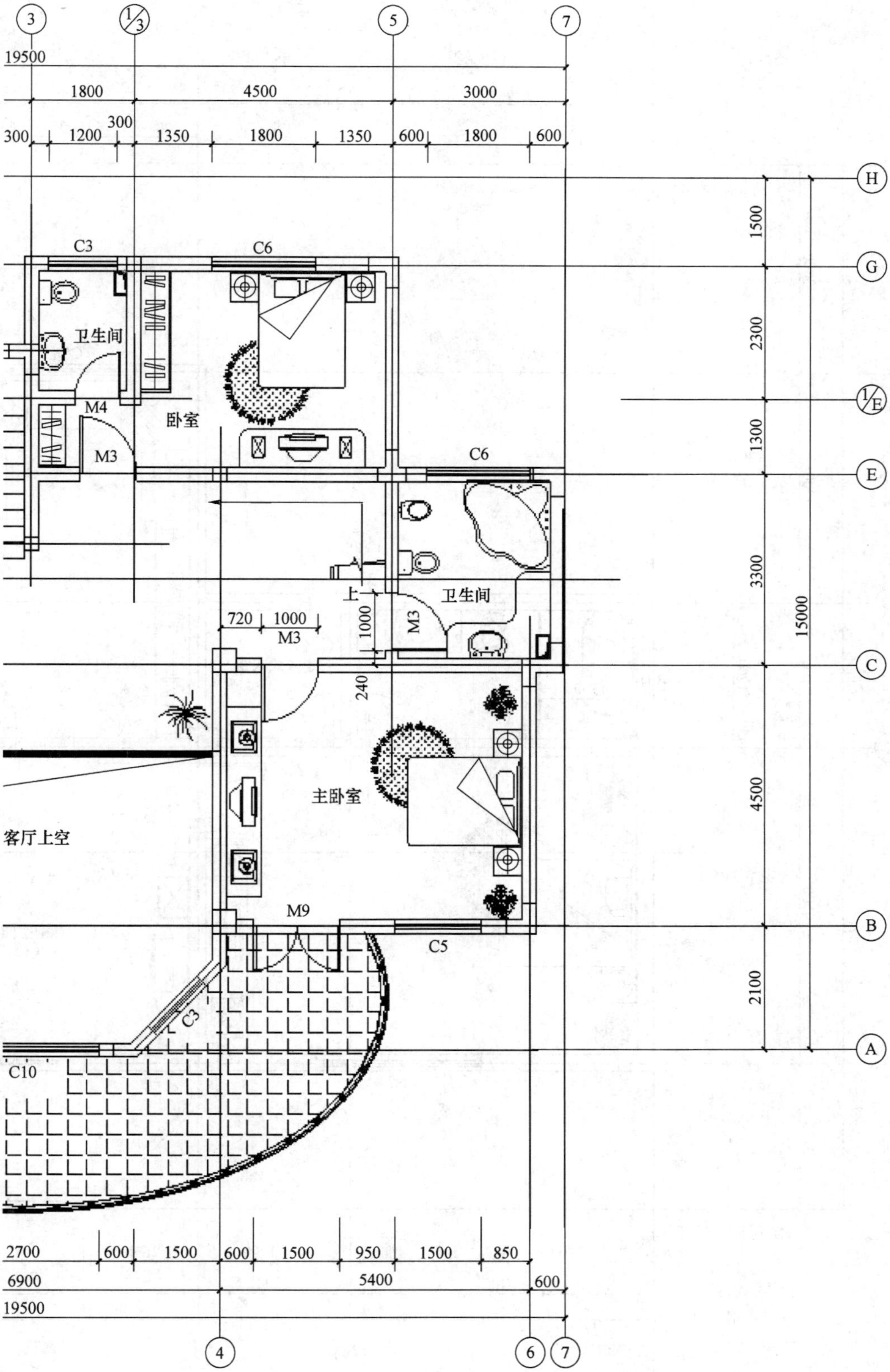

19500
1800
4500
3000
300
1200
300
1350
1800
1350
600
1800
600
C3
C6
卫生间
M4
卧室
M3
C6
卫生间
上
720
1000
M3
1000
M3
240
主卧室
客厅上空
M9
C5
C3
C10
1500
2300
1300
3300
4500
2100
15000
2700
600
1500
600
1500
950
1500
850
6900
5400
600
19500

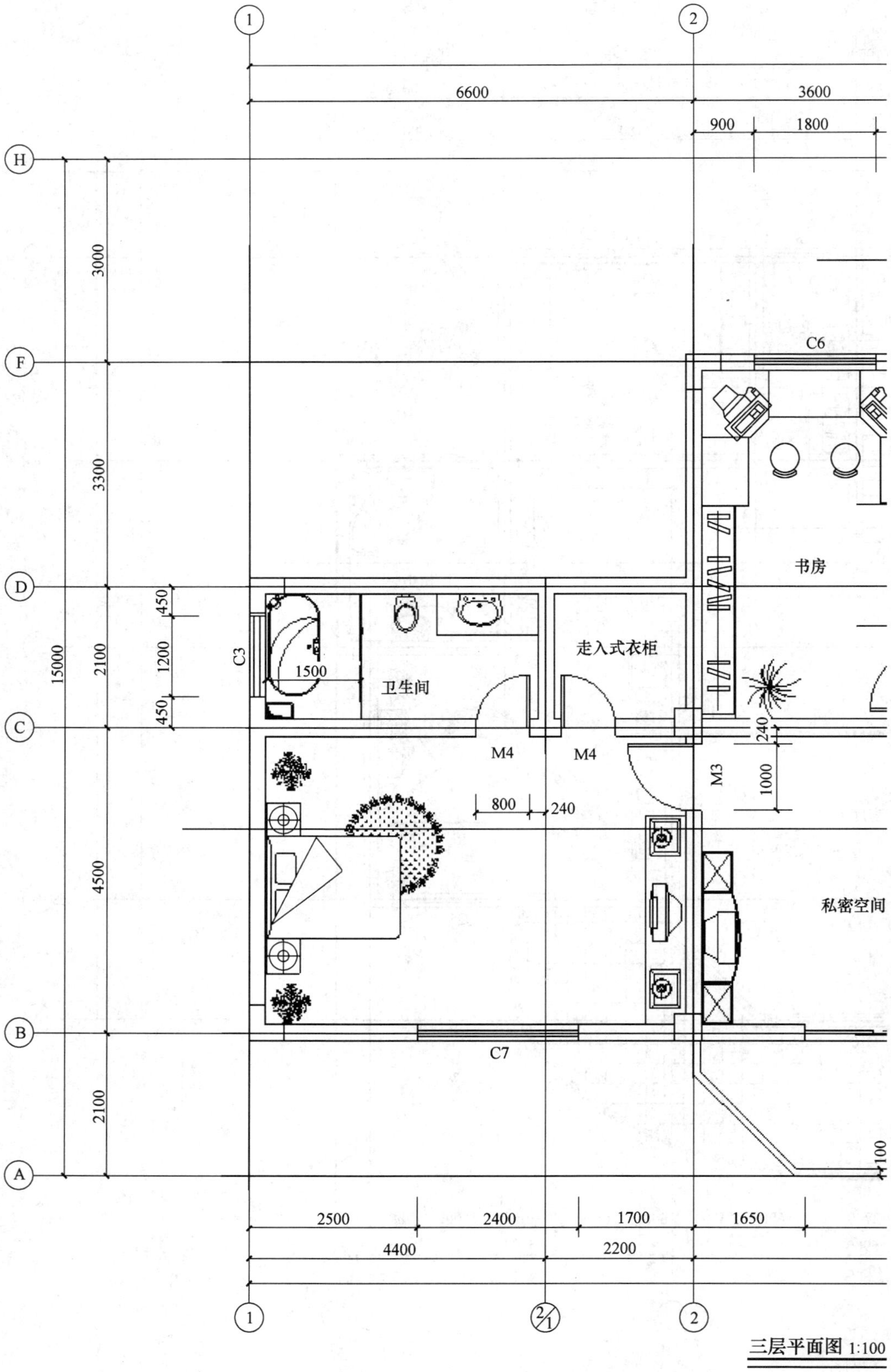
6600
3600
900
1800
3000
3300
2100
15000
4500
2100
450
1200
450
C6
书房
C3
1500
卫生间
走入式衣柜
M4
M4
M3
240
1000
800
240
私密空间
C7
100
2500
2400
1700
1650
4400
2200
三层平面图 1:100

图 13.3　三层平面

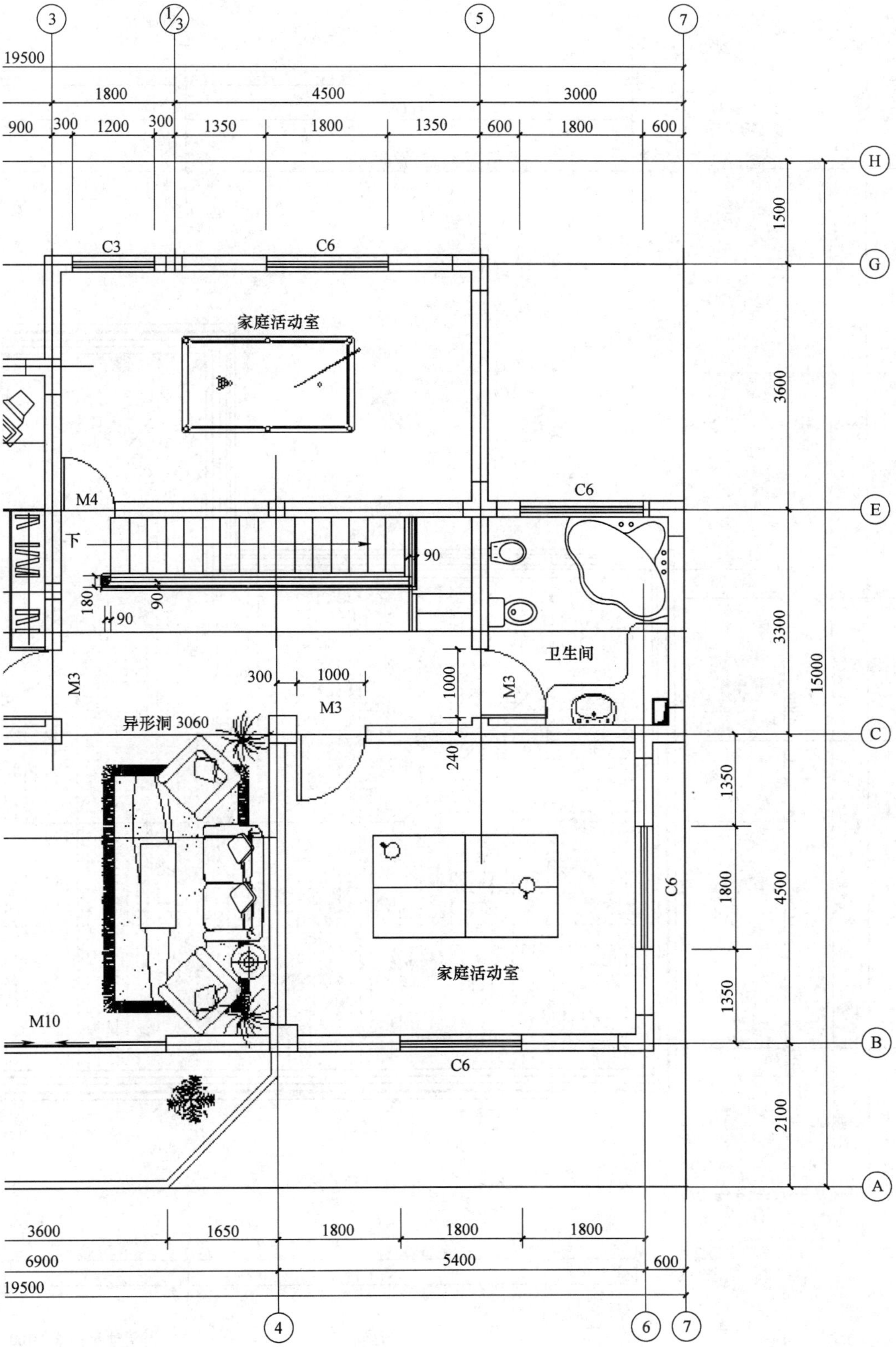
3
1/3
5
7
19500
1800
4500
3000
900
300
1200
300
1350
1800
1350
600
1800
600
H
G
E
C
B
A
1500
3600
3300
15000
4500
2100
C3
C6
家庭活动室
M4
下
90
180
90
90
C6
卫生间
M3
300
1000
M3
1000
M3
240
异形洞 3060
1350
1800
1350
C6
家庭活动室
M10
C6
3600
1650
1800
1800
1800
6900
5400
600
19500
4
6
7

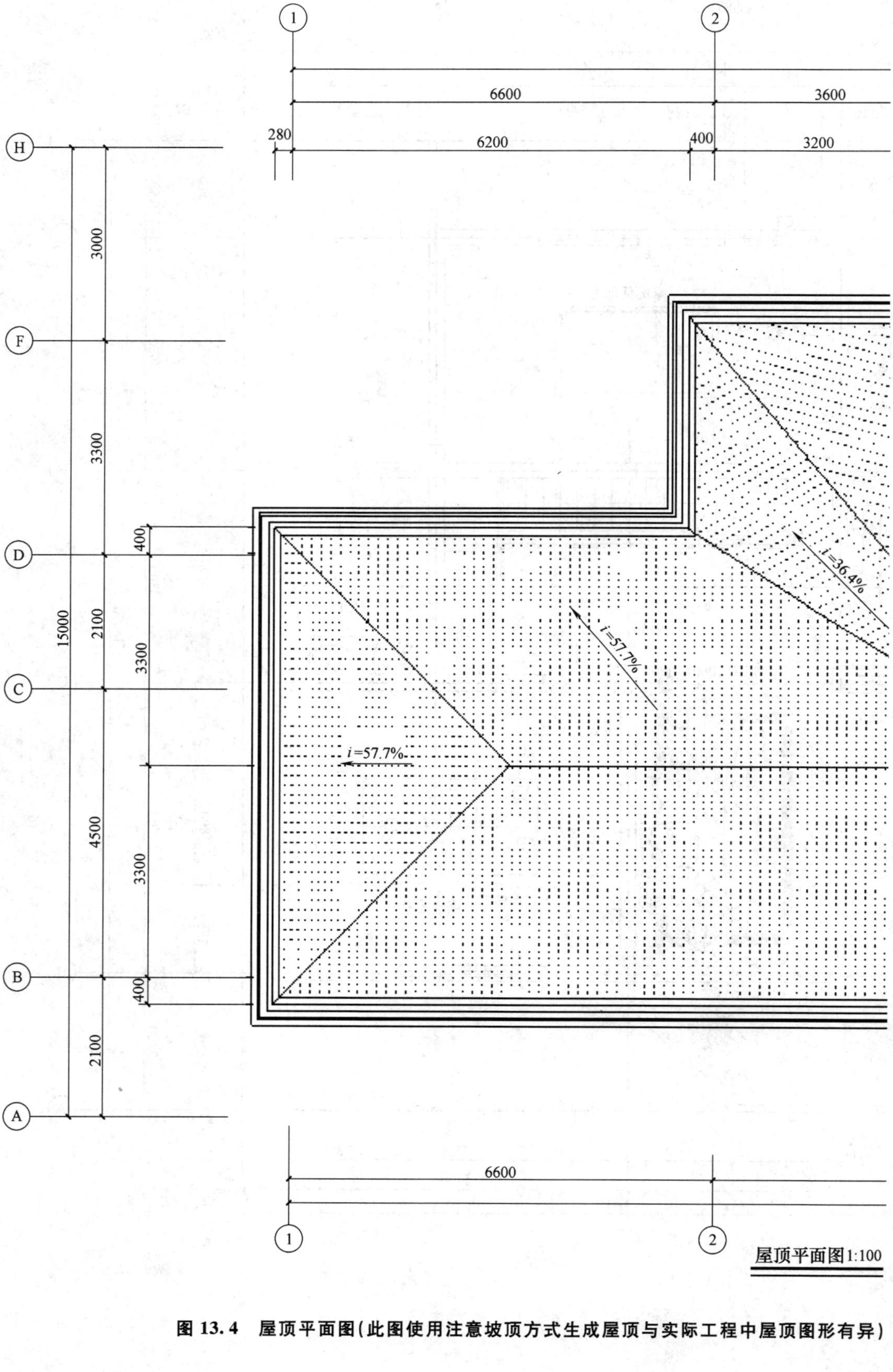

图 13.4　屋顶平面图(此图使用注意坡顶方式生成屋顶与实际工程中屋顶图形有异)

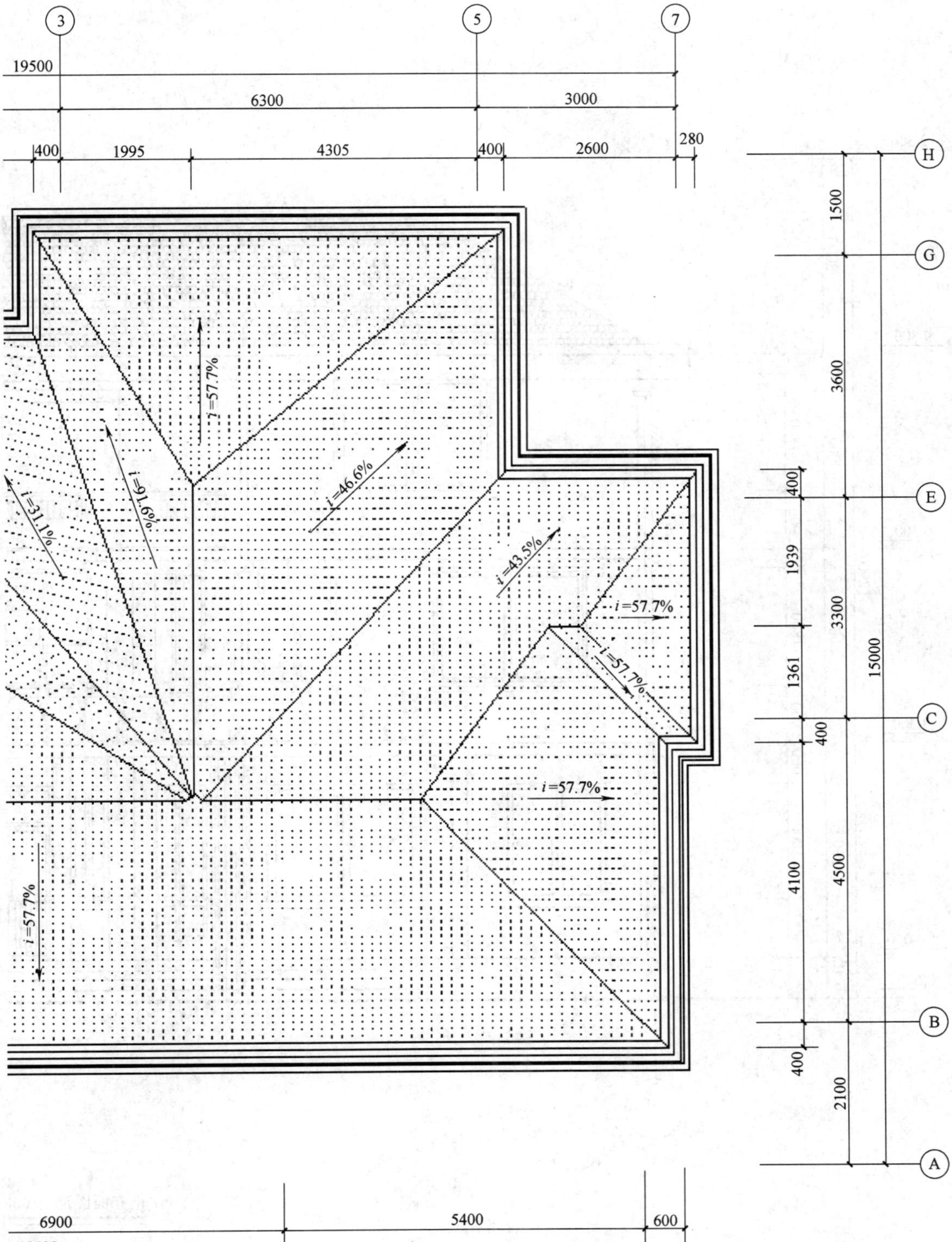

3
5
7
19500
6300
3000
400
1995
4305
400
2600
280
H
G
E
C
B
A
1500
3600
400
1939
3300
1361
15000
400
4100
4500
400
2100
i=57.7%
i=91.6%
i=31.1%
i=46.6%
i=43.5%
i=57.7%
i=57.7%
i=57.7%
i=57.7%
6900
5400
600
19500
4
6
7

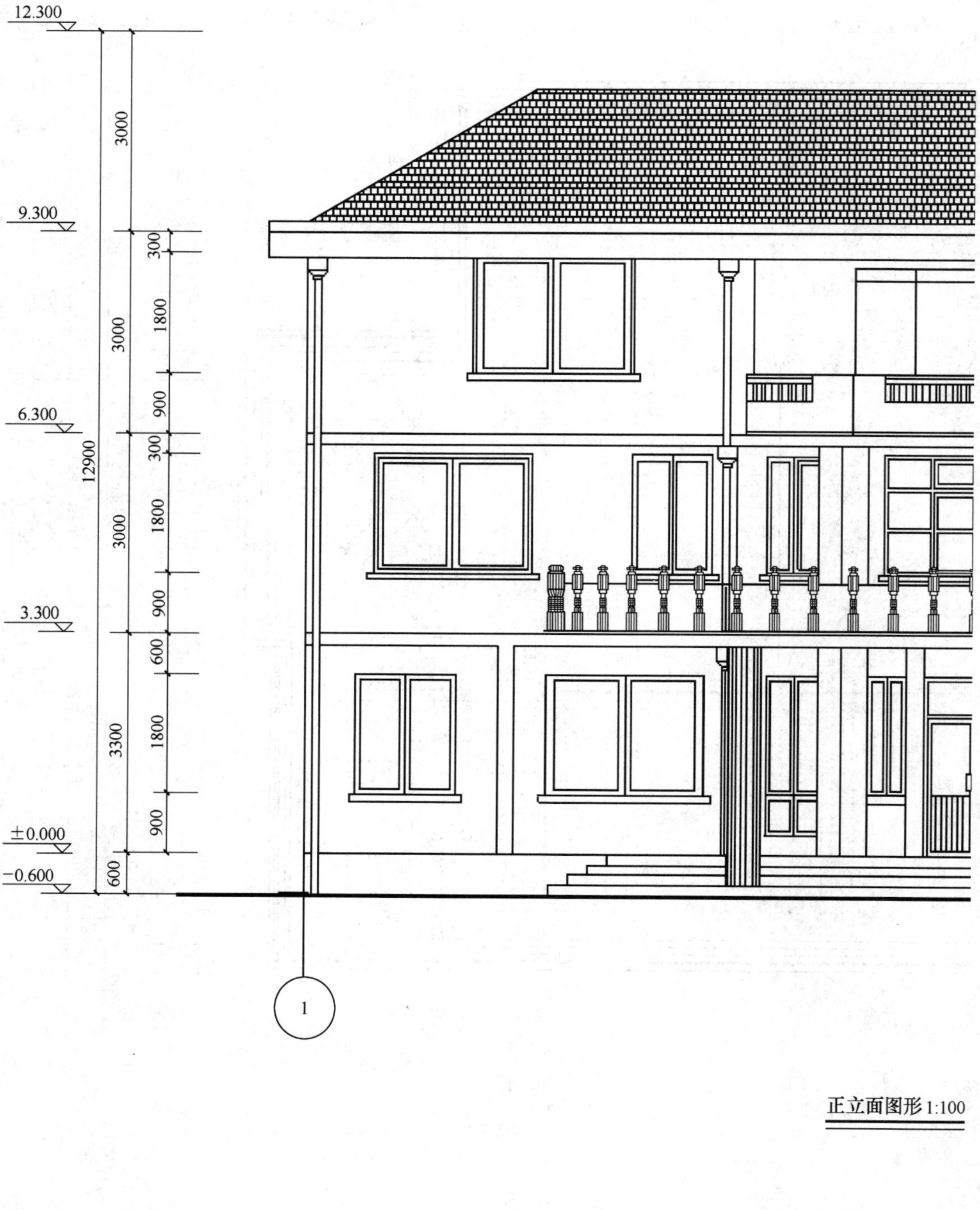
12.300
9.300
6.300
3.300
±0.000
−0.600
3000
300
1800
3000
900
300
12900
1800
3000
900
600
1800
3300
900
600
1
正立面图形 1:100

图 13.5　正立面图

12.300
9.300
6.300
3.300
±0.000
−0.600
3000
300
1800
3000
900
300
1800
3000
900
600
1800
3300
900
600
12900
7

建筑
结构
给排水
电气

施工说明

一、本工程系某农村居民集中居住区24#户型建筑设计部份，具体位置由现场协商决定总建筑面积586M²。

二、本工程室内±0.00标高相当于黄海高程2.5M并高于当地防洪水位黄海标高2.4M，室内外高差300。

三、本工程砌体材料、砂浆等的强度等级标准均应满足结构施工图所注明的要求，墙体防潮层设在±0.00以下6cm处，为20厚1：2水泥砂浆内掺5%防水剂(有地圈梁处不设)

四、节能设计：

1. 本建筑体形系数为0.29，满足设计规范要求。

2. 南侧及东西侧外窗增设活动遮阳遮阳率85%。

3. 南窗墙比0.36>0.35采用单框双玻窗，单框双玻窗空气层厚度为12mm。

北窗墙比0.24<0.25采用单框双玻窗，单框双玻窗空气层厚度为12mm。

东西窗墙比0.027<0.25采用单框双玻窗，单框双玻窗空气层厚度为16mm。

4. 屋面做ML多功能轻质混凝土保温。 5. 外墙面做20厚ZL聚苯颗粒保温砂浆。

五、楼地面：

1. 水泥地面：

素土夯实，100厚混合大拷垫层，100厚C15混凝土，20厚1：2水泥砂浆粉面。

1. 楼面：

现浇钢筋混凝土楼板，随捣随抹，15厚1：3水泥砂浆找平，10厚1：2水泥砂浆粉面压光。

2. 厨卫间楼面：

现浇钢筋混凝土楼板，随捣随抹，15厚1：3水泥砂浆找平，聚氨酯三遍涂膜防水层厚1.8周边上翻高1.50，30厚C20细石混凝土坡向地漏，15厚1：2水泥砂浆找平，拉毛管道处防水附加一层并做止水圈。

六、室外墙面：

室外墙面保温做法为：KP1墙体，20厚ZL聚苯颗粒保温抹灰材料，聚合物水泥抗裂砂浆压入涂塑抗碱玻纤网格布，硅橡胶弹性底漆，柔性耐水腻子，面层材料及位置详立面图注。凡挑沿口，阳台口，窗台，窗洞上口，雨篷等均粉滴水线，镶嵌10厚塑料滴水线。

七、室内墙面：

1. 厨卫间：

15厚1：3水泥砂浆打底，10厚1：2水泥砂浆抹面，做毛面。面层住户自理。

2. 户内房间：

12厚1：1：6水泥石灰砂浆打底，8厚1：1：4水泥石灰砂浆面，刷乳胶漆。

3. 平顶：

板底，梁底侧粉7厚1：1：6水泥细纸筋石灰砂浆打底，5厚1：1：6水泥细纸筋石灰砂浆粉面，批嵌用料及面处理同相交墙面。

八、屋面：

1. 坡屋面：

现浇钢筋混凝土坡屋面做法详见苏J10-2003 7/7

2. 平屋面：

现浇板，20厚1：3水泥砂浆找平MLC多功能轻质混凝土保温层找坡最宽处厚60，20厚1：3水泥砂浆找平，4厚SBS卷材防水层，隔离层40厚C20细石混凝土内配ϕ4双向钢筋间距150。

图13.6 施工说明、门窗表

九、门窗：

窗：本工程采用彩铝推拉窗，逢中设置，所有窗台低于0.9m的外墙窗均设防护窗栏杆，本工程中窗宽大于等于1500时，窗台下均设3ϕ6钢筋，每边伸入墙内500

门：分户门应带防盗措施，所有户内均不考虑门框，扇，仅留门洞，粉1∶2水泥砂浆护角50宽。

十、油漆：

金属栏杆，铁件等红丹漆打底，黑色调和漆二度，埋入墙内木砖木料须浸柏油防腐。

十一、其他：

1. 室外四周凡与混凝土路面不相交处均做600宽混凝土散水，做法见苏J9501P101-2，与墙交接处油膏嵌20宽。

2. 本工程图纸尺寸除注明外，总平面图和标高以米为单位，其余均以毫米为单元。

土建施工单位和水电施工单位在施工时，应与有关部门密切配合施工，严禁敲凿。

3. 除本说明外，请严格按照国家有关规定和规范进行施工和验收，如遇问题请与设计人员协商解决，不得擅自修改。

4. 本图所示梁柱均为示意详见结构施工图。

门　窗　表

门窗类型	门窗名称	洞口尺寸	门窗数量	备注	门窗类型	门窗名称	洞口尺寸	门窗数量	备注
彩铝推拉窗	C1518	1500×1800	2		彩铝推拉窗	C2806	2800×600	2	
彩铝推拉窗	C1206	1200×600	4		彩铝推拉窗	C-2	2400×3030	2	见门窗详图
彩铝推拉窗	C-1	1200×6260	2	见门窗祥图，不透视玻璃	彩铝推拉窗	C-3		2	见门窗详图
彩铝推拉窗	C1818	1800×1800	2		彩铝平开窗	C0912	900×1200	2	窗合1300高，不透视玻璃
彩铝推拉窗	C1518′	1500×1760	2	见门窗详图					
彩铝推拉窗	C1516	1500×1600	2		彩铝平开门	M2427	2400×2700	2	带防盗措施
彩铝推拉窗	C1516′	1500×1560	2	见门窗详图	木门	M0922	900×2200	14	此门均不窗门框和门扇，仅留门洞
彩铝推拉窗	C1816	1800×1600	2		木门	M0822	800×2200	2	此门均不窗门框和门扇，仅留门洞
彩铝推拉窗	C1216	1200×1600	2		木门	M0722	700×2200	6	此门均不窗门框和门扇，仅留门洞
彩铝推拉窗	C1212	1200×1200	4		卷帘门	M3028	3000×2800	2	
彩铝推拉窗	C1305	1300×500	2						

说明

1. 门窗制作尺寸应以实训为准，并相应减去饰面材料厚度。

2. 除本建施特殊窗分格以外，其余彩铝窗分格及开启方向均由彩铝窗生产厂家出图，经设计人员认可后方可施工。

未来建筑师建筑设计院				建设单位	某市农村居民集中居住区	设计号	T-2004-616H
设计		审核		工程名称	24号户型	图别	建施
制图		专业负责人		施工说明　门窗表		图号	1
校对		审定				比例	1:100
项目负责人		院长				日期	

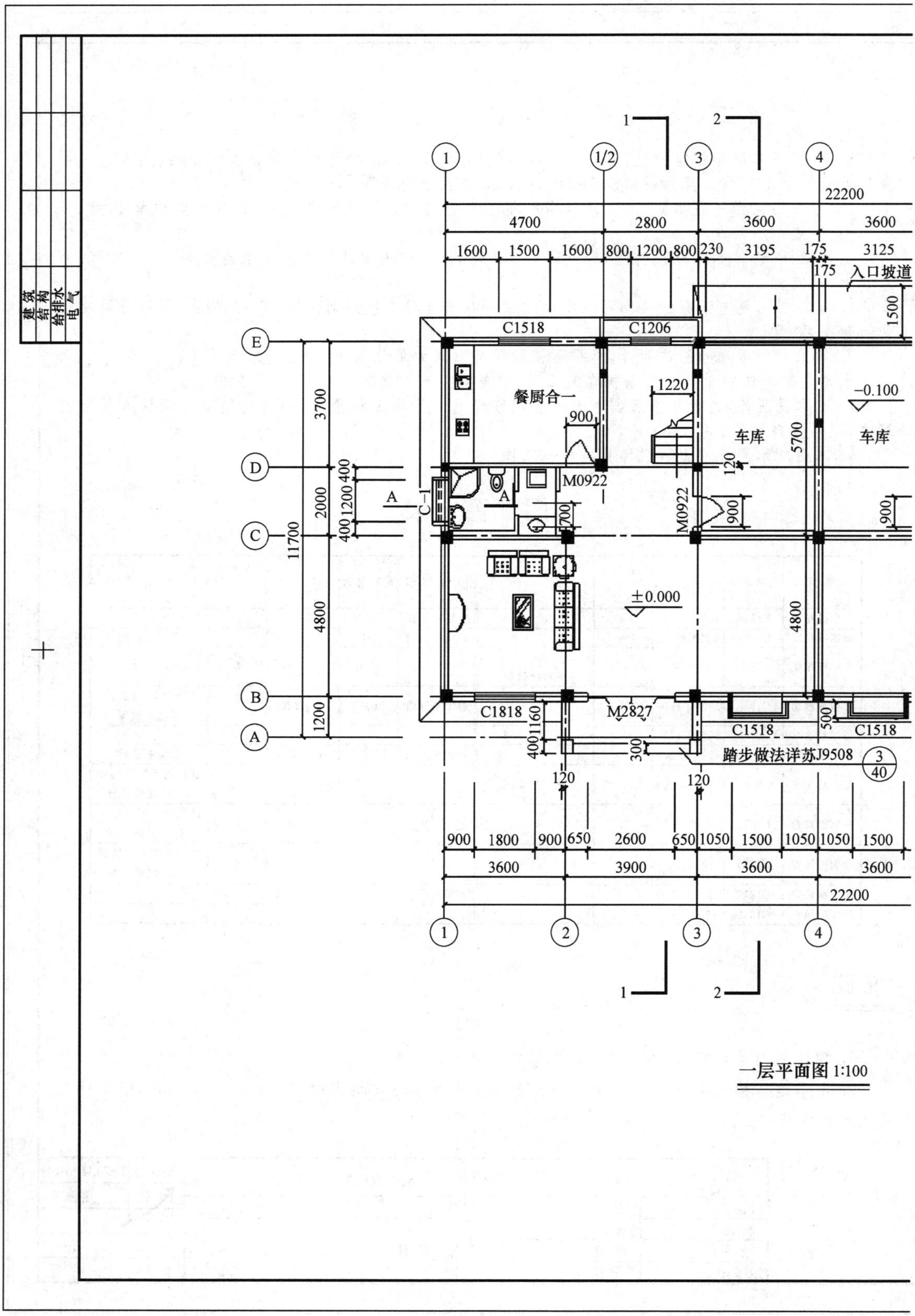

建筑
结构
给排水
电气
22200
4700
2800
3600
3600
1600 1500 1600 800 1200 800 230 3195 175 3125
175
入口坡道
1500
C1518
C1206
餐厨合一
1220
900
-0.100
车库
车库
5700
M0922
M0922
C-1
A
A
±0.000
3700
2000
400
1200
400
11700
4800
4800
1200
C1818
M2827
C1518
C1518
1160
400
300
500
踏步做法详苏J9508
3
40
120
120
900 1800 900 650 2600 650 1050 1500 1050 1050 1500
3600
3900
3600
3600
22200
一层平面图 1:100

图 13.7 一层平面图

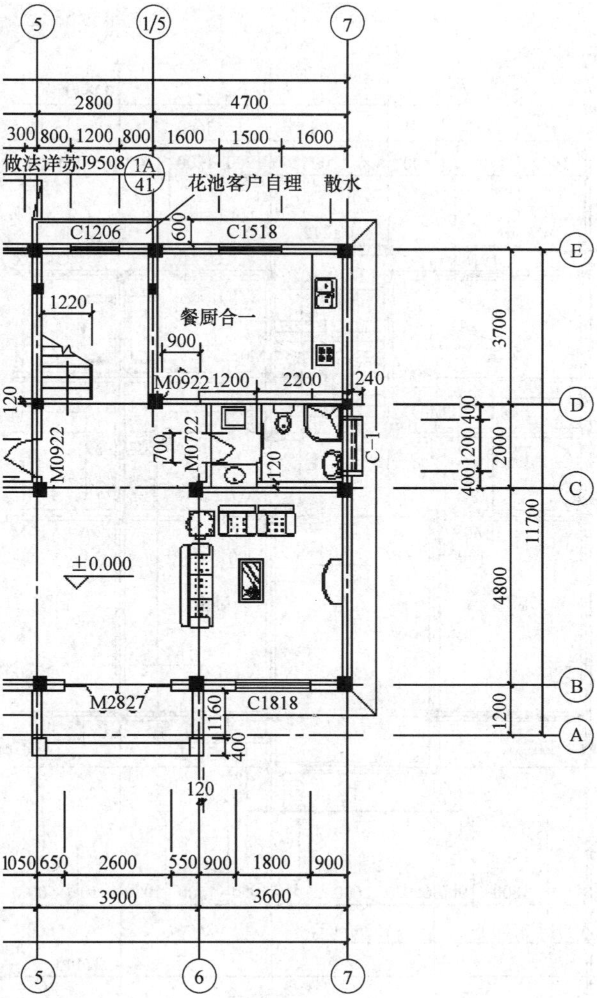

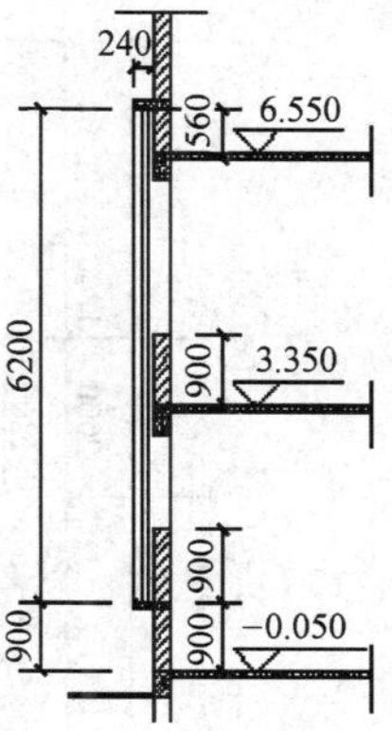

A—A剖面 1:100

未来建筑师建筑设计院				建设单位	某市农村居民集中居住区	设计号	T-2004-616H
设计		审核		工程名称	24号户型	图别	建施
制图		专业负责人		一层平面图		图号	2
校对		审定				比例	1:100
项目负责人		院长				日期	

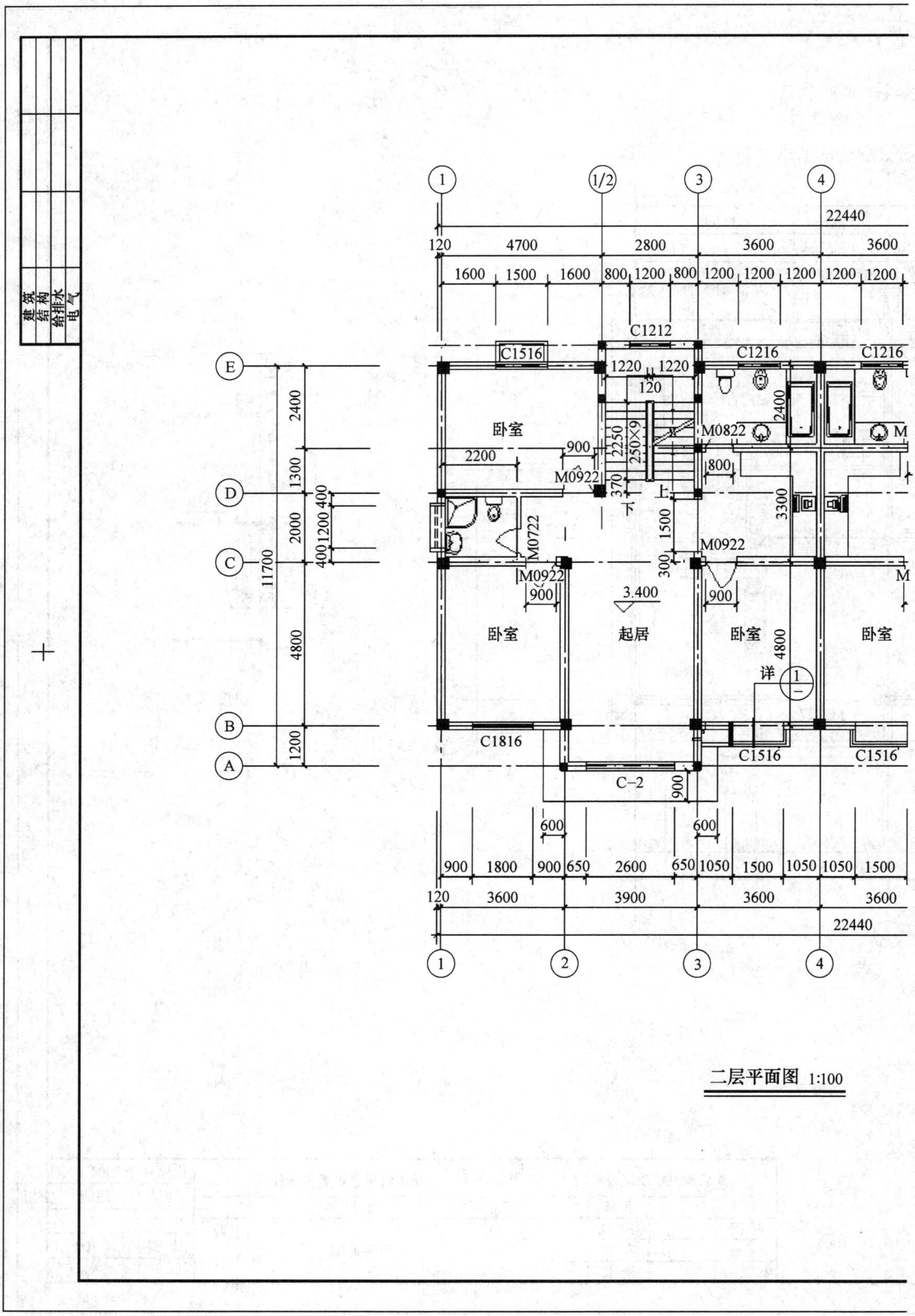

建筑
结构
给排水
电气
22440
120
4700
2800
3600
1600
1500
800
1200
C1212
C1516
C1216
1220
2400
1300
2000
400
4800
11700
卧室
起居
3.400
2200
900
2250
250×9
370
上
下
M0822
M0922
M0722
C1816
C-2
600
650
2600
1050
1800
3900
3300
详
二层平面图 1:100

图 13.8 二层平面图

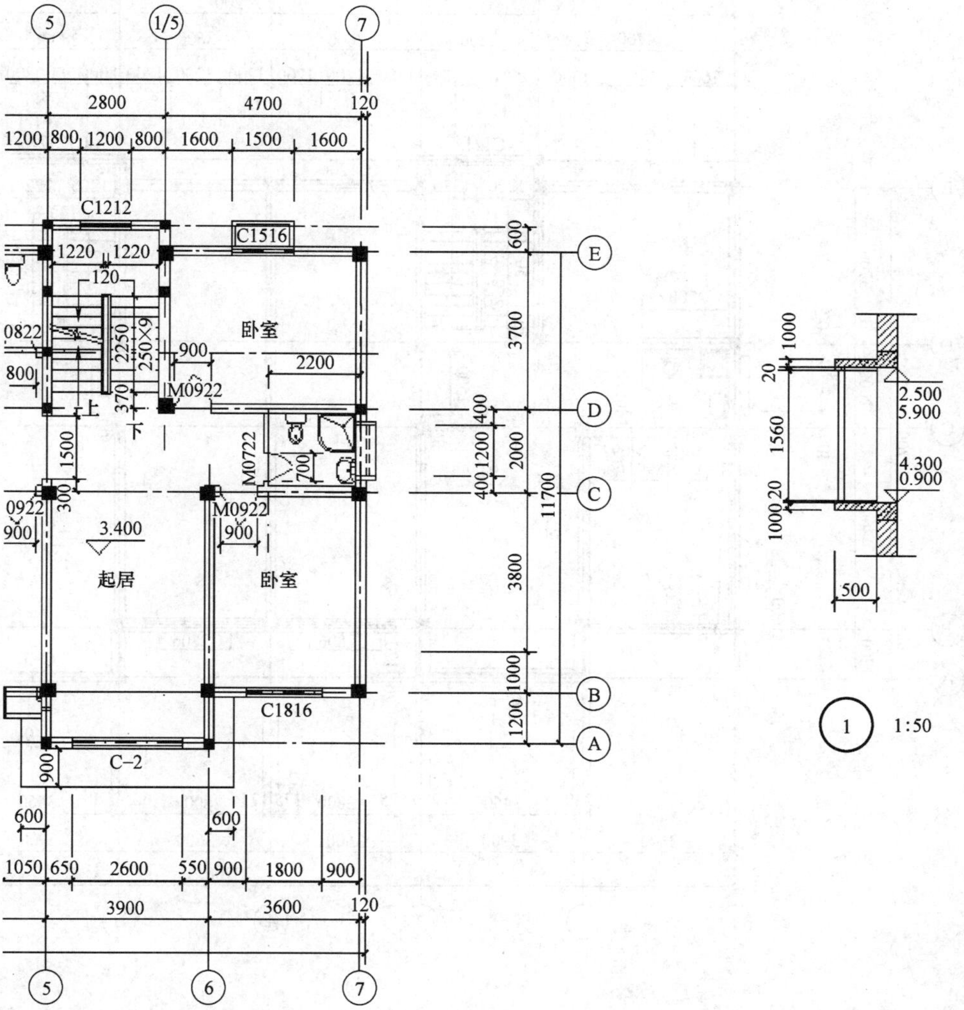

未来建筑师建筑设计院		建设单位	某市农村居民集中居住区	设计号	T-2004-616H
设 计	审 核	工程名称	24号户型	图 别	建施
制 图	专业负责人	二层平面图		图 号	3
校 对	审 定			比 例	1:100
项目负责人	院 长			日 期	

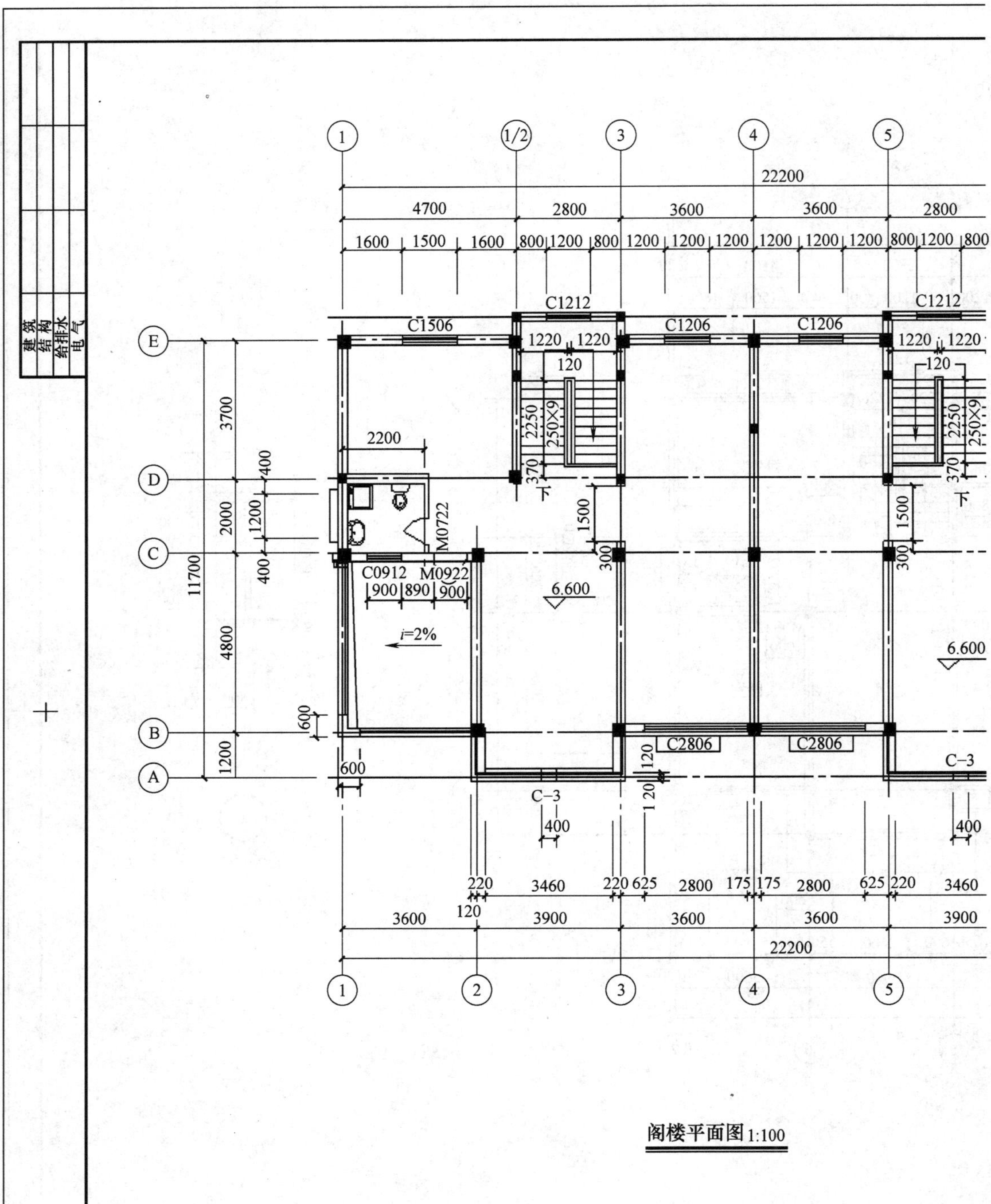
建筑
结构
给排水
电气
1
1/2
3
4
5
22200
4700
2800
3600
3600
2800
1600
1500
1600
800
1200
800
1200
1200
1200
1200
1200
1200
800
1200
800
C1212
C1212
C1506
C1206
C1206
1220
1220
1220
1220
120
120
E
D
C
B
A
3700
2000
400
4800
1200
11700
400
1200
400
2200
2250
250×9
370
1500
300
M0722
C0912
M0922
900
890
900
6.600
6.600
i=2%
600
600
C2806
C2806
C−3
C−3
400
400
220
3460
220
625
2800
175
175
2800
625
220
3460
120
3600
3900
3600
3600
3900
22200
2
阁楼平面图 1:100

图 13.9 阁楼平面图

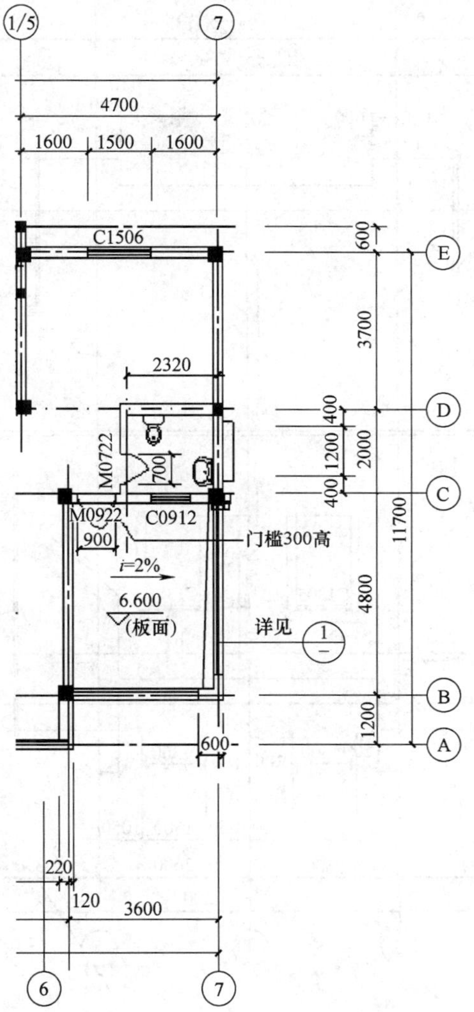

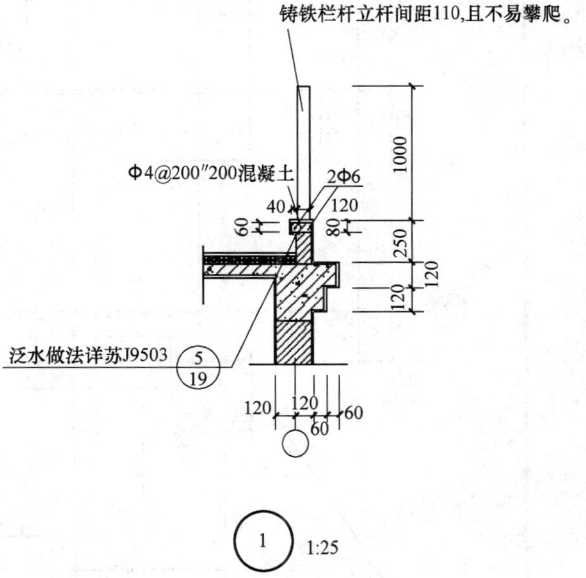

未来建筑师建筑设计院		建设单位	某市农村居民集中居住区	设计号	T-2004-616H
设　计	审　核	工程名称	24号户型	图　别	建施
制　图	专业负责人	阁楼平面图		图　号	4
校　对	审　定			比　例	1:100
项目负责人	院　长			日　期	

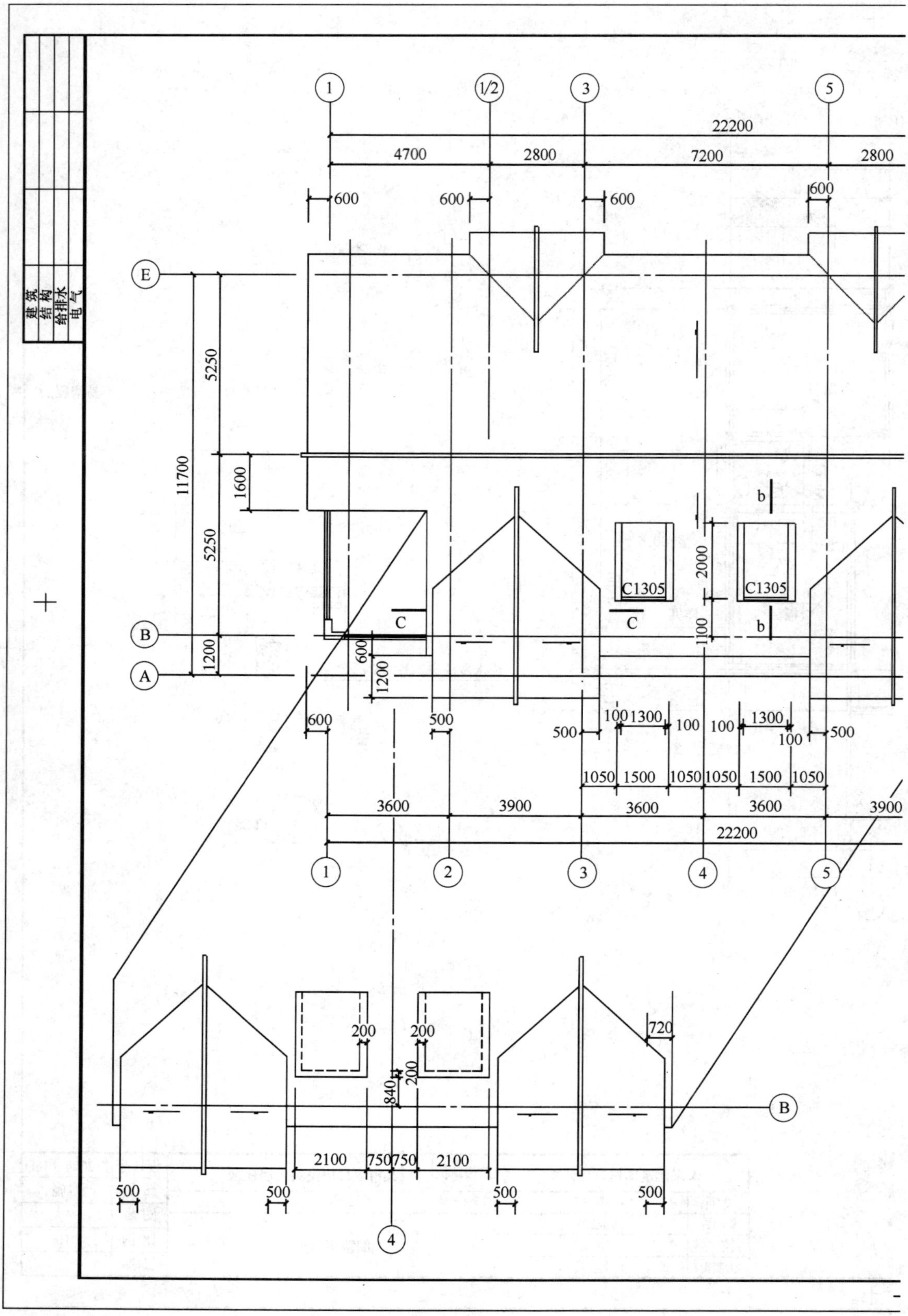
建筑
结构
给排水
电气
1
1/2
3
5
22200
4700
2800
7200
2800
600
600
600
600
E
5250
11700
1600
5250
B
1200
A
600
1200
C
C
C1305
C1305
2000
b
b
1100
600
500
500
100
1300
100
100
1300
100
500
1050
1500
1050
1050
1500
1050
3600
3900
3600
3600
3900
22200
1
2
3
4
5
200
200
720
840
200
B
2100
750
750
2100
500
500
500
500
4

图 13.10　层顶平面图

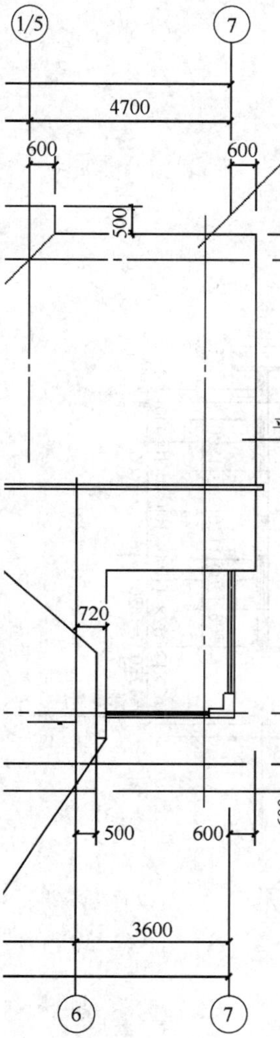

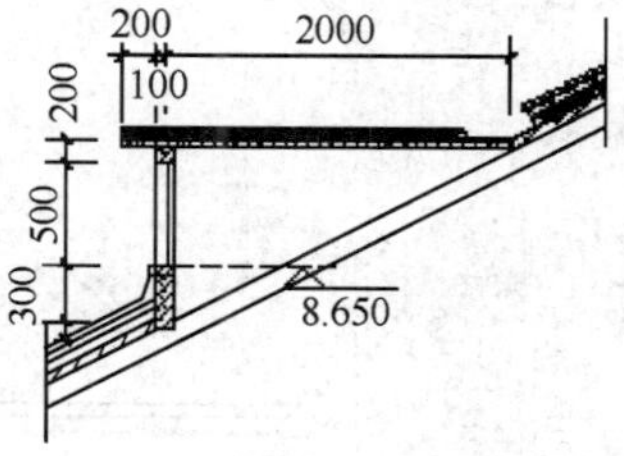

b—b剖面 1:50

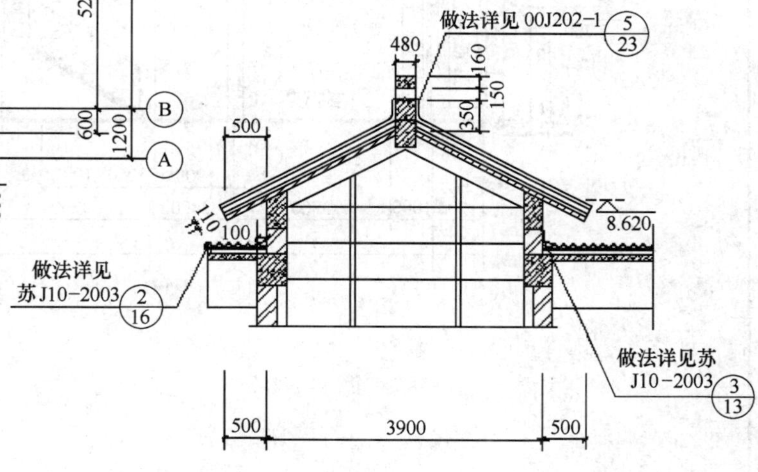

C—C 剖面　1:50

屋顶平面图1:100

未来建筑师建筑设计院				建设单位	某市农村居民集中居住区	设计号	T-2004-616H
设 计		审 核		工程名称	24号户型	图 别	建施
制 图		专业负责人				图 号	5
校 对		审 定			屋顶平面图	比 例	1:100
项目负责人		院 长				日 期	

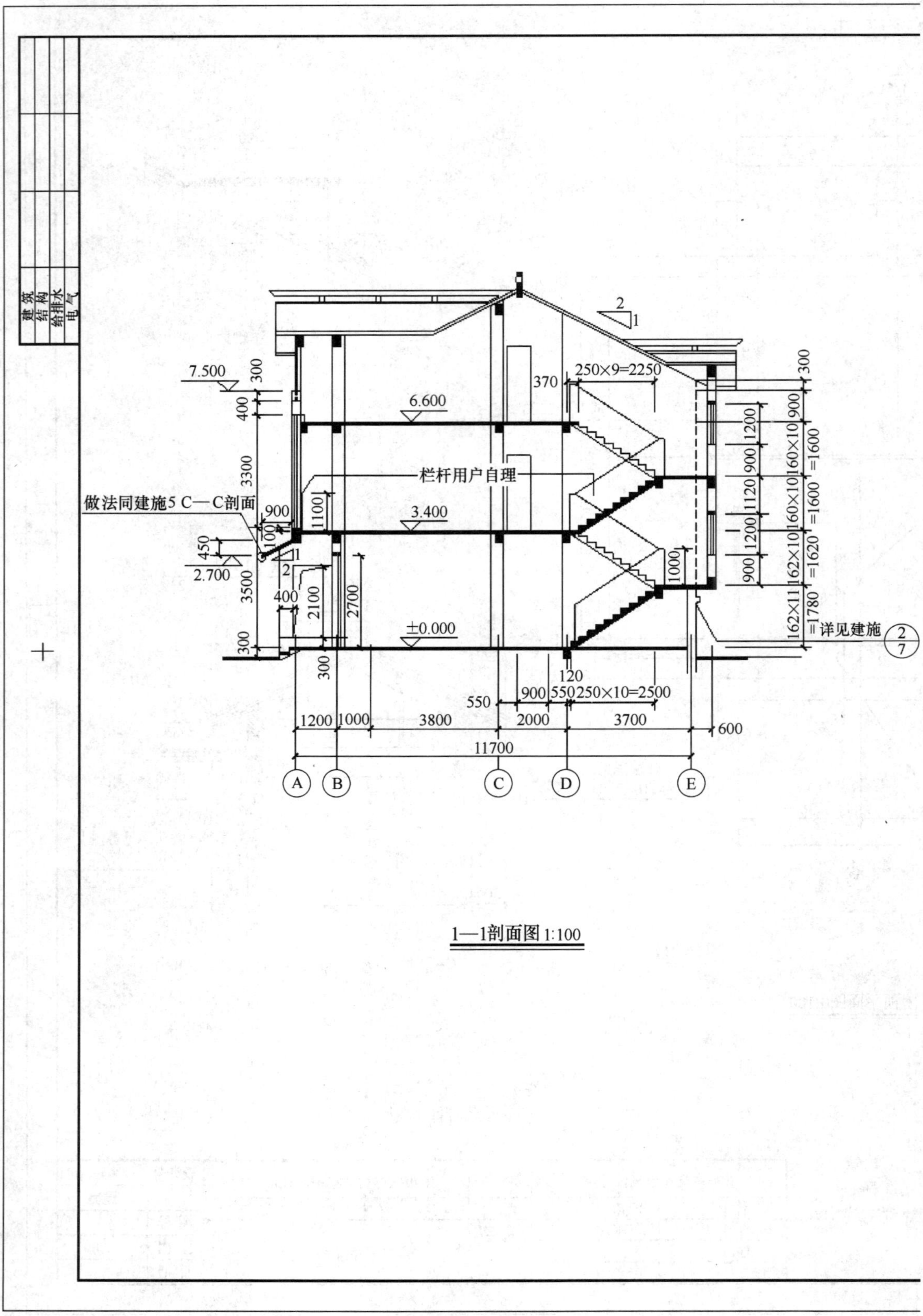

图 13.11　1—1 剖面图、2—2 剖面图

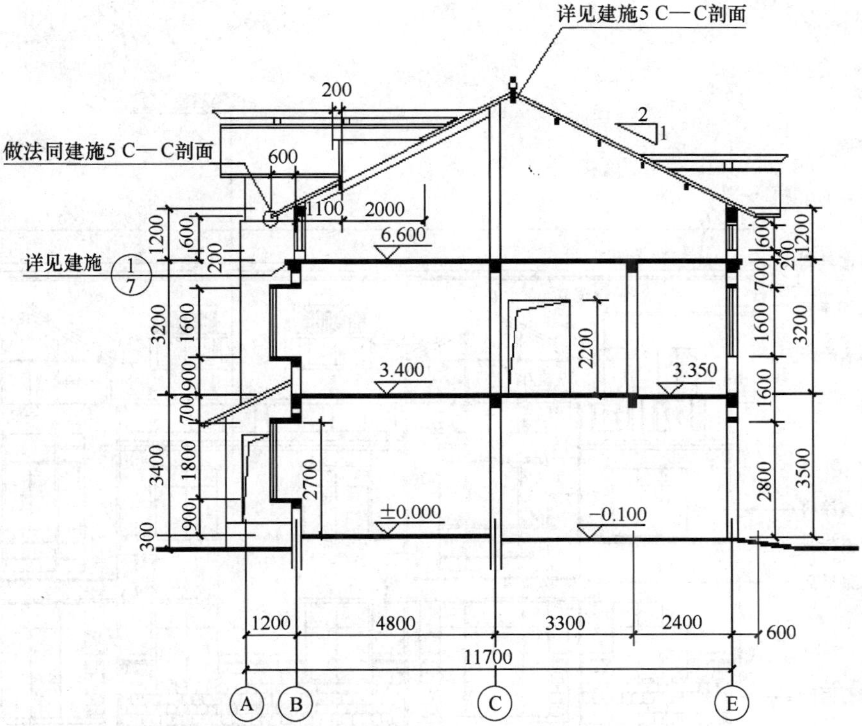

2—2剖面图1:100

未来建筑师建筑设计院				建设单位	某市农村居民集中居住区	设计号	T-2004-616H
设计		审核		工程名称	24号户型	图别	建施
制图		专业负责人		1—1 剖面图　2—2 剖面图		图号	9
校对		审定				比例	1:100
项目负责人		院长				日期	

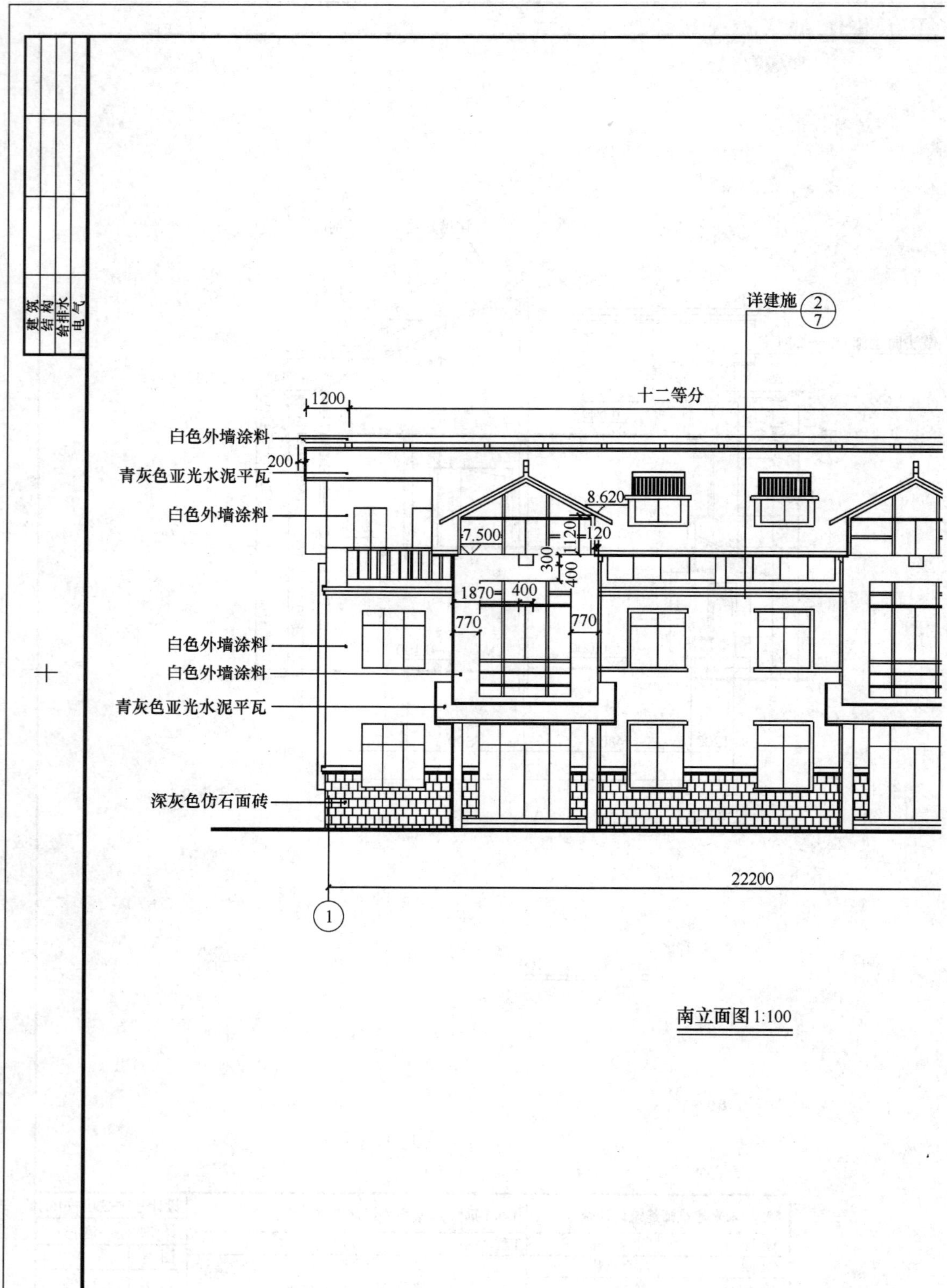
建筑
结构
给排水
电气
详建施 2/7
十二等分
1200
白色外墙涂料
200
青灰色亚光水泥平瓦
白色外墙涂料
8.620
7.500
1120
120
300
400
1870
400
770
770
白色外墙涂料
白色外墙涂料
青灰色亚光水泥平瓦
深灰色仿石面砖
22200
1
南立面图 1:100

图 13.12 南立面图

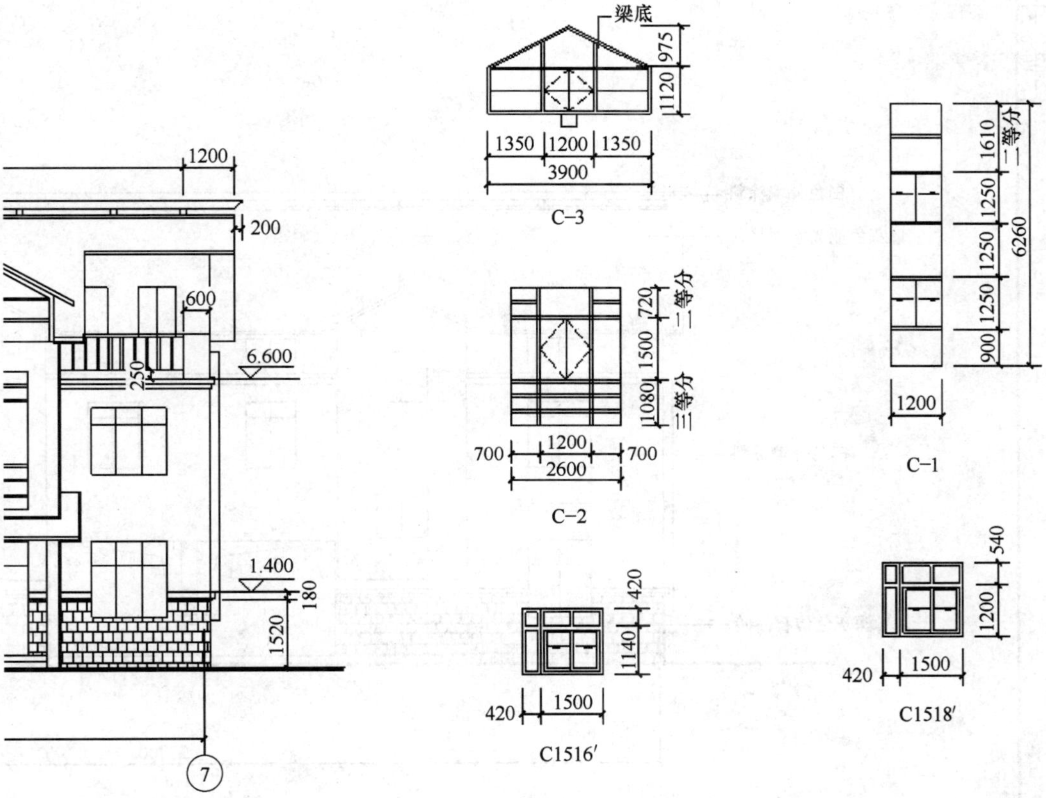

门窗详图 1:100

未来建筑师建筑设计院				建设单位	某市农村居民集中居住区	设计号	T-2004-616H
						图别	建施
设计		审核		工程名称	24号户型	图号	6
制图		专业负责人		南立面图		比例	1:100
校对		审定				日期	
项目负责人		院长					

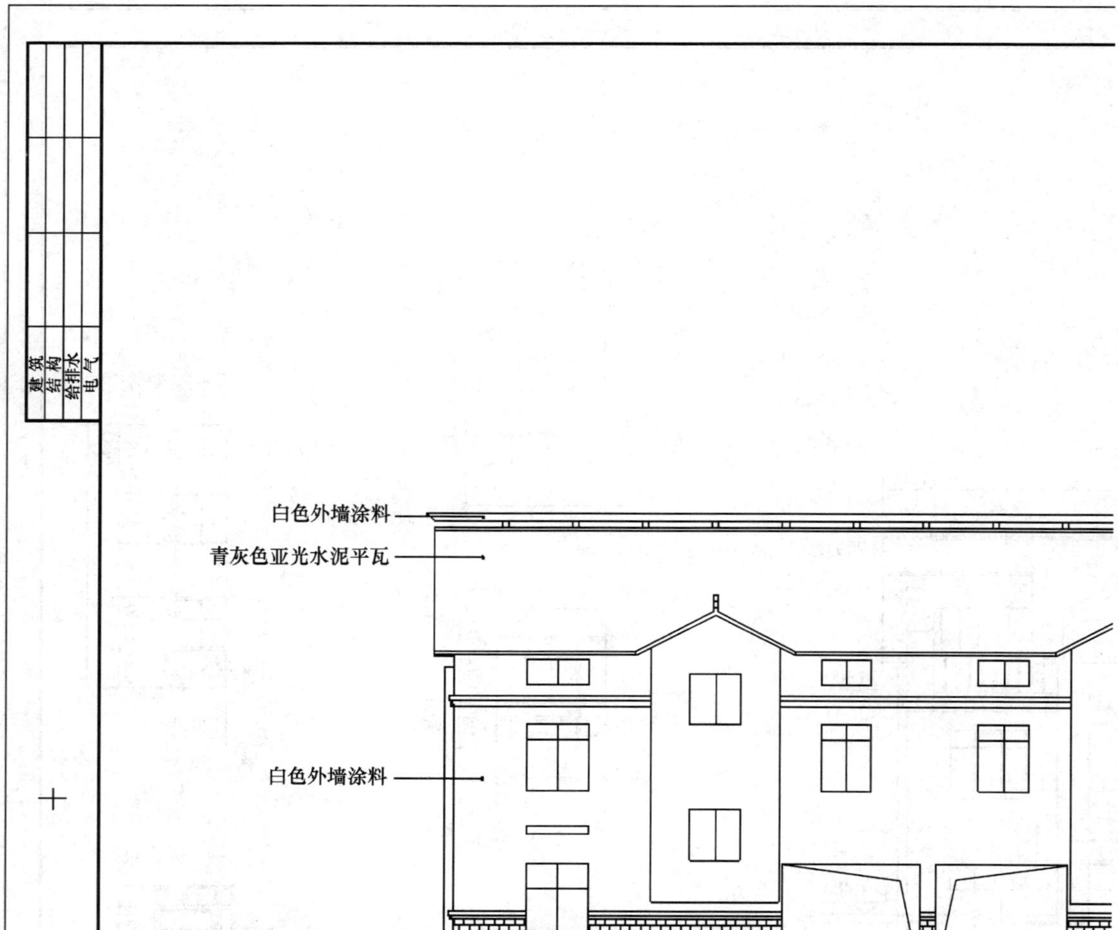
建筑
结构
给排水
电气
白色外墙涂料
青灰色亚光水泥平瓦
白色外墙涂料
深灰色仿石面砖
22200
7
北立面图 1:100

图 13.13　北立面图

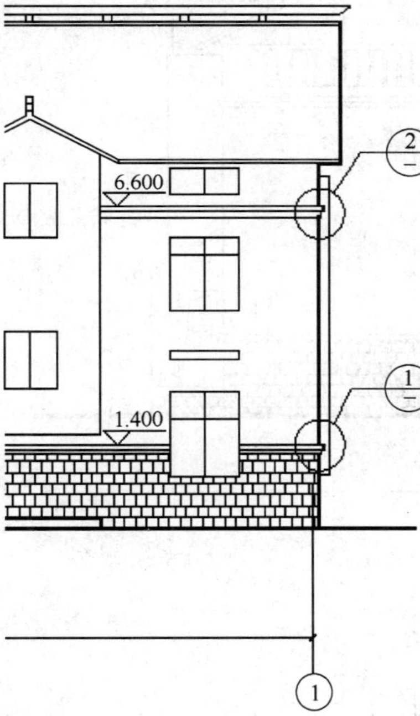

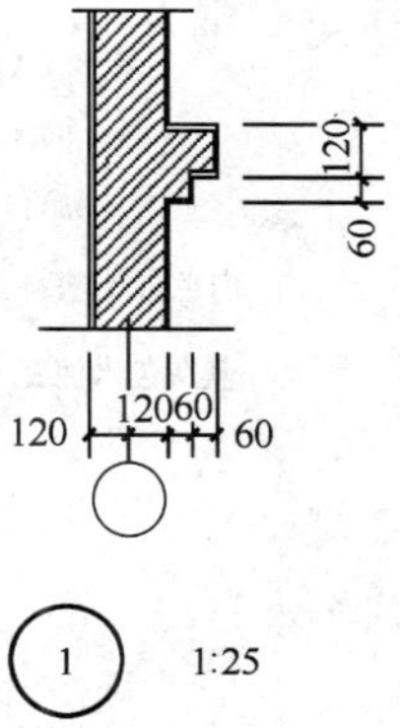

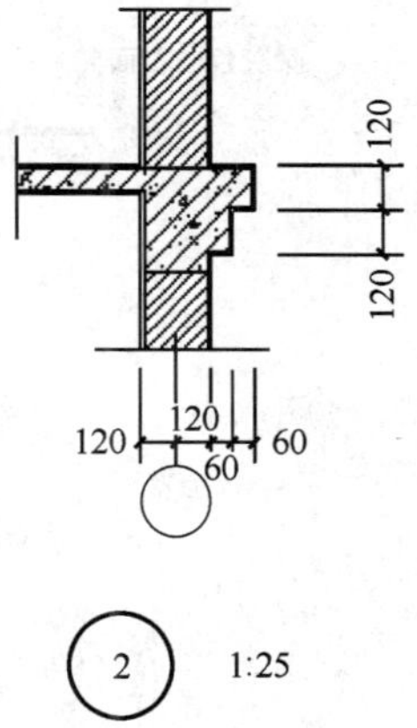

未来建筑师建筑设计院			建设单位	某市农村居民集中居住区	设计号	T-2004-616H
设 计		审 核	工程名称	24号户型	图 别	建施
制 图		专业负责人		北立面图	图 号	7
校 对		审 定			比 例	1:100
项目负责人		院 长			日 期	

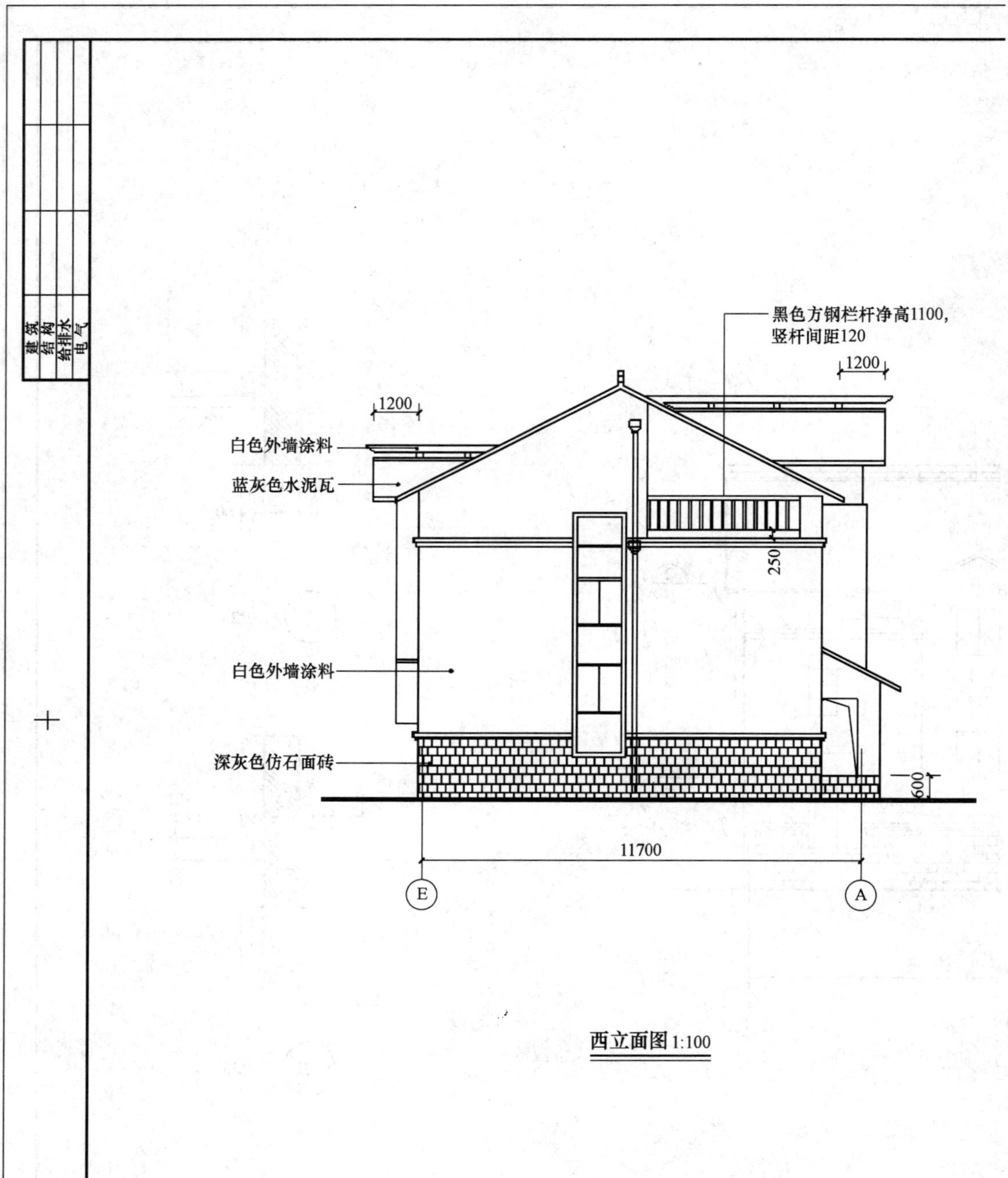
建筑
结构
给排水
电气
黑色方钢栏杆净高1100,
竖杆间距120
1200
1200
白色外墙涂料
蓝灰色水泥瓦
250
白色外墙涂料
深灰色仿石面砖
600
11700
E
A
西立面图 1:100

图 13.14 立面图

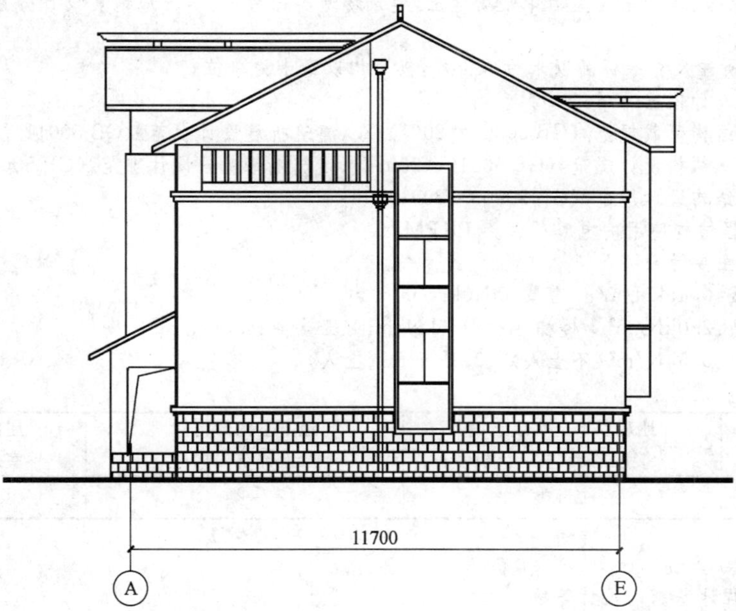

东立面图1:100

未来建筑师建筑设计院				建设单位	某市农村居民集中居住区	设计号	T-2004-616H
设 计		审 核		工程名称	24号户型	图 别	建施
制 图		专业负责人		东立面图　西立面图		图 号	8
校 对		审 定				比 例	1:100
项目负责人		院 长				日 期	

建筑
结构
给排水
电气

结构设计总说明

一、工程概况

1. 本工程为二层框架结构，长 22.2m，宽 11.7m，檐高 7.8m

±0.000 相当于地质资料标高 BM=2.50(黄海高程)

2. 本建筑物的安全等级为二级，设计使用年限为 50 年，抗震设防分类为丙类，抗震设防烈度为 6°(0.05g)，抗震等级四级。

地面粗糙度按 B 类设计，地基基础设计等级为丙级。砌体施工质量控制等 B 级

按勘察报告：场地土类型为中软场地土，建筑场地类别为Ⅲ类，场地地震设计分组第一组，土层不液化。

3. 图中所注尺寸除标高以米为单位外，其余均以毫米为单位。

二、主要设计依据

1.《建筑结构荷载规范》(GB 50009—2001)；2.《建筑抗震设计规范》(GB 50011—2001)；

3.《混凝土结构设计规范》(GB 50010—2002)；4.《建筑地基基础设计规范》(GB 50007—2002)；

5.《砌体结构设计规范》(GB 50003—2001)；

6. 本工程结构使用的电算软件为 PKPM。

三、设计主要荷载

基本风压：$0.45kN/m^2$　雪载：$0.40kN/m^2$

楼面活载：$2.0kN/m^2$　楼梯活载：$3.5kN/m^2$　卫生间：$4.0kN/m^2$

屋面活载：$0.5kN/m^2$(不上人)　$2.0kN/m^2$(上人)

四、环境类别

基础	地观以下与水或土壤接触的墙、柱、梁、板	地下室内部构件及上部结构构件	屋面以上室外构件
二 a 类	二 a 类	一类	二 a 类

五、地基与基础

1. 本工程地基基础设计等级为丙级。

2. 本基础土质按照江苏省常熟市建筑设计研究院有限责任公司提供的地质报告设计，编号(2005150)设计，柱下基础采用独立基础，地基持力层为④号土层，按 $f_{ak}=2000kPa$ 计算。

超挖部分用 C15 混凝土回填至基底设计标高。

3. 基槽，基坑回填土应分层均匀夯实，分层厚度 200～250，压实系数不小于 0.94。

六、材料

1. 混凝土：桩承台垫层为 C10，其余部分均为 C25

2. 钢筋：φ 为 HPB235 级钢，Φ为 HRB335 级钢筋，Φ为 HRB400 级钢筋，钢筋的强度标准值应具有不小于 95% 的保证率。

3. 砌体：±0.000 以下采用 MU10 机制砖，M7.5 水泥砂浆；±0.000 以上外墙采用 KM1 型 MU10 空心砖。

砂浆为 M5 混合砂浆，内填充墙采用 190 厚 MU7.5 混凝土空心砖，女儿墙采用 KP1 型 MU10 空心砖，M5 混合砂浆。

4. 过梁：选用国标《钢筋混凝土过梁》03G322-1，未注明均为 GL-4XX2，两端搁置长度范围内遇有现浇注梁时，改为现浇，断面同墙厚，配筋不变。

图 13.15　结构设计说明

七、主要构造要求

1. 本工程连续梁设计图采用的是平面整体表示方法，选用图集 03G101-1

(a)受力钢筋的混凝土保护层厚度(mm)：板：15；柱：30；梁：25，±0.00 以下 40

(b)屋面层梁配筋构造要求按照屋面梁 WKL，WL 要求进行施工。

(c)框架、柱纵筋优选采用电渣压力焊。

2. 主梁中有次梁时主梁靠次梁旁箍筋均需加密，未注明时两侧各 3ϕd@50(d 为主梁箍筋直径)，未注吊筋均为 2Φ18。

3. 梁内通长钢筋采用搭接，搭接位置；上部钢筋在跨中 1/3 处，下部钢筋在支座，同一截面钢筋的接头率不大于 50%。搭接长度不小于 1.4LaE。

4. 除注明外梁内弯起钢筋、吊筋、鸭筋的起弯角当梁高大于等于 800 时采用 60°，否则采用 45°，弯终点外平直段长度不小于 20d(d 为钢筋直径)。

5. 外梁件施工时应保证上部钢筋的设计位置，混凝土强度达到要求后才能拆除支撑模板。

6. 构造柱的构造及其与墙拉筋要求详见省标图集苏 G01-2003，卫生间四周墙体或梁上均作混凝土翻边 120×120(门口除外)。

7. 土建施工时，与各设备专业密切配合，做好预留，预埋，严防乱打凿而影响工程质量及结构安全。

8. 现浇板内埋设管线时，管线应放置在上、下两层钢筋之间，如埋设管线处板内无上层负筋，应在管线上方附加钢筋网，见附图一。如板内管线比较密集时，采用双层双向配筋，除板上部支座已有负筋外，板块中另加Φ6@250 双向筋，与支座负筋搭接 300，见附图二。

八、其他

本工程节点作法参见苏 G01-2003 中要求施工，所有墙柱连结(包括构造柱)，均应设2ϕ6@500，伸入墙体 1000，构造柱应留马牙槎。

九、采用图集

(1)建筑结构常用节点图集(苏 G01-2003)　　(2)混凝土结构施工图平面整体表示方法制图规则和构造详图(03G101-1)。

(3)预制钢筋混凝土门窗过梁(03G322-1)

十、图中未尽事宜需照国家现行有关施工及验收规范施工。

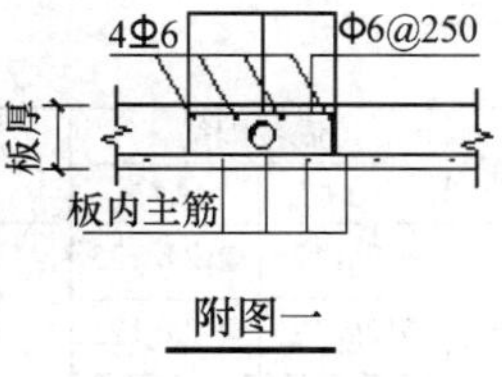

附图一

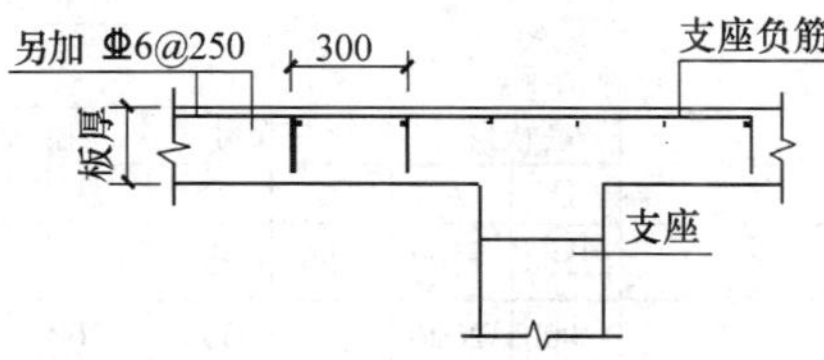

附图二

未来建筑师建筑设计院				建设单位	某市农村居民集中居住区	设计号	T-2004-616H
设计		审核		工程名称	24号户型17～20,25～28号房	图别	结施
制图		专业负责人		结构设计说明		图号	01
校对		审定				比例	
项目负责人		院长				日期	

建筑
结构
给排水
电气

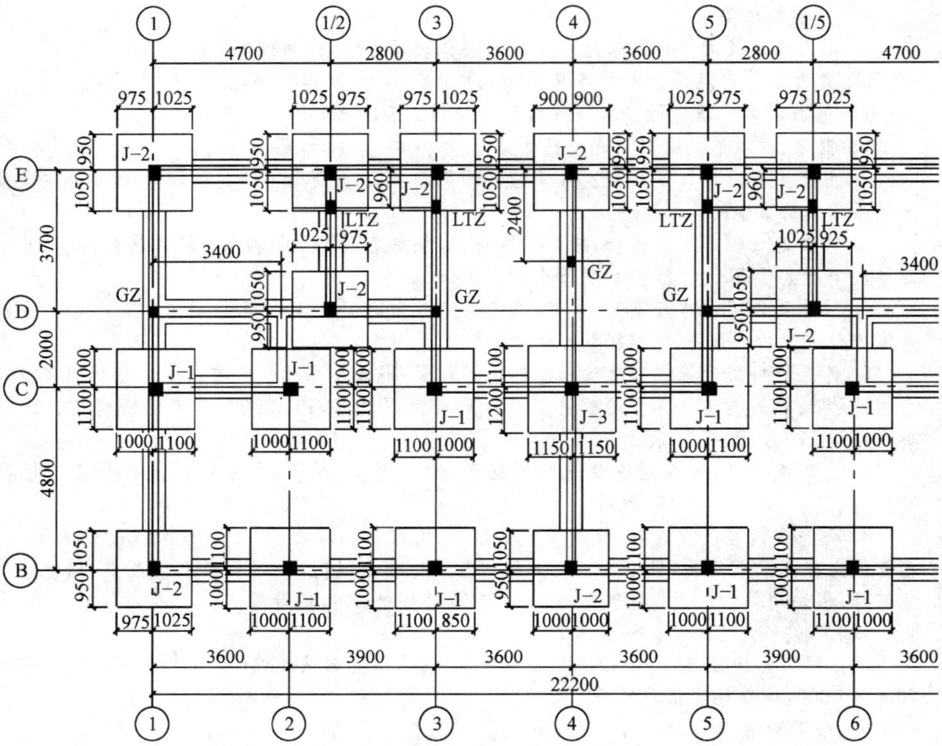

基础平面图 1:100

柱下独立基础表

基础编号	底板尺寸		柱尺寸		独基高度		底板配筋		备注
	B	A	b	h	H1	H2	As1	As2	
J–1	2100	2100	350	350	300	250	Φ12@125	Φ12@125	
J–2	2000	2000	300	350	300	250	Φ12@125	Φ12@125	
J–3	2300	2300	350	350	300	250	Φ12@125	Φ12@125	

图 13.16 基础平面、大样图

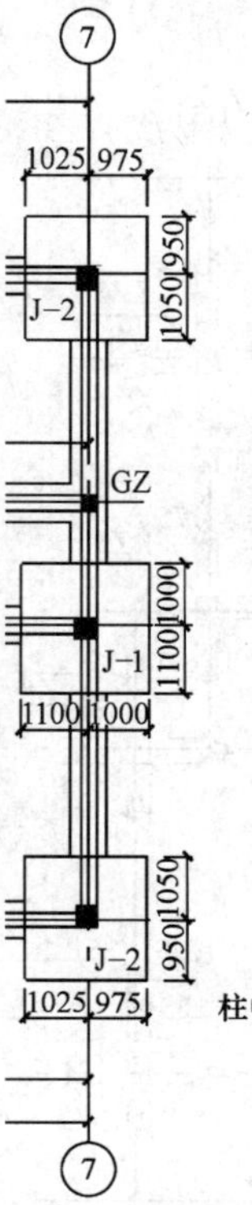

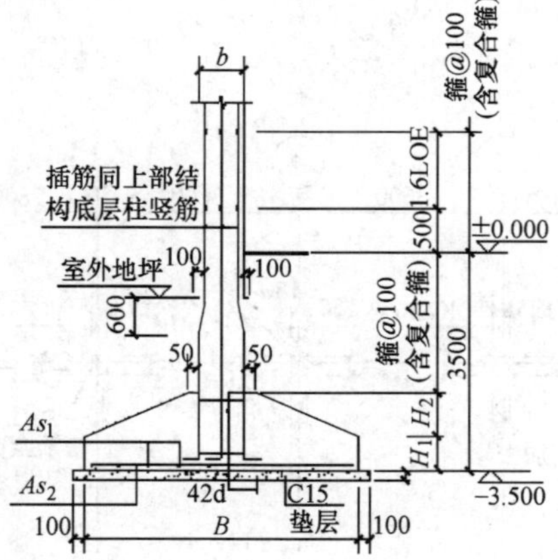

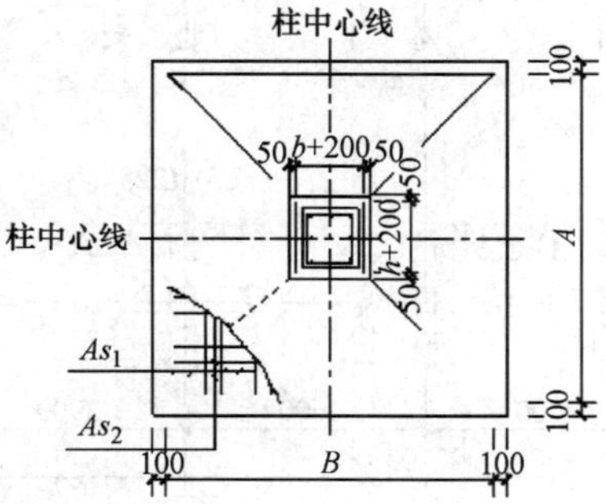

J~1~3 配筋大样

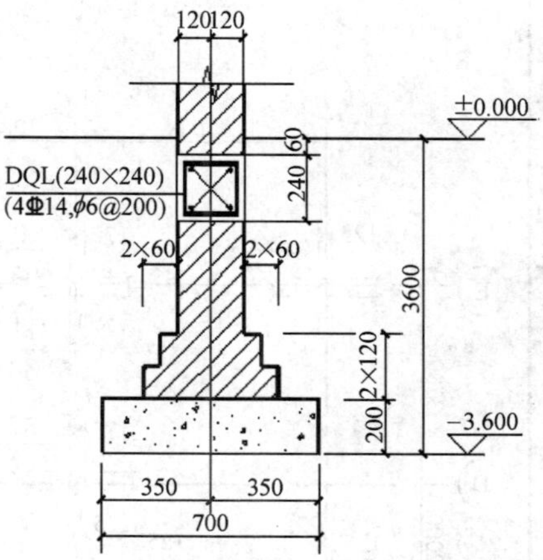

砖条基大样

未来建筑师建筑设计院				建设单位	某市农村居民集中居住区	设计号	T–2004–616H
设计		审核		工程名称	24号户型17～20,25～28号房	图别	结施
制图		专业负责人		基础平面图大样图		图号	02
校对		审定				比例	
项目负责人		院长				日期	

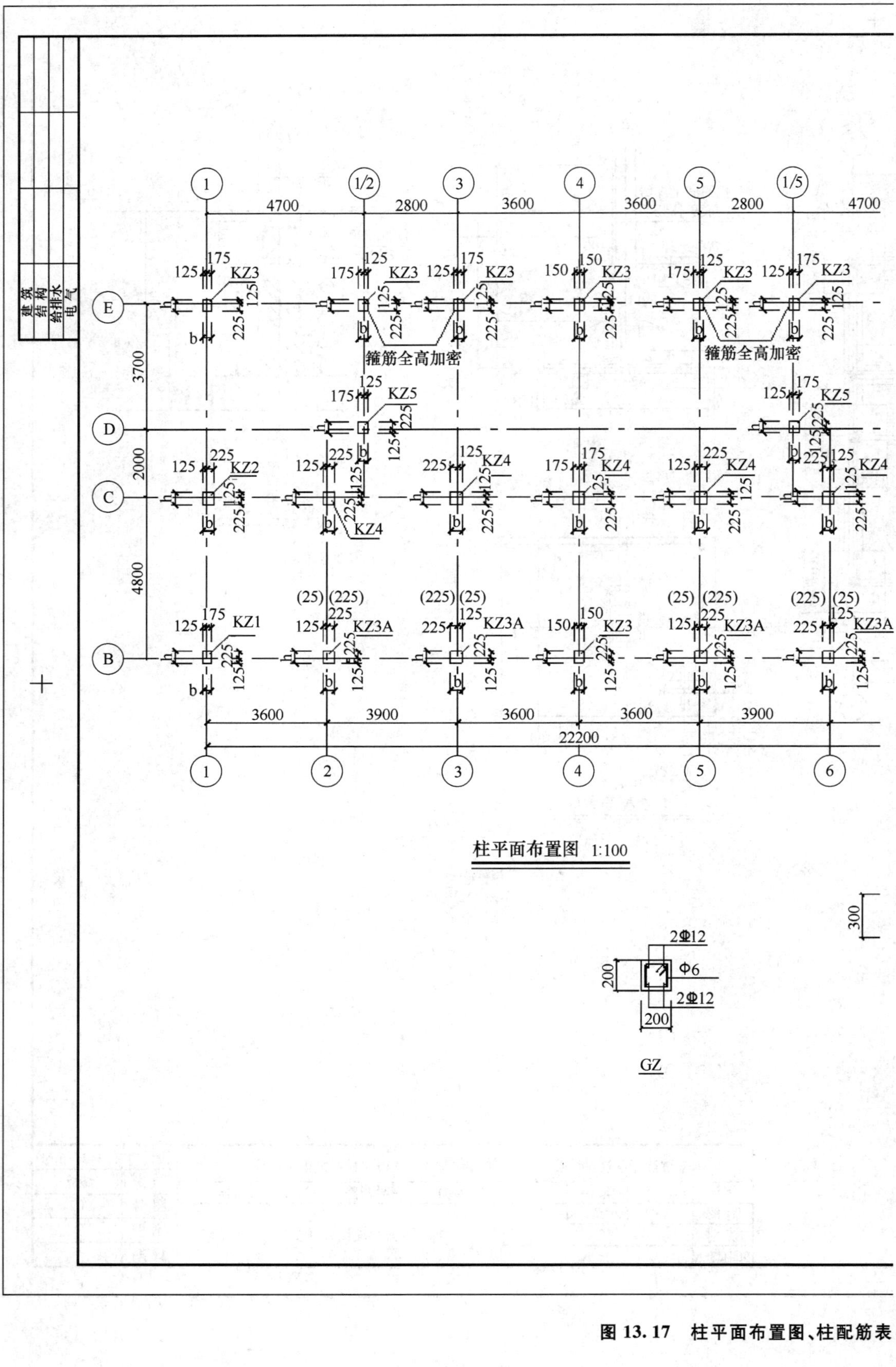

图 13.17　柱平面布置图、柱配筋表

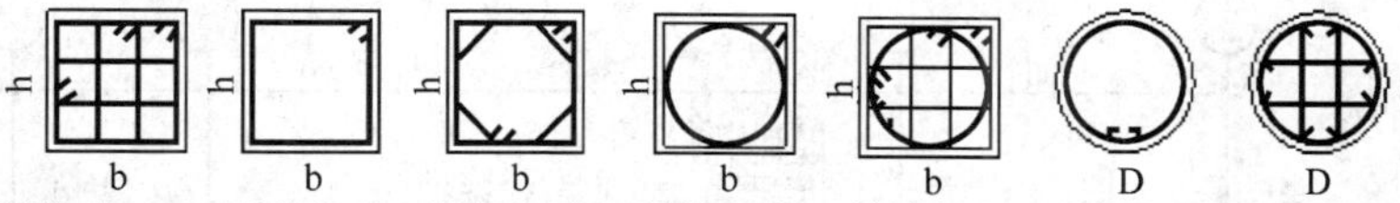

箍筋类型 1(mm) 箍筋类型 2 箍筋类型 3 箍筋类型 4 箍筋类型 5 箍筋类型 6 箍筋类型 7

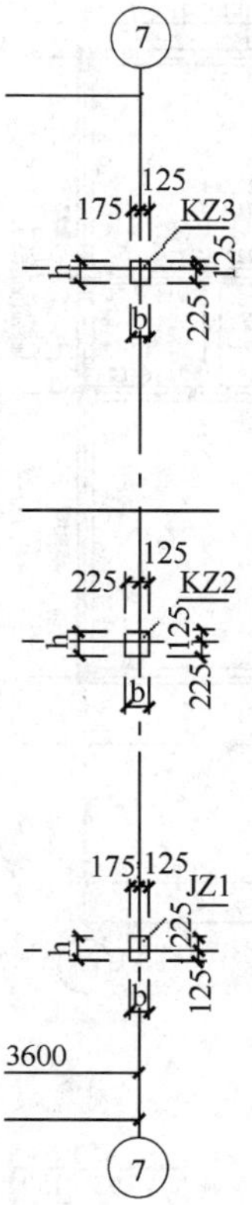

柱号	标高	bzh（圆柱直径）	全部纵筋	角筋	b边一侧中部筋	h边一侧中部筋	箍筋类型号	箍筋	备注
KZ1	0.000−6.550	300×350	8Φ18				1(3×3)	Φ6@100/200	
KZ2	0.000−3.400	350×350		4Φ20	1Φ20	1Φ16	1(3×3)	Φ6@100/200	
	3.400−10.200	350×350		4Φ18	1Φ18	1Φ16	1(3×3)	Φ6@100/200	
KZ3	0.000−3.400	300×350		4Φ20	1Φ20	1Φ18	1(3×3)	Φ6@100/200	
	3.400−6.600	300×350		4Φ18	1Φ18	1Φ18	1(3×3)	Φ6@100/200	
	6.600−7.800	300×350		4Φ20	1Φ20	1Φ18	1(3×3)	Φ6@100	
KZ3A	0.000−3.400	350×350		4Φ20	1Φ20	1Φ18	1(3×3)	Φ6@100/200	
	3.400−7.500	350×350		4Φ18	1Φ18	1Φ18	1(3×3)	Φ6@100	
	7.500−8.620	250×350		4Φ18	1Φ18	1Φ18	1(3×3)	Φ6@100	
KZ4	0.000−3.400	350×350		4Φ22	1Φ22	1Φ18	1(3×3)	Φ6@100/200	
	3.400−6.600	350×350		4Φ20	1Φ20	1Φ18	1(3×3)	Φ6@100	
	6.600−10.200	350×350		4Φ18	1Φ18	1Φ18	1(3×3)	Φ6@100	
KZ5	0.000−3.400	300×350	8Φ18				1(3×3)	Φ6@100/200	
	3.400−9.650	300×350	8Φ16				1(3×3)	Φ6@100	

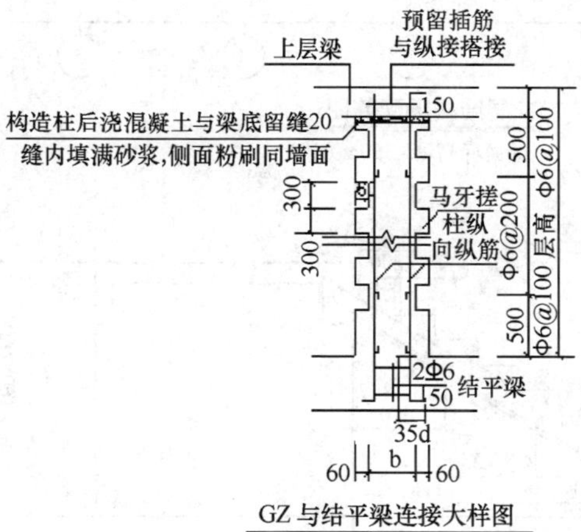

GZ 与结平梁连接大样图

GZ 从 DQL 插出，锚固 48d

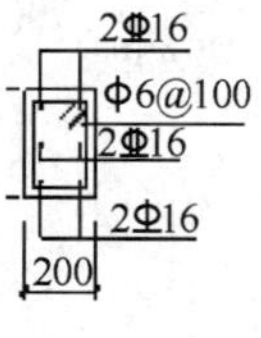

LTZ

LTZ 基础按苏 G01−2003
页 9 大样①施工，底标高−1.000
上层从楼层梁插出，顶锚入楼梯平台梁
锚固长度 42d

未来建筑师建筑设计院				建设单位	某市农村居民集中居住区	设计号	T−2004−616H
设 计		审 核		工程名称	24号户型17～20,25～28 号房	图 别	结施
制 图		专业负责人		柱平面布置图　柱配筋表		图 号	03
校 对		审 定				比 例	
项目负责人		院 长				日 期	

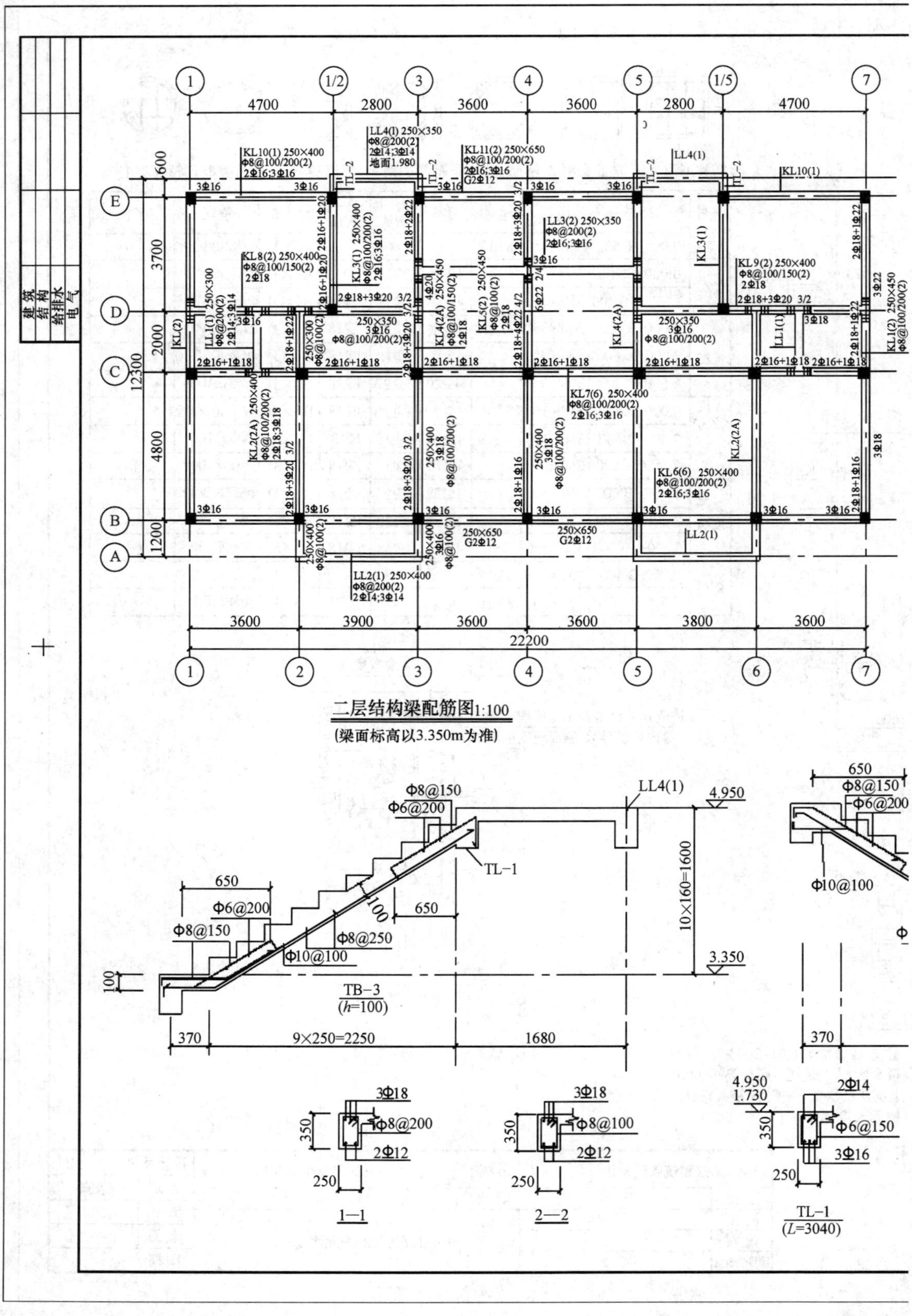

图 13.18　二层、阁楼层梁配筋图

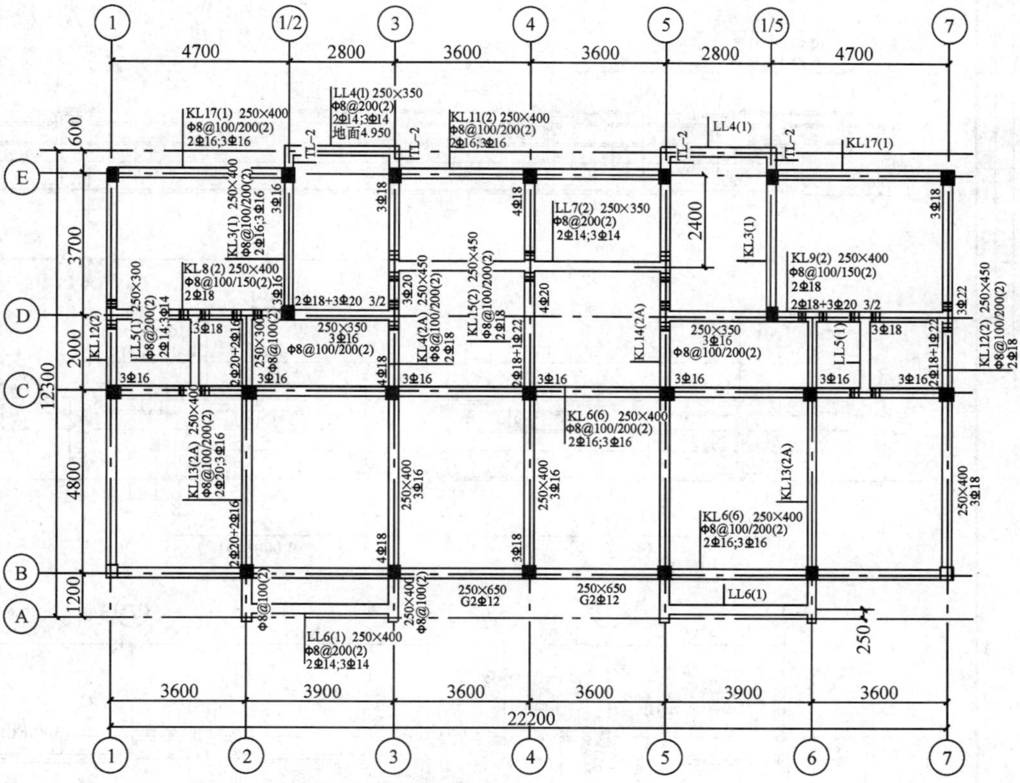

阁楼层结构梁配筋图1:100

(梁面标高以6.550m为准)

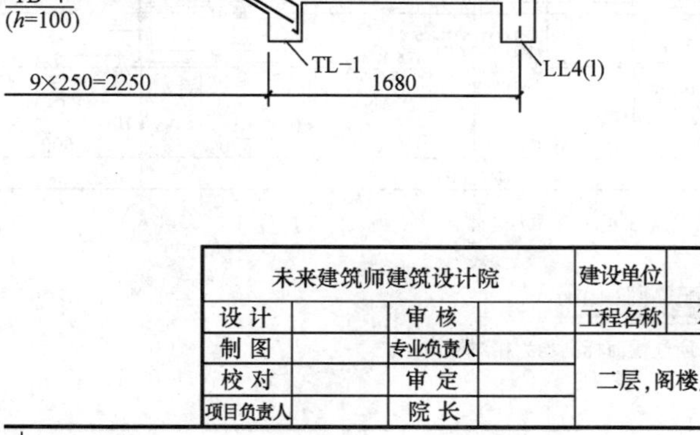

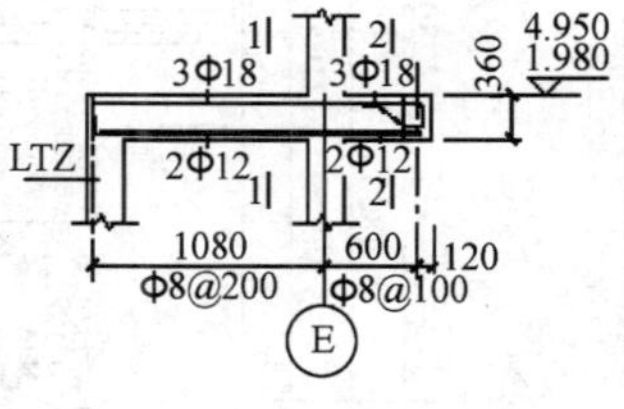

TL-2

未来建筑师建筑设计院				建设单位	某市农村居民集中居住区	设计号	T-2004-616H
设计		审核		工程名称	24 号户型 17～20,26～28 号房	图别	结施
制图		专业负责人		二层,阁楼层梁配筋图 楼梯 TB3,4 配筋图		图号	01
校对		审定				比例	
项目负责人		院长				日期	

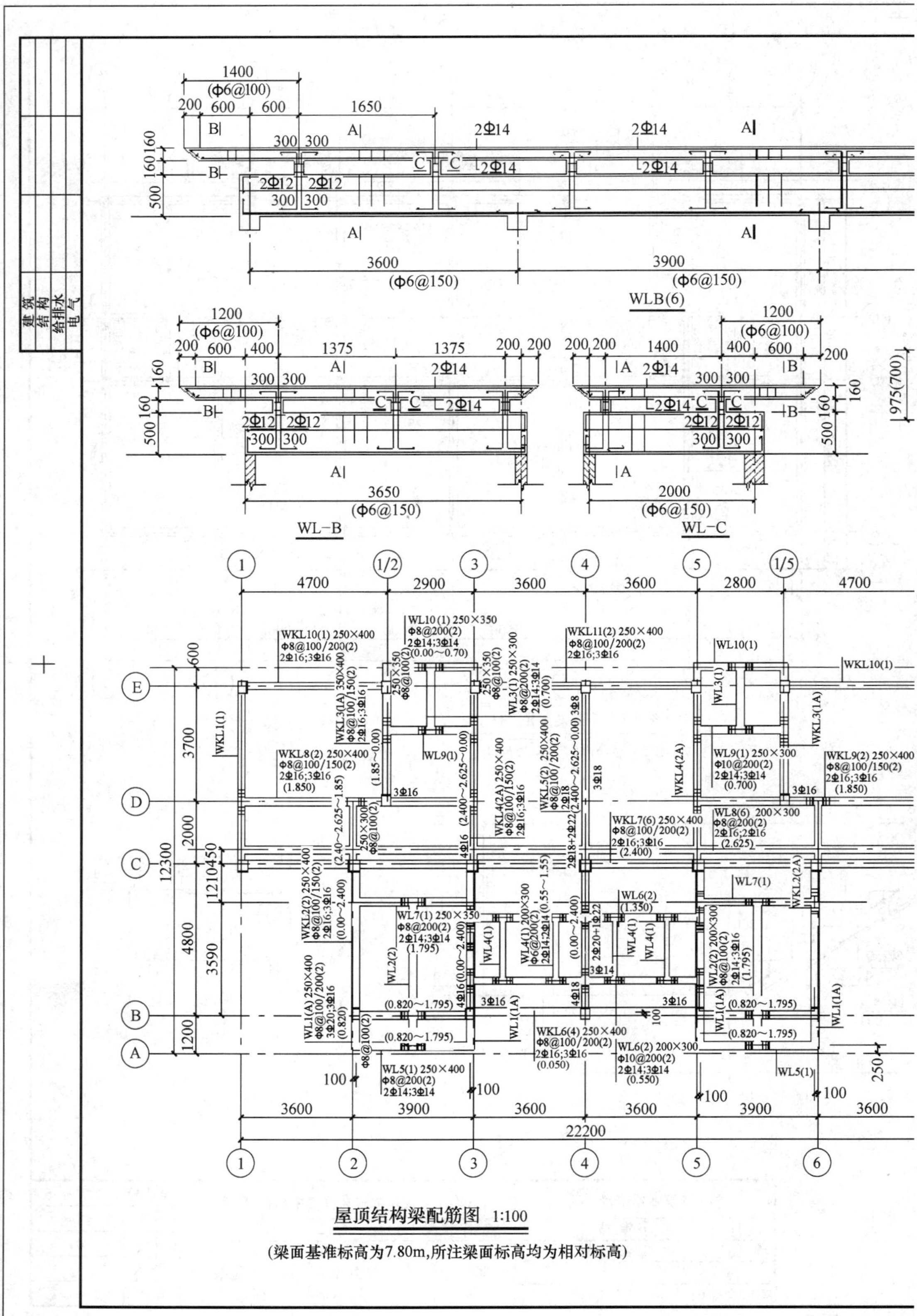

图 13.19 屋顶结构梁配筋图

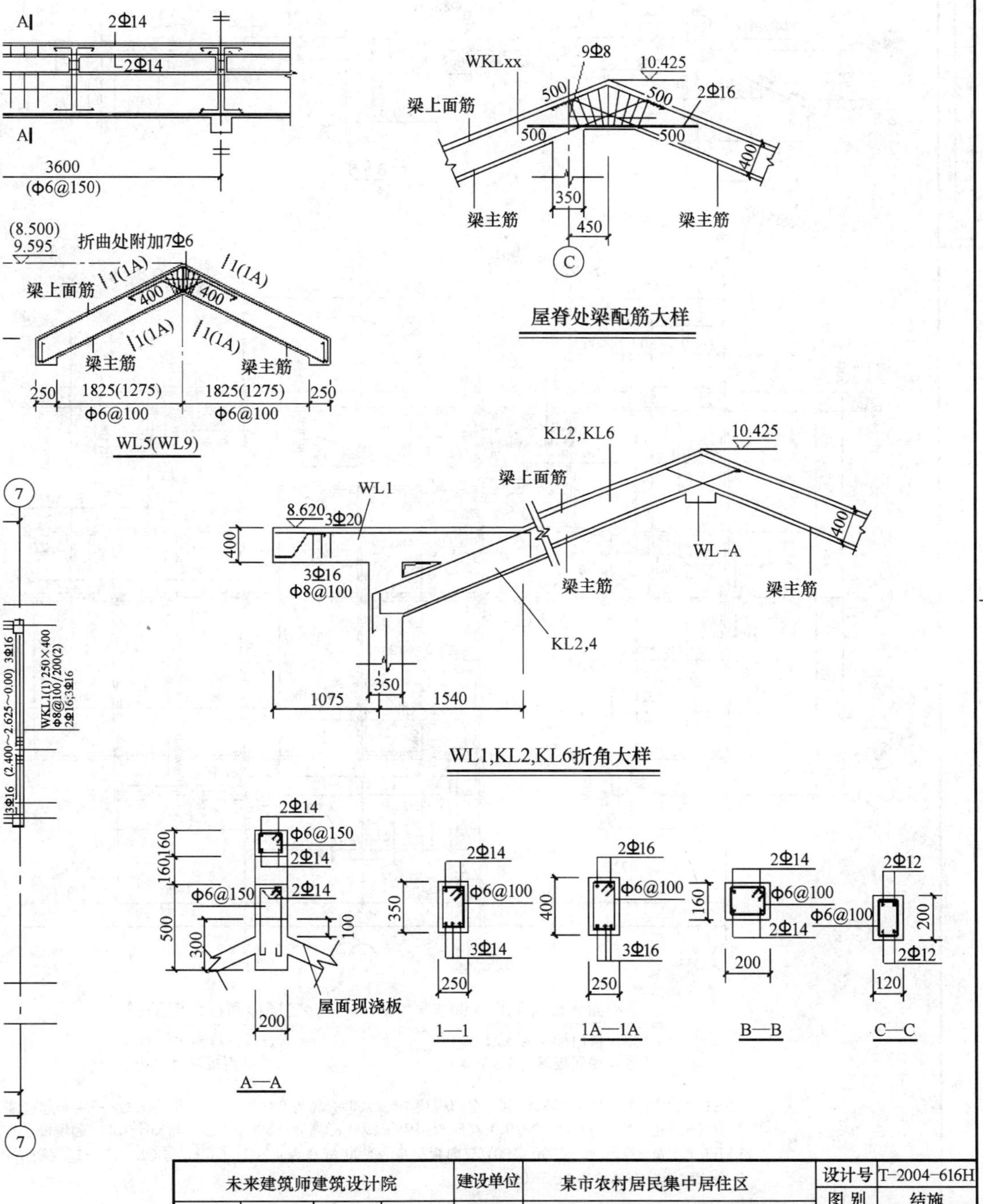

未来建筑师建筑设计院				建设单位	某市农村居民集中居住区	设计号	T-2004-616H
设计		审核		工程名称	24号户型17~20、26~28号房	图别	结施
制图		专业负责人		屋顶结构梁配筋图		图号	01
校对		审定				比例	
项目负责人		院长				日期	

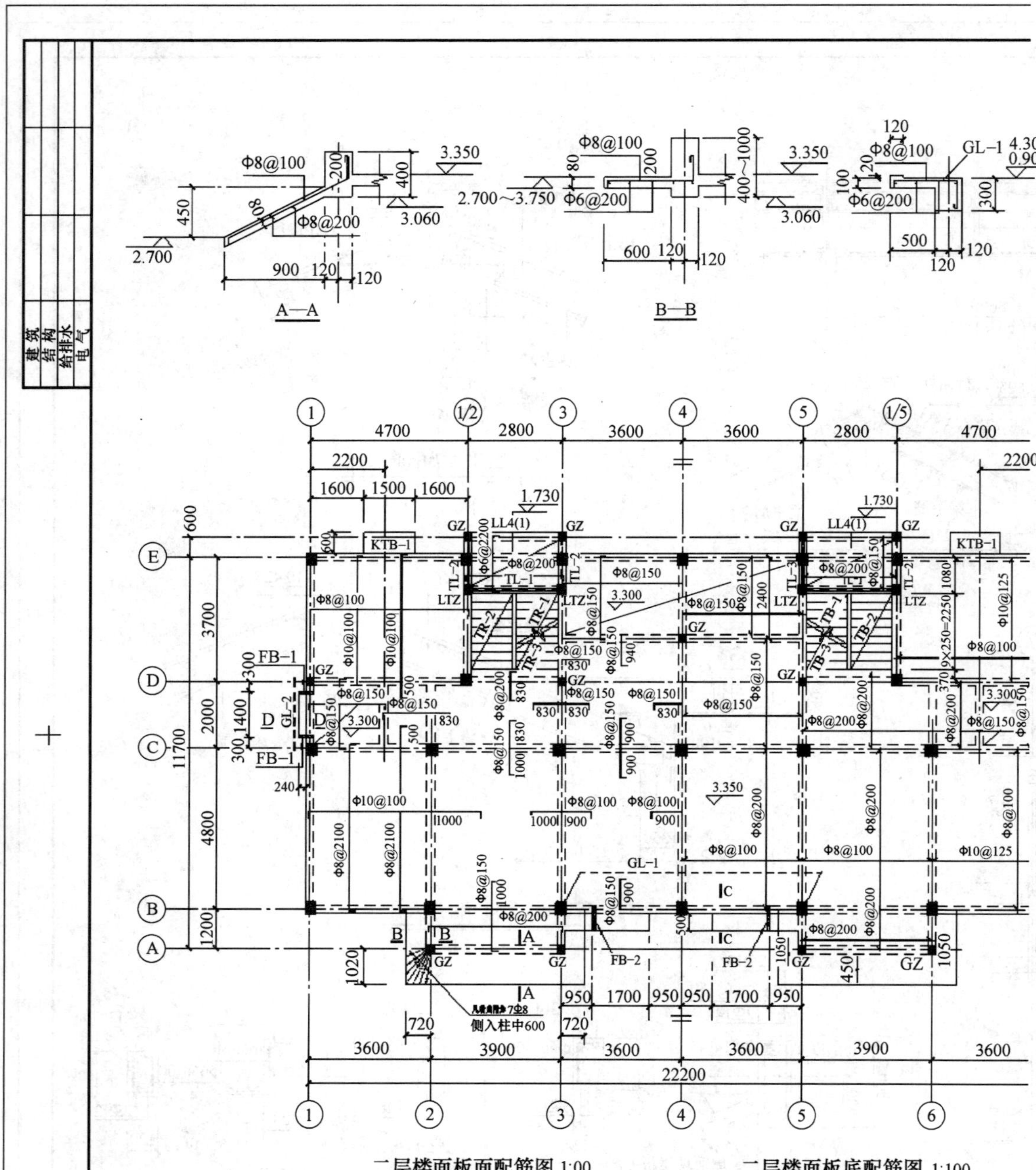

说明:

1.FB1(长×宽×厚 =480×6460×100),宽向板层Φ6@200 标高为 0.800～7.260,与 QL1,GL-3,4 一起现浇

2.FB2(长×宽×厚 =740×2000×100),双向板层Φ6@200 标高为 0.800～2.800,与 GL-1,2 一起现浇

3.FB3(长×宽×厚 =740×1800×100),双向板层Φ6@200 标高为 4.200～6.000,与 GL-1,2 一起现浇

4. 未标注板分布筋均为Φ6@200。

图 13.20　二层楼面板配筋图

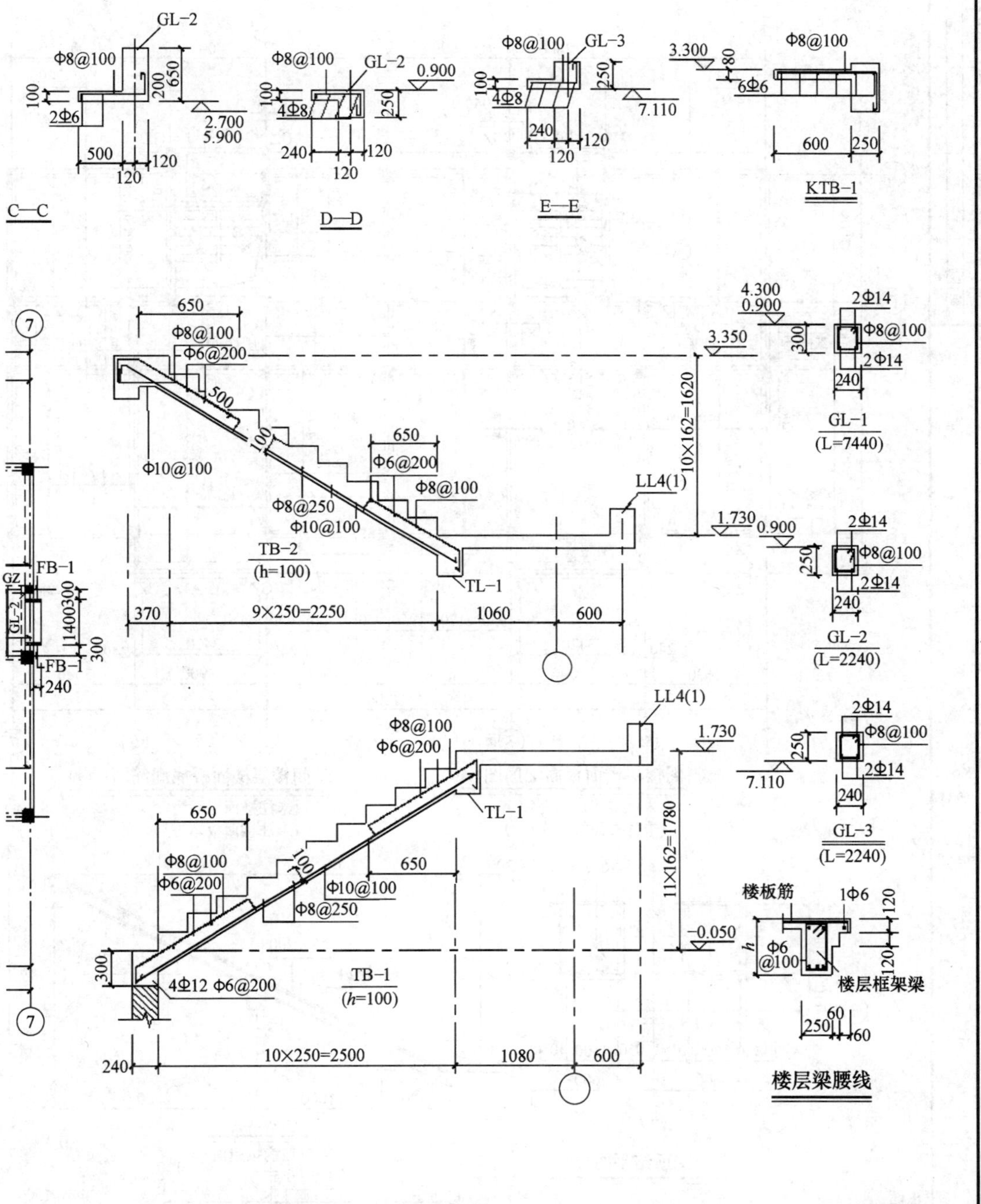

未来建筑师建筑设计院				建设单位	某市农村居民集中居住区	设计号	T-2004-616H
设 计		审 核		工程名称	24 号户型 17～20,25～28号房	图 别	结施
制 图		专业负责人		二层楼面板配筋图 楼梯 TB1,2 配筋图		图 号	01
校 对		审 定				比 例	
项目负责人		院 长				日 期	

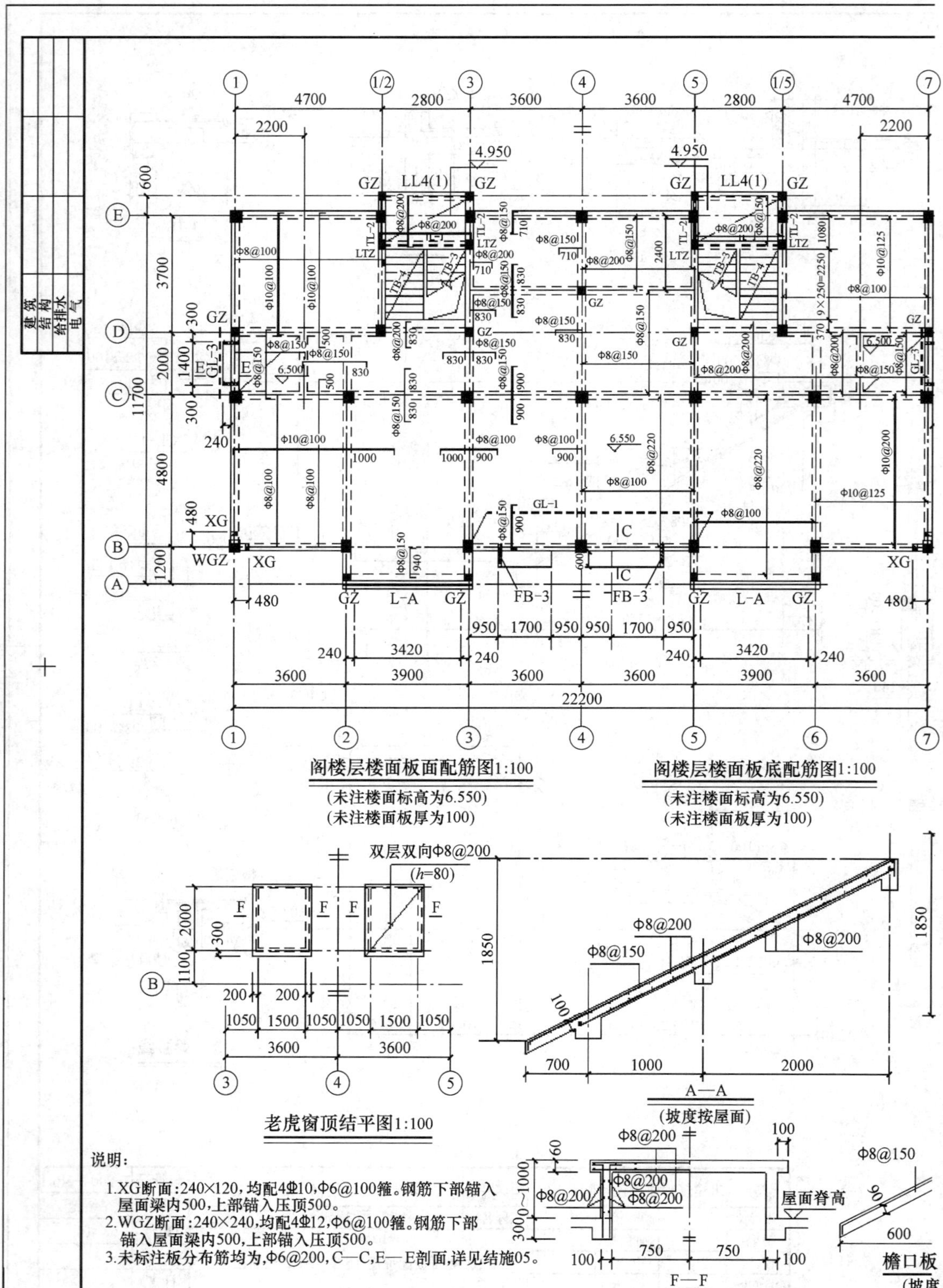

说明：

1.XG断面：240×120，均配4Φ10，Φ6@100箍。钢筋下部锚入屋面梁内500，上部锚入压顶500。
2.WGZ断面：240×240，均配4Φ12，Φ6@100箍。钢筋下部锚入屋面梁内500，上部锚入压顶500。
3.未标注板分布筋均为，Φ6@200，C—C，E—E剖面，详见结施05。

图 13.21　三层楼面板配筋图

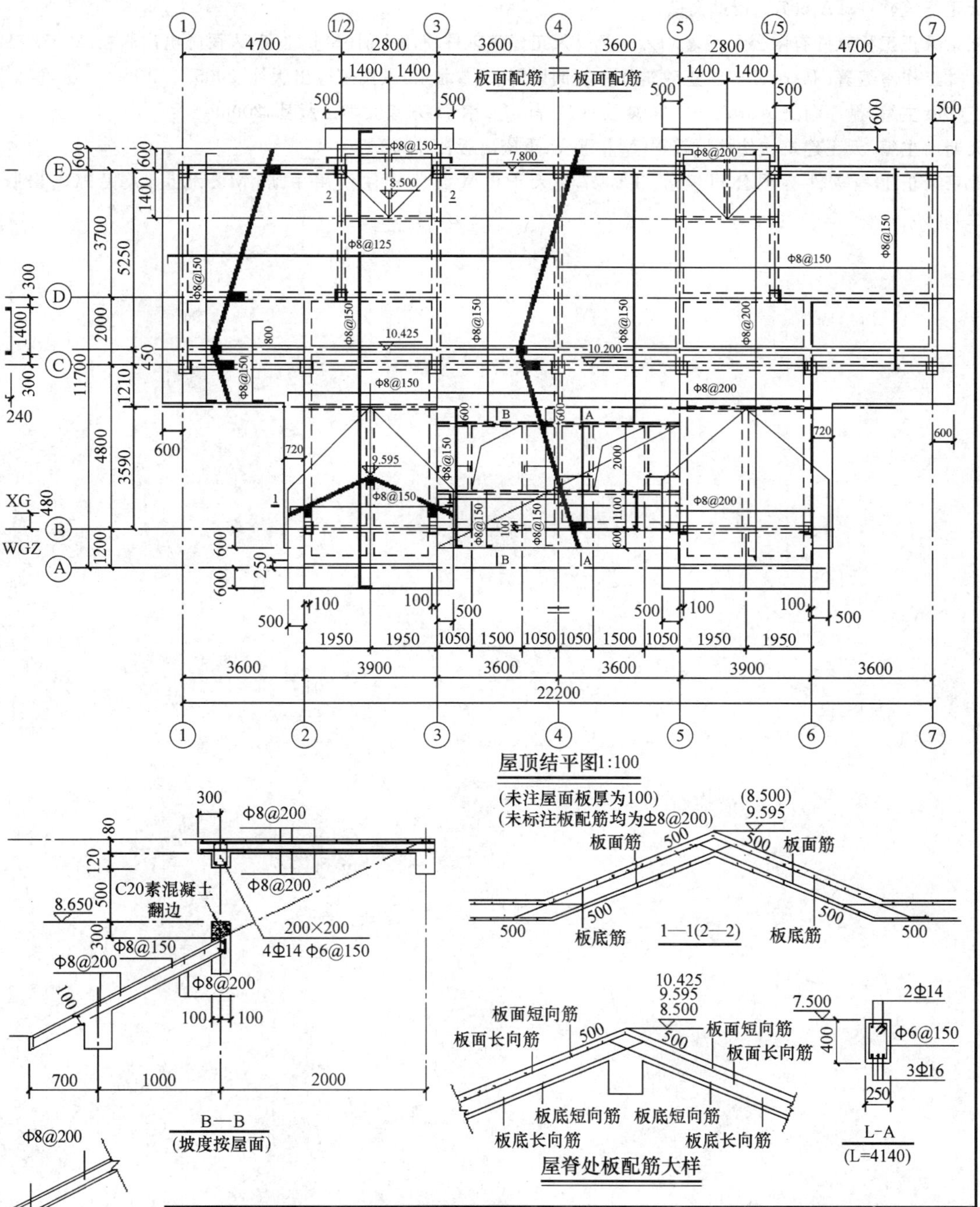

未来建筑师建筑设计院				建设单位	某市农村居民集中居住区	设计号	T-2004-616H
设计		审核		工程名称	24号户型17～20，25～28号房	图别	结施
制图		专业负责人		三层楼面板配筋图　屋顶结平面		图号	01
校对		审定				比例	
项目负责人		院长				日期	

参 考 文 献

1. 天正建筑软件 TArch7.5 帮助文件.
2. 北京天正工程软件有限公司编著. TArch7.5 天正建筑软件使用手册[M]. 北京：人民邮电出版社. 2008.
3. 大林工作室编著. TArch6.5 天正建筑软件实例详解[M]. 北京：人民邮电出版社，2005.
4. 王华康主编. 循序渐进 Auto CAD 2004 实训教程[M]. 南京：东南大学出版社，2006.
5. 架蜀山主编. 天正建筑软件培训教程[M]. 重庆：重庆出版社，2002.
6. 北京天正工程软件有限公司编著. TElec7.0 天正电气设计软件使用手册[M]. 北京：人民邮电出版社，2006.